공기업

최단기문제풀이

전기일반

공기업 전기일반
최단기 문제풀이

개정 1판 발행   2023년 1월 13일
개정 2판 발행   2025년 1월 3일

편 저 자 | 김경일
발 행 처 | ㈜서원각
등록번호 | 1999-1A-107호
주   소 | 경기도 고양시 일산서구 덕산로 88-45(가좌동)
교재주문 | 031-923-2051
팩   스 | 031-923-3815
교재문의 | 카카오톡 플러스 친구[서원각]
홈페이지 | goseowon.com

Preface

청년 실업자가 45만 명에 육박, 국가 사회적으로 커다란 문제가 되고 있습니다. 정부의 공식 통계를 넘어 실제 체감의 청년 실업률은 23%에 달한다는 분석도 나옵니다. 이러한 상황에서 대학생과 대졸자들에게 '꿈의 직장'으로 그려지는 공기업에 입사하기 위해 많은 지원자들이 몰려들고 있습니다. 그래서 공사·공단에 입사하는 것이 갈수록 더 어렵고 간절해질 수밖에 없습니다.

많은 공사·공단의 필기시험에 전기일반이 포함되어 있습니다. 전기일반의 경우 내용이 워낙 광범위하기 때문에 체계적이고 효율적인 방법으로 공부하는 것이 무엇보다 중요합니다. 이에 서원각은 공사·공단을 준비하는 수험생들에게 필요한 것을 제공하기 위해 진심으로 고심하여 이 책을 만들었습니다.

본서는 수험생들이 보다 쉽게 전기일반 과목에 대한 감을 잡도록 돕기 위하여 핵심이론을 요약하고 단원별 필수 유형문제를 엄선하여 구성하였습니다. 또한 해설과 함께 중요 내용에 대해 확인할 수 있도록 구성하였습니다.

수험생들이 본서와 함께 합격이라는 꿈을 이룰 수 있기를 바랍니다.

Structure

1 필수암기노트

반드시 알고 넘어가야 하는 핵심적인 내용을 일목요연하게 정리하여 학습의 맥을 잡아드립니다.

2 실전 기출문제

이론학습과 더불어 그동안 시행된 기출문제를 복원·재구성하여 출제유형 파악에 도움이 되도록 만전을 기하였습니다.

시험에 **2회 이상** 출제된

필수 암기노트

01 직류

❶ 전류(i[A])

단위시간에 이동한 전기량을 말한다.
단위는 암페어 [A]

전류 $i = \dfrac{Q}{t}$ 이므로 전기량 $Q = I \cdot t$ [C]

전하가 시간적으로 변한다면 $i(t) = \dfrac{dq(t)}{dt}$ [A]

따라서 t초 동안에 이동한 전기량은 이렇게 표현한다.

$q(t) = \displaystyle\int_0^t i(t) dt$ [C]

1[A]란 1초 동안 1[C]의 전하가 이동했을 때의 전류를 말한다.

Q 예제문제 _01

$i = 2t^2 + 8t$[A]로 표시되는 전류가 도선에 3[s] 동안 흘렀을 때 통과한 전기량은 몇[C]인가?

✔ $i = \dfrac{dq}{dt}$

$Q = \displaystyle\int i \, dt$

$= \displaystyle\int (2t^2 + 8t) dt = \left[\dfrac{2}{3} t^3 + \dfrac{8}{2} t^2 \right]_0^3$

$= \dfrac{2}{3} \times 3^3 + 4 \times 3^2 = 18 + 36 = 54$ [C]

Q 실전문제 _01

$i = 3000(2t + 3t^2)$[A]의 전류가 어떤 도선을 2[s] 동안 흘렀다. 통과한 전기량은 몇 [Ah]인가?

① 10   ② 20
③ 15   ④ 30

✔ $Q = \displaystyle\int_0^2 3000(2t + 3t^2) dt = 3000 [t^2 + t^3]_0^2 = 36000$ [C]

단위 $C = A \cdot sec$ 이고 1시간은 3400sec 이므로
36000[C] = 10[Ah]

정답 ①

Q 실전문제 _01

$i = 3000(2t + 3t^2)[A]$의 전류가 어

① 10
③ 15

✔ $Q = \displaystyle\int_0^2 3000(2t + 3t^2)\, dt = 30$

단위 $C = A \cdot sec$이고 1시간은
36000[C] = 10[Ah]

다면 AB사이의 전압[V]은?

12[Ω] 3[Ω]

10[Ω]

30[Ω]

B

② 20

출제예상문제 3

그동안 실시되어 온 기출문제의 유형을 파악하고 출제가 예상되는 핵심영역에 대하여 다양한 유형의 문제로 재구성하였습니다.

CHAPTER

01 기출ㅇ

1 다음 회로에서 전압계의 지시가 6[V]였다면 AB사이의 전압[V]은?

A 10[Ω] 12[Ω] 3[Ω] V 30[Ω] B

① 15 ② 20
③ 30 ④ 60

2 전선을 균일하게 3배의 길이로 당겨 늘렸을 때 체적이 불변이라면 저항은 몇 배인가?

① 3배 ② 6배
③ 9배 ④ 12배

ANSWER | 1.④ 2.③

1 3[Ω]에 걸린 전압이 6[V]이면 12[Ω]에 걸린 전압은 2[
된다.
또 한 15[Ω]과 30[Ω] 병렬 접속에서 합성 저항은
에 걸린 전압도 30[V]가 되므로 결국 AB 사이의

2 저항은 길이에 비례하고 단면적에 반비례한다.
$R = \rho \dfrac{l}{A} = \rho \dfrac{3}{\frac{1}{3}}$ = 9배가 된다.

152 PART Ⅱ. 회로

ANSWER | 1.④ 2.③

1 3[Ω]에 걸린 전압이 6[V]이면 12[Ω]에 걸ㅌ
된다.
또 한 15[Ω]과 30[Ω] 병렬 접속에서 합성
에 걸린 전압도 30[V]가 되므로 결국 AB

2 저항은 길이에 비례하고 단면적에 반비례
$R = \rho \dfrac{l}{A} = \rho \dfrac{3}{\frac{1}{3}} = 9$배가 된다.

상세한 해설 4

출제예상문제에 대한 해설을 이해하기 쉽도록 상세하게 기술하여 실전에 충분히 대비할 수 있도록 하였습니다.

Contents

PART
02

회로

01

전기자기학

필수 암기노트

01 벡터

❶ 벡터의 개념과 종류 (1) 스칼라와 벡터

① **스칼라** … 크기만을 가진 양

> 예 길이, 질량, 온도, 전위, 에너지 등

② **벡터** … 크기와 방향을 가지고 있다.

> 예 힘, 속도, 가속도, 전계, 자계, 토크 등

(2) 벡터의 표기

$$A = \dot{A} = A a_o = \text{벡터의 크기} \times \text{단위벡터(방향)}$$

*단위벡터 : 크기가 1이면서 방향성분을 나타낸다.

> 예 전계의 세기 $E = \dfrac{Q}{4\pi\epsilon_o r^2} a_o = 9 \times 10^9 \dfrac{Q}{r^2} a_o\,[V/m]$
>
> 자계의 세기 $H = \dfrac{m}{4\pi\mu_o r^2} a_o = 6.33 \times 10^4 \dfrac{m}{r^2} a_o\,[\text{AT/m}]$

① **직각좌표의 표시법**

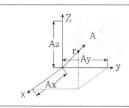

임의의 벡터 A의 좌표 (x, y, z)가 (A_x, A_y, A_z)인 좌표를 지난다면 $A = A_x i + A_y j + A_z k$로 표현할 수 있다.

② **원통좌표의 표시법**

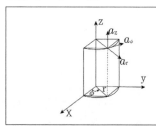

좌표점 : $p\,(r, \phi, z)$
기본 Vector : a_r, a_ϕ, a_z
벡터 $A = A_r a_r + A_\phi a_\phi + A_z a_z$

2 벡터의 연산

(1) 두 벡터의 합과 차

$A = A_x i + A_y j + A_z k$, $B = B_x i + B_y j + B_z k$일 때

$A \pm B = (A_x \pm B_x)i + (A_y \pm B_y)j + (A_z \pm B_z)k$

(2) 벡터의 내적과 외적

① **내적** … 연산의 결과가 스칼라량이다. 일과 에너지와 관련된 개념이다.

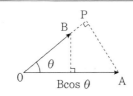

좌표점 : $p(r, \phi, z)$

기본 Vector : a_r, a_ϕ, a_z

벡터 $A = A_r a_r + A_\phi a_\phi + A_z a_z$

㉠ 계산 식

$A \circ B = AB\cos\theta$ (교환법칙 성립)

㉡ 기본 Vector의 내적

같은 성분끼리 내적을 하면 1이다.

$i \circ i = |i||i|\cos 0° = 1$이므로

$i \circ i = j \circ j = k \circ k = 1$이다.

수직 성분끼리 내적을 하면 0이다.

$i \circ j = |i||j|\cos 90° = 0$이므로

$i \circ j = j \circ k = k \circ i = 0$

> **Q 예제문제**
>
> 어떤 물체에 $F = 5i + 6j - 7k$[N]의 힘을 가해서 $A(1, -2, 3)$에서 $B(5, 3, -4)$로 이동하였다면 이때 한 일 [J]은?
>
> ✔ $l = (5-1)i + (3+2)j + (-4-3)k$
> $\quad = 4i + 5j - 7k$[m]
> $W = F \circ l = (5i + 6j - 7k) \circ (4i + 5j - 7k)$
> $\quad = 5 \times 4 + 6 \times 5 + (-7) \times (-7) = 99$[J]

② **외적** … 연산의 결과가 벡터량이다. 회전력에 관련된 개념이다.

㉠ 계산 식

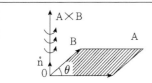

$A \times B = AB\sin\theta n$

n : 벡터 A에서 벡터 B로 회전(오른 나사의 회전 방향)시켰을 때 발생하는 회전 벡터의 진행 방향(오른 나사의 진행 방향)의 단위 Vector 즉, $|A \times B|$의 법선(수직)방향 단위 Vector

㉡ 기본 Vector의 외적 : 같은 성분끼리 외적을 하면 $\sin 90° = 0$이므로 0이다.

$i \times i = j \times j = k \times k = 0$

수직 성분끼리 외적을 하면 이들 벡터의 또 다른 수직 벡터가 된다.

오른 나사 방향회전		반대 방향(−)회전	
ⓐ	$i \times j = k$	ⓐ	$j \times i = -k$
ⓑ	$j \times k = i$	ⓑ	$k \times j = -i$
ⓒ	$k \times i = j$	ⓒ	$i \times k = -j$

Q 실전문제 _ 01

$A = 4i + j - k$일 때 $j \times A$는?

① $-i - 4j + k$

② $-i - 4k$

③ $j - 4k$

④ $4i - k$

✔ $j \times A$는 외적이므로 $j \times A = j \times (4i + j - k) = -4k - i$

i, j, k의 순방향의 곱은 $i \times j = k$, $j \times k = i$

역방향의 곱은 부호가 −로 된다. $j \times i = -k$

답 ②

Q 실전문제 _ 02

서울교통공사

두 벡터 $A = 7j + \dfrac{5}{2}k$, $B = 4i + 4j + 2k$에 수직한 단위벡터로 바른 것은?

① $\pm(\dfrac{1}{30}i + \dfrac{1}{15}j - 5k)$

② $\pm(\dfrac{2}{15}i + \dfrac{1}{3}j - \dfrac{14}{15}k)$

③ $\pm(\dfrac{1}{4}i + \dfrac{1}{28}j - \dfrac{4}{5}k)$

④ $\pm(\dfrac{1}{28}j - \dfrac{1}{5}k)$

✔ 두 벡터에 수직인 벡터를 구하는 것은 외적으로 구한 다음 단위벡터를 계산한다.

$$A \times B = \begin{vmatrix} i & j & k \\ 0 & 7 & \frac{5}{2} \\ 4 & 4 & 2 \end{vmatrix} = i\begin{vmatrix} 7 & \frac{5}{2} \\ 4 & 2 \end{vmatrix} + j\begin{vmatrix} \frac{5}{2} & 0 \\ 2 & 4 \end{vmatrix} + k\begin{vmatrix} 0 & 7 \\ 4 & 4 \end{vmatrix} = 4i + 10j - 28k$$

단위벡터는 크기로 나누어 구한다

$$n = \frac{4i + 10j - 28k}{\sqrt{4^2 + 10^2 + (-28)^2}} = \pm(\frac{2}{15}i + \frac{1}{3}j - \frac{14}{15}k)$$

답 ②

③ 벡터의 미분

경도(gradient), 발산(divergence), 회전(rotation), 프와송의 방정식, 라플라스 방정식 등을 연산하기 위해서는 벡터의 미분 연산자를 이용하여 해석한다.

(1) 벡터의 미분연산자(∇) : nabla

$$\nabla = \frac{\partial}{\partial x}i + \frac{\partial}{\partial y}j + \frac{\partial}{\partial z}k$$

(2) 경도(gradient)

임의의 스칼라 함수에 ∇를 취하면 그 함수의 기울기 벡터가 된다. 스칼라 함수 전위 V의 기울기 벡터는 다음과 같다.

전위경도 $\nabla V = \mathrm{grad}\, V = \frac{\partial V}{\partial x}i + \frac{\partial V}{\partial y}j + \frac{\partial V}{\partial z}k$

(3) 발산(Divergence)

수학적으로 발산은 단위 체적당 유전속선의 발산수를 의미한다.

$div\, D = \rho \, [C/m^3]$

기출예상문제

1 전계 $E = 2x^3 i + 3yzj + x^2 y z^2 k$에서 $div E$를 구하면?

〈부산환경공단〉

① $2x^2 + 3yz + x^2 y z^2$

② $3x^2 + 3yz + 4xyz$

③ $6x^2 + 3y + 4xz$

④ $6x^2 + 3z + 2x^2 yz$

⑤ $6x^2 + 6z + 5xyz^2$

2 $A = -7i - j$, $B = -3i - 4j$의 두 벡터가 이루는 각은 몇 도인가?

① 30

② 45

③ 60

④ 90

✓ **ANSWER** | 1.④ 2.②

1 div는 벡터를 연산해서 스칼라값을 구하는 미분법이다.

$div E = (\frac{\partial}{\partial x} i + \frac{\partial}{\partial y} j + \frac{\partial}{\partial z} k) \cdot (2x^3 i + 3yzj + x^2 y z^2 k)$ 내적이므로

$= \frac{\partial 2x^3}{\partial x} + \frac{\partial 3yz}{\partial y} + \frac{\partial x^2 y z^2}{\partial z} = 6x^2 + 3z + 2x^2 yz$

2 내적으로 구한다.

$A \cdot B = (-7i - j) \cdot (-3i - 4j) = (-7) \times (-3) + (-1) \times (-4) = 25$

$|A| = \sqrt{(-7)^2 + (-1)^2} = \sqrt{50} = 5\sqrt{2}$

$|B| = \sqrt{(-3)^2 + (-4)^2} = 5$

그러므로

$A \cdot B = |A||B|\cos\theta$에 대입하면

$25 = 25\sqrt{2} \cos\theta$

$\cos\theta = \frac{1}{\sqrt{2}}$, $\theta = 45^\circ$

3 두 벡터 $A = 2i + 2j + 4k$, $B = 4i - 2j + 6k$일 때 $A \times B$는? (단, i, j, k는 x, y, z 방향의 단위 벡터이다.)

① 28

② $8i - 4j + 24k$

③ $6i + j10k$

④ $20i + 4j - 12k$

4 V를 임의 스칼라라 할 때 $grad\,V$의 직각 좌표에 있어서의 표현은?

① $\dfrac{\partial V}{\partial x} + \dfrac{\partial V}{\partial y} + \dfrac{\partial V}{\partial z}$

② $i\dfrac{\partial V}{\partial x} + j\dfrac{\partial V}{\partial y} + k\dfrac{\partial V}{\partial z}$

③ $\dfrac{\partial^2 V}{\partial x^2} + \dfrac{\partial^2 V}{\partial y^2} + \dfrac{\partial^2 V}{\partial z^2}$

④ $i\dfrac{\partial^2 V}{\partial x^2} + j\dfrac{\partial^2 V}{\partial y^2} + k\dfrac{\partial^2 V}{\partial z^2}$

5 두 벡터 $A = ix + j2$, $B = i3 - j3 - k$가 서로 직교하려면 x값이 얼마여야 하는가?

〈인천교통공사〉

① 1.5

② 1

③ 2

④ 0.5

⑤ −2

ANSWER | 3.④ 4.② 5.③

3
$$A \times B = \begin{vmatrix} i & j & k \\ 2 & 2 & 4 \\ 4 & -2 & 6 \end{vmatrix} = i\begin{vmatrix} 2 & 4 \\ -2 & 6 \end{vmatrix} + j\begin{vmatrix} 4 & 2 \\ 6 & 4 \end{vmatrix} + k\begin{vmatrix} 2 & 2 \\ 4 & -2 \end{vmatrix}$$
$$= (12 + 8)i + (16 - 12)j + (-4 - 8)k = 20i + 4j - 12k$$

4 grad는 결과식이 벡터이다.
$$grad\,V = \nabla V = \left(\dfrac{\partial}{\partial x}i + \dfrac{\partial}{\partial y}j + \dfrac{\partial}{\partial z}k\right)V = \dfrac{\partial V}{\partial x}i + \dfrac{\partial V}{\partial y}j + \dfrac{\partial V}{\partial z}k$$

5 $\cos 90^o = 0$이므로
$$A \cdot B = |A||B|\cos\theta = 0$$
$$A \cdot B = (ix + j2) \cdot (i3 - j3 - k) = 3x - 6 = 0$$
$$x = 2$$

6 가우스의 선속정리에 해당되는 것은?

right〈대구시설공단〉

① $\displaystyle\int_{s} E \cdot n\,ds = \int_{s} div\,E\,dv$

② $\displaystyle\int_{s} E \cdot n\,ds = \int_{v} div\,E\,dv$

③ $\displaystyle\int_{v} E \cdot n\,ds = \int_{v} div\,E\,dv$

④ $\displaystyle\int_{v} E \cdot n\,ds = \int_{s} div\,E\,dv$

⑤ $\displaystyle\int_{v} div\,E\,ds = \int_{v} E \cdot n\,dv$

✅ ANSWER | 6.②

6 가우스의 선속정리는 면적분을 체적적분으로 전환하는 식이다.
면에서 수직으로 발산되는 전계의 크기는 체적에서 발산되는 적분의 크기와 같다.
$$\int_{s} E \cdot n\,ds = \int_{v} div\,E\,dv$$

02 정전계 (1)

① 쿨롱의 법칙

두 개의 전하 간에 작용하는 작용력은 거리의 제곱에 반비례한다.

동종의 전하 간에는 반발력, 서로 다른 극성의 전하 간에는 흡인력이 작용한다.

$$F = k\frac{Q_1 Q_2}{r^2} [\text{N}]$$

$$F = \frac{Q_1 Q_2}{4\pi\epsilon_o r^2} = 9 \times 10^9 \times \frac{Q_1 Q_2}{r^2} [\text{N}]$$

$\epsilon_0 = 8.855 \times 10^{-12} [\text{F/m}]$: 공기 중의 유전율

$\epsilon = \epsilon_0 \epsilon_s$ (매질이나 유전체에서의 유전율)

$\epsilon_s = \dfrac{\epsilon}{\epsilon_0}$ (비유전율) : ϵ_0에 대한 다른 매질의 유전율의 비율

PLUS CHECK 유전체에서의 쿨롱의 법칙

$$F = k\frac{Q_1 Q_2}{r^2} = \frac{Q_1 Q_2}{4\pi\epsilon_o \epsilon_s r^2} = 9 \times 10^9 \times \frac{Q_1 Q_2}{\epsilon_s r^2} \propto \frac{1}{\epsilon_s}$$

Q 실전문제 _01   한국환경공단

전하를 가진 두 물체 사이에 작용하는 힘의 크기는 두 전하의 곱에 비례하고 거리의 제곱에 반비례한다는 법칙은 무엇인가?

① 가우스의 법칙   ② 쿨롱의 법칙

③ 맥스웰의 법칙   ④ 패러데이의 법칙

✔ 전하를 가진 두 물체 사이의 작용력은 쿨롱의 법칙을 말한다.

$$F = \frac{1}{4\pi\epsilon}\frac{Q_1 Q_2}{r^2} [N]$$

답 ②

Q 실전문제 _ 02

비유전율이 4인 매질에 $10^{-3}[C]$의 크기를 갖는 두 개의 전하가 5[m] 떨어져 있다. 두 전하 간에 작용하는 힘은?

① 척력이 작용하며 그 크기는 2[N]이다.　　② 인력이 작용하며 그 크기는 16[N]이다.

③ 척력이 작용하며 그 크기는 20[N]이다.　　④ 인력이 작용하며 그 크기는 25[N]이다.

⑤ 척력이 작용하며 그 크기는 90[N]이다.

> ✔ 쿨롱의 법칙
>
> $$F = \frac{1}{4\pi\epsilon} \frac{Q_1 Q_2}{r^2} = 9 \times 10^9 \times \frac{1}{4} \times \frac{10^{-3} \times 10^{-3}}{5^2} = 90[N]$$
>
> 같은 극성의 두 점전하 간에는 반발력(척력)이 작용한다.

 ⑤

② 전계의 세기

(1) 전계의 정의

Q[C]의 전하가 단위 정전하 +1[C]과 작용하는 힘의 세기라고 할 수 있으며, 거리에 따른 전위의 변화율로도 이해할 수가 있다.

$$E = \frac{Q}{4\pi\epsilon_o r^2} = 9 \times 10^9 \times \frac{Q}{r^2} \ [\mathrm{V/m} = A \cdot \Omega/m = N/C]$$

(2) F(작용력)와 Q(전기량)의 관계

$$F = QE[\mathrm{N}], \ E = \frac{F}{Q}[\mathrm{N/C}], \ Q = \frac{F}{E}[\mathrm{C}]$$

Q 실전문제 _ 03

점전하 +1[C]이 원점에 위치하고, −9[C]이 1[m]의 위치에 놓여 있을 경우 전계의 세기가 0인 지점의 위치는?

① −1.5[m]　　　　　　　　　　　② −0.5[m]

③ 원점　　　　　　　　　　　　④ 0.5[m]

⑤ 1.5[m]

> ✔ 전계의 세기가 0인 점은 정전하(+)와 부전하(−) 사이에는 존재하지 않는다.
>
> 그러므로 원점이나 0.5[m]에서는 전계가 0이 되지 않고, 두 점전하의 외측에 존재한다. 따라서 +1[C]의 전하와의 거리를 x 라고 하면
>
> $$E = 9 \times 10^9 \frac{Q}{r^2} \ [V/m] \text{에서} \ 9 \times 10^9 \frac{1}{x^2} - 9 \times 10^9 \frac{9}{(1+x)^2} = 0$$
>
> $(1+x)^2 = 9x^2, \ 1+x = 3x, \ x = 0.5[m]$
>
> 따라서 −쪽으로 0.5인 점에서 전계는 0이 된다.

 ②

③ 전위

(1) 전위의 정의

단위정전하(+1[C])를 전계로부터 무한원점 떨어진 곳에서 전계 안의 임의 점까지 전계와 반대방향으로 이동시키는 데 필요한 일의 양

$$V=-\int_{\infty}^{r} E \cdot dr =-\int_{\infty}^{r} \frac{Q}{4\pi\epsilon_o r^2} dr = \int_{r}^{\infty} \frac{Q}{4\pi\epsilon_o r^2} dr = \frac{Q}{4\pi\epsilon_o} \left[-r^{-1}\right]_{\infty}^{r} = \frac{Q}{4\pi\epsilon_o r} = 9 \times 10^9 \times \frac{Q}{r} [\text{V}]$$

$$V = \frac{Q}{4\pi\epsilon_0 r} = 9 \times 10^9 \frac{Q}{r} [\text{V}] \quad \text{전위는 거리에 반비례한다.}$$

(2) 전계와의 관계식

① **크기** … $V = Ed [\text{V}]$

② **전위경도** … 전위의 기울기, 단위길이당 전위의 변화

　㉠ 전위경도는 $grad V = \nabla V = -E$ 전계와 크기가 같고 방향이 반대이다.

　㉡ 전위경도는 전위가 높아져 가는 기울기, 전계는 전위가 낮아져 가는 기울기를 나타낸다.
　　단위는 [V/m]

④ 전속과 전속밀도

(1) 전속(유전속) : 단위[C]

① 전하의 존재를 흐르는 선속으로 표시한 가상적인 선이다.

② Q[C]에서는 Q개의 전속선이 발생하고 1[C]에서는 1개의 전속선이 발생하며 항상 전하와 같은 양의 전속이 발생한다.

(2) 전속밀도(D)

단위면적당 전속의 양을 나타낸다. 전속은 유전율과는 무관하다

$$D = \frac{전속}{S} = \frac{Q}{S} = \frac{Q}{4\pi r^2} [\text{C/m}^2]$$

(3) 전속밀도와 전계와의 관계

$$E = \frac{Q}{4\pi \epsilon_0 r^2} [\text{V/m}], \quad D = \frac{Q}{4\pi r^2} [\text{C/m}^2] 이므로 \ D = \epsilon_0 E [\text{C/m}^2] 이다.$$

⑤ 전하밀도

(1) 선전하 밀도 $\lambda [C/m]$

$$\lambda = \frac{dQ_l}{dl} \Rightarrow dQ_l = \lambda \cdot dl [\text{C}]$$

$$Q = \int_l dQ_l = \int_l \lambda \cdot dl \ [\text{C}]$$

(2) 면전하 밀도 $\rho_s [C/m^2]$

$$\rho_s = \frac{dQ_s}{ds} \ 이므로 \ dQ_s = \rho_s \cdot dS$$

(3) 체적전하 밀도 $\rho_v [C/m^3]$

$$\rho_v = \frac{dQ_v}{dv} \ 이므로 \ dQ_v = \rho_v \cdot dv$$

6 전기력선의 기본성질

(1) 전기력선

전기장 안에서, 전기력의 세기와 방향을 나타내는 곡선

(2) 전기력선의 성질

① 정전하에서 시작해서 음전하에서 끝난다.

② 임의 점에서의 전계의 방향은 전기력선의 접선방향과 같다.

③ 임의 점에서의 전계의 세기는 전기력선의 밀도와 같다. (가우스의 법칙)

④ 전기력선은 전위가 높은 점에서 낮은 점으로 향한다.

⑤ 전하가 없는 곳에서는 전기력선의 발생, 소멸도 없다.

⑥ 전기력선은 그 자신만으로 폐곡선을 이루지 않는다.

⑦ 두 개의 전기력선은 서로 반발하며 교차하지 않는다.
⑧ 전기력선은 도체 표면에 수직으로 출입하며 내부를 통과할 수 없다.

⑨ 전기력선은 등전위면과 수직으로 교차한다.

⑩ Q[C]에서 발생하는 전기력선의 총수는 $\dfrac{Q}{\epsilon_o}$ 개다.

⑪ 도체 내부에 전하는 0이다.

⑫ 도체 내부 전위와 표면 전위는 같다. 즉 등전위를 이룬다.

7 프와송의 방정식

$$\mathrm{div}E = \frac{\rho_v}{\epsilon_0}$$

$$\mathrm{div}E = \mathrm{div}(-\mathrm{grad}\,V) = \frac{\rho_v}{\epsilon_0}$$

$$\nabla \cdot \nabla V = -\frac{\rho_v}{\epsilon_0}$$

$$\nabla^2 V = -\frac{\rho_v}{\epsilon_0}$$

> **Q 예제문제 _01**
>
> $V = x^2 + y^2$ 일 때 공간전하밀도를 구하여라.
>
> ✔ $\nabla^2 V = \dfrac{\partial^2}{\partial x^2}(x^2+y^2) + \dfrac{\partial^2}{\partial y^2}(x^2+y^2) = 4 = -\dfrac{\rho_v}{\epsilon_0}$
>
> $\rho_v = -4\epsilon_0 = -4 \times 8.855 \times 10^{-12} [\mathrm{C/m^3}]$

⑧ 라플라스 방정식

$\nabla^2 V = 0$(전하가 없는 곳에서의 전위)

⑨ 전기력선 방정식

전계식 $E = E_x i + E_y j$

전기력선식 $dl = dx i + dy j$

$dx : dy = E_x : E_y$이므로 $\dfrac{dx}{E_x} = \dfrac{dy}{E_y}$

즉 전기력선의 각 방향성분의 비율은 전계의 각 방향 성분의 비율과 같다.

> ### Q 예제문제 _ 02
>
> $E = x i + y j [\mathrm{V/m}]$일 때 점(1, 2)에서의 전기력선 방정식을 구하여라.
>
> ✔ $\dfrac{dx}{E_x} = \dfrac{dy}{E_y}$ 이므로 $\dfrac{dx}{x} = \dfrac{dy}{y}$, 양변 적분을 취하면
>
> $\ln x = \ln y + \ln C$, $\ln x - \ln y = \ln C$
>
> $\ln \dfrac{x}{y} = \ln C$라 놓으면
>
> $\dfrac{x}{y} = C$, $x = 1$, $y = 2$를 대입하면 $C = \dfrac{1}{2}$
>
> $\dfrac{x}{y} = \dfrac{1}{2}$, $y = 2x$ 직선의 함수

> ### Q 실전문제 _ 05
> 한국체육산업개발
>
> $E = x i - y j [\mathrm{V/m}]$일 때 점(2, 1)에서의 전기력선 방정식은?
>
> ① $xy = 1$ ② $xy = 2$
>
> ③ $xy = 4$ ④ $xy = 8$
>
> ✔ $\dfrac{dx}{Ex} = \dfrac{d_y}{E_y}$ 이므로 $\dfrac{dx}{x} = \dfrac{dy}{-y}$ 이다. 여기에서 양변 적분을 취하면
>
> $\ln x = -\ln y + \ln C$, $\ln x + \ln y = \ln C$
>
> $xy = C$에서 $x = 2$, $y = 1$를 대입하면 $C = 2$
>
> $xy = 2$, $y = \dfrac{2}{x}$ 쌍곡선함수가 된다.
>
> 답 ②

⑩ 전계의 세기 구하는 방법

(1) 면도체

① 도체 표면에서의 전계의 세기

$Q = \sigma \cdot dS$, 전기력선의 수 $dN = E \circ dS = \dfrac{Q}{\epsilon_0} = \dfrac{\sigma \cdot dS}{\epsilon_0}$

$E = \dfrac{dN}{dS} = \dfrac{\sigma}{\epsilon_0}$ [V/m] 도체표면에서의 전계의 세기는 거리와 무관하다.

② 무한 평면(판)에서의 전계의 세기(두께 ≪ 면적)

전기력선의 수 $dN = E \cdot 2dS = \dfrac{Q}{\epsilon_0} = \dfrac{\sigma \cdot S}{\epsilon_0}$

$E = \dfrac{dN}{dS} = \dfrac{\sigma}{2\epsilon_0}$ [V/m] 거리와 무관하다.

③ 무한평판에 $+\sigma [\mathrm{C/m^2}]$의 면전하가 있는 경우

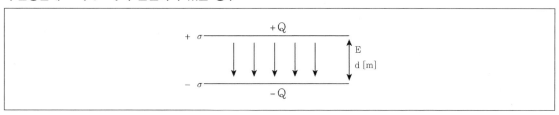

㉠ 전계의 세기 : $dN = \dfrac{\sigma \cdot dS}{\epsilon_0}$ 이므로 $E = \dfrac{\sigma}{\epsilon_0}$ [V/m](무한평면 외부의 전계는 0이다.)

㉡ 전위(차) : $V = Ed = \dfrac{\sigma}{\epsilon_0} d$ [V]

㉢ 평행평판 도체(콘덴서)

$$E = \dfrac{\sigma}{\epsilon_0 \epsilon_s} [\mathrm{V/m}], \quad V = Ed = \dfrac{\sigma}{\epsilon_0 \epsilon_s} d [\mathrm{V}]$$

$$C = \dfrac{Q}{V} = \dfrac{\sigma \cdot S}{\dfrac{\sigma}{\epsilon_0 \epsilon_s} d} = \dfrac{\epsilon_0 \epsilon_s S}{d} [\mathrm{F}]$$

S[m²] Q[C] C[F] d[m]

*C[F] 커패시턴스 : 콘덴서가 전하를 축적하는 능력

(2) 구도체

① **도체 표면에만 전하가 분포된 구도체** ⋯ 도체 표면에만 전하가 분포되면 표면에 등전위가 형성되므로 내부 전계는 0이다.

　㉠ 내부 전계 $E_i = 0$

　㉡ 표면전계 $E_x = \dfrac{Q}{\epsilon_0 S} = \dfrac{Q}{4\pi\epsilon_0 r^2} [\mathrm{V/m}]$

　㉢ 전계분포도

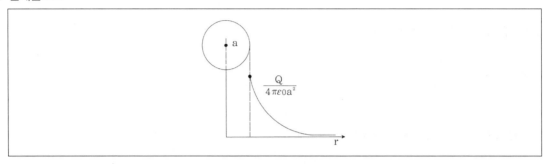

Q 실전문제 _06

한국환경공단

진공 중에 놓인 $4[\mu C]$의 점전하에서 $1.5[m]$되는 점의 전계의 크기[V/m]는?

① 6×10^3　　　　　　　　　　② 12×10^3

③ 16×10^3　　　　　　　　　　④ 20×10^3

　✔ $E = \dfrac{1}{4\pi\epsilon_o}\dfrac{Q}{r^2} = 9 \times 10^9 \times \dfrac{4 \times 10^{-6}}{1.5^2} = 16 \times 10^3 [V/m]$

답 ③

Q 실전문제 _07

한국환경공단

진공 중에서 도체 표면에 Q[C]의 전하가 분포하고 반지름이 a[m]인 구도체 중심에서 r[m] 떨어진 지점의 전계[V/m]는? (단, r > a)

① 0　　　　　　　　　　　　　　　② $\dfrac{Q}{4\pi\epsilon_o r}$

③ $\dfrac{Q}{4\pi\epsilon_o r^2}$　　　　　　　　　　　④ $\dfrac{Q}{4\pi\epsilon_o r^3}$

　✔ 구도체의 반지름보다 큰 거리에서의 전계이므로 거리 제곱에 반비례한다.

　$E = \dfrac{Q}{4\pi\epsilon_o r^2} [V/m]$

답 ③

② 전하가 도체 내부에 균일 분포되었을 때 전계의 세기 및 전위

㉠ 내부 전계와 내부 전위

전계 $E_i = \dfrac{Q'}{\epsilon_o S'} = \dfrac{\frac{r^3}{a^3}Q}{4\pi\epsilon_o r^2} = \dfrac{rQ}{4\pi\epsilon_o a^3}[\mathrm{V/m}]$

전위 $V_i = E_i r = \dfrac{r^2 Q}{4\pi\epsilon_o a^3}[\mathrm{V}]$

㉡ 표면 전계와 전위

전계 $E_x = \dfrac{Q}{4\pi\epsilon_o r^2}[\mathrm{V/m}]$

전위 $V_x = E_x r = \dfrac{Q}{4\pi\epsilon_o r}[\mathrm{V}]$

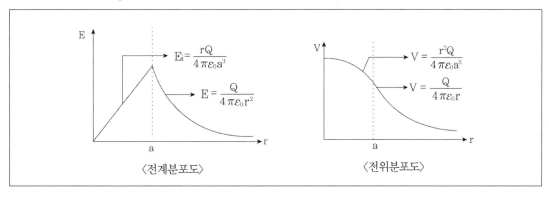

〈전계분포도〉　　　　　　〈전위분포도〉

③ 동심구의 전계와 전위분포

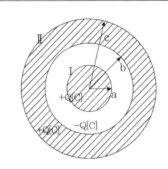

내부 도체에 $+Q[C]$을 주면 외부도체에 $-Q[C]$의 전하가 정전유도된다.

㉠ 전계분포도

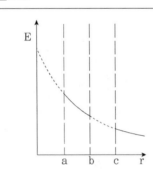

- $0 \leqq r < a \Rightarrow E_{i1} = 0$
- $a \leqq r \leqq b \Rightarrow E_1 = \dfrac{Q}{4\pi\epsilon_0 r^2} \propto \dfrac{1}{r^2}$
- $b < r < c \Rightarrow E_{i2} = 0$
- $c \leqq r \Rightarrow E_2 = \dfrac{Q}{4\pi\epsilon_0 r^2} \propto \dfrac{1}{r^2}$

㉡ 전위분포도는 도체 내부에서는 등전위를 이룬다.

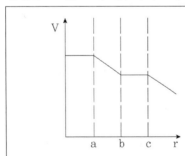

$$V = \dfrac{Q}{4\pi\epsilon_0}\left(\dfrac{1}{a} - \dfrac{1}{b} + \dfrac{1}{c}\right)[V]$$

- $0 \leq r < a \Rightarrow$ 등전위
- $a \leq r \leq b \Rightarrow$ r에 반비례
- $b < r < c \Rightarrow$ 등전위
- $c \leq r \Rightarrow$ r에 반비례

(3) 축대칭 전하분포 구조에 의한 전계

① 원주도체 표면에만 전하 존재

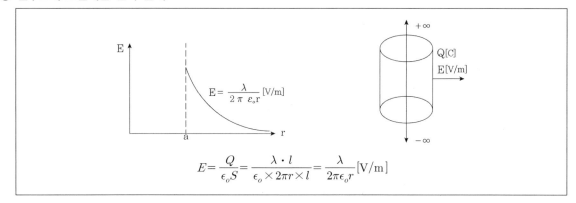

$$E = \frac{Q}{\epsilon_o S} = \frac{\lambda \cdot l}{\epsilon_o \times 2\pi r \times l} = \frac{\lambda}{2\pi\epsilon_o r} \, [\text{V/m}]$$

② 원주도체 내부에 전하가 균일하게 분포된 경우

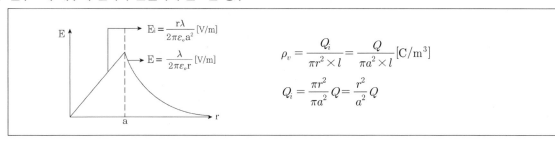

$$\rho_v = \frac{Q_i}{\pi r^2 \times l} = \frac{Q}{\pi a^2 \times l} \, [\text{C/m}^3]$$

$$Q_i = \frac{\pi r^2}{\pi a^2} Q = \frac{r^2}{a^2} Q$$

㉠ 내부전계

$$E_i = \frac{Q_i}{\epsilon_o S} = \frac{\dfrac{r^2}{a^2} Q}{\epsilon_o \times 2\pi r} = \frac{r\lambda}{2\pi\epsilon_0 a^2} [\text{V/m}] \propto r \ \ (r\text{에 비례하는 그래프})$$

㉡ 표면전계

$$E_x = \frac{\lambda}{2\pi\epsilon_0 r} \propto \frac{1}{r} \ \ (r\text{에 반비례})$$

Q 실전문제 _ 08　　　　　　　　　　　　　　　　　　　　　　　　서울교통공사

다음 중 거리(r)에 반비례하는 전계의 세기를 갖는 대전체는?

① 점전하　　　　　　　　　　　　　　　　② 선전하

③ 구전하　　　　　　　　　　　　　　　　④ 전기쌍극자

　✔ 점전하와 구전하는 거리 제곱에 반비례하며, 선전하는 거리에 반비례한다.

　　$E_x = \dfrac{\lambda}{2\pi\epsilon_0 r} \propto \dfrac{1}{r}$ (거리 r에 반비례)

　　전기쌍극자는 거리 세제곱에 반비례한다.

　　　　　　　　　　　　　　　　　　　　　　　　　　　　　　　　　　답 ②

1 전기력선의 성질에 대한 설명으로 옳지 않은 것은?

① 전기력선은 도체 내부에 존재한다.

② 전속밀도는 전하와의 거리 제곱에 반비례한다.

③ 전기력선은 등전위면과 수직이다.

④ 전하가 없는 곳에서 전기력선 발생은 없다.

2 다음 그림과 같이 어떤 자유공간(free space)내의 A점 (3, 0, 0) [m]에 4×10^{-9}[C]의 전하가 놓여 있다. 이 때 P점 (6, 4, 0) [m]의 전계의 세기 E [V/m]는?

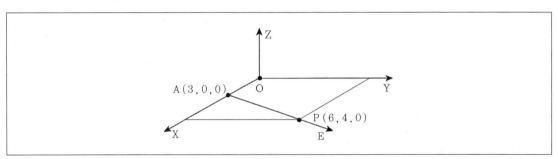

① $E = \dfrac{36}{25}$

② $E = \dfrac{25}{36}$

③ $E = \dfrac{36}{5}$

④ $E = \dfrac{5}{36}$

✅ **A N S W E R** | 1.① 2.①

1 도체는 내부전위와 표면전위가 등전위로서 같다. 그러므로 도체내부에는 전계가 0이므로 전기력선이 존재하지 않는다.

2 x축으로 3, y축으로 4이므로 A점에서 P점까지의 거리는 5가 된다.
따라서 전계의 세기는

$$E = 9 \times 10^9 \frac{Q}{r^2} = 9 \times 10^9 \times \frac{4 \times 10^{-9}}{5^2} = \frac{36}{25} [V/m]$$

3 다음 빈칸에 들어갈 내용을 순서대로 옳게 나열한 것은?

〈인천국제공항공사〉

> 전계와 전위경도는 크기가 (   ), 방향이 (   ).

① 같고, 같다.   ② 같고, 반대이다.

③ 다르고, 반대이다.   ④ 다르고, 같다.

⑤ 같고, 무관하다.

4 다음 중 전계 E와 전속밀도 D의 관계식으로 옳은 것은?

① $D = \dfrac{\epsilon}{E}$ ② $D = \dfrac{\epsilon^2}{E}$

③ $D = \epsilon E$ ④ $D = \dfrac{E}{\epsilon}$

5 전계 E [V/m] 내의 한 점에 Q [C]의 점전하가 놓여질 때 이 전하에 작용하는 힘은 몇 [N]인가?

① $\dfrac{E}{Q}$ ② $\dfrac{Q}{E}$

③ QE ④ Q

✅ **ANSWER** | 3.② 4.③ 5.③

3 전계와 전위경도는 크기는 같으나 방향이 반대이다.
전계는 전위가 낮아져 가는 방향, 전위경도는 전위가 높아져 가는 방향
전계 $E = -\,grad\ V$ [V/m]이며 전위경도는 $grad\ V$ [V/m]

4 전속밀도 $D = \dfrac{Q}{S} = \dfrac{Q}{4\pi r^2}\ [C/m^2]$이므로 전계 $E = \dfrac{Q}{4\pi \epsilon r^2}\ [V/m]$와는
$D = \epsilon E$ 의 관계가 있다.

5 전하에 작용하는 힘 $F = \dfrac{Q_1 Q_2}{4\pi \epsilon r^2} = Q_1 E\,[N]$

6 전기력선에 관한 설명으로 옳지 않은 것은?

〈대구시설공단〉

① 도체면에서 전기력선은 수직으로 출입한다.
② 전기력선의 방향은 그 점의 전계의 방향과 일치한다.
③ 전기력선은 정전하에서 시작하여 부전하에서 그친다.
④ 도체내부에는 전기력선이 없다.
⑤ 전기력선은 항상 쌍으로 존재한다.

7 접지 구도체와 점전하간에 작용하는 힘은?

① 항상 반발력이다.   ② 항상 흡인력이다.
③ 조건적 반발력이다.   ④ 조건적 흡인력이다.

8 다음 전기력선에 대한 설명 중 옳지 않은 것은?

① 전기력선의 크기는 그 접점의 전기장의 세기와 동일하다.
② 전위는 높은 곳에서 낮은 곳으로 이동한다.
③ 전기력선의 접선방향은 접점의 수직방향을 가리킨다.
④ 도체내부의 전기력선은 없다.

ANSWER |6.⑤ 7.② 8.③

6 전기력선은 정전하에서 부전하로 향하는 단일선이므로 쌍으로 존재하지 않는다.

7 접지구도체와 점전하간에는 점전하와 부호가 다른 영상전하가 접지구도체에 생기게 되므로 항상 흡인력이 발생한다. 점전하가 Q[C]이고, 점전하와 반지름 a인 접지 구도체 중심간의 거리가 d이면 점전하에 의한 영상전하는 $-\frac{a}{d}Q[C]$의 영상전하가 접지구도체 중심에서 점전하를 향하는 방향으로 $\frac{a^2}{d}$만큼 떨어진 곳에 발생한다.

8 ③ 전기력선의 접선방향은 접점의 전기장의 방향을 가리킨다.

9 전위가 $V = xy^2z$로 표시될 때 이 원천인 전하밀도 ρ를 구하면?

〈대전시설관리공단〉

① 0

② 1

③ $-2xyz$

④ $-2xz\epsilon_o$

⑤ $\dfrac{-2xy^2}{\epsilon_o}$

10 다음 중 정전기의 전기력선에 대한 설명으로 옳지 않은 것은?

① 전기력선은 양전하에서 나와 음전하에서 끝난다.

② 전기력선의 방향과 등전위면의 방향은 평행이다.

③ 전기력선에 수직한 단면적 1[m²]당 전기력선의 수는 그 곳 전장의 세기와 같다.

④ 전체 전하량의 Q[C]에서 나온 전기력선의 수는 $\dfrac{Q}{\epsilon}$이다.

11 진공 중에 $Q_1 = 10^{-6}$[C], $Q_2 = 10^{-8}$[C]인 두 전하가 2[m]의 거리에 존재할 때 두 전하 사이에 작용하는 힘은?

① 1.2×10^{-6}[N]

② 2.2×10^{-5}[N]

③ 1.2×10^{-5}[N]

④ 2.2×10^{-6}[N]

✅ **ANSWER** | 9.④ 10.② 11.②

9
$$\nabla^2 V = \frac{\partial^2 xy^2z}{\partial x^2} + \frac{\partial^2 xy^2z}{\partial y^2}\frac{\partial^2 xy^2z}{\partial z^2} = \frac{\partial y^2z}{\partial x} + \frac{\partial 2xyz}{\partial y} + \frac{\partial xy^2}{\partial z} = 2xz = -\frac{\rho}{\epsilon_o}$$
$$\rho = -2xz\epsilon_o [C/m^3]$$

10 전기력선의 특성

㉠ 단위전하당 $\dfrac{1}{\epsilon_0}$개의 전기력선이 출입하므로 전체 전하량이 Q이면 전기력선의 수는 $\dfrac{Q}{\epsilon_0}$이다.

㉡ 전기력선의 밀도는 전기장의 세기와 같다.

㉢ 전기력은 양전하에서 음전하로 흐른다.

㉣ 전기력선의 방향과 등전위면을 수직으로 지나며 전위가 높은 곳으로부터 낮은 곳으로 향한다.

㉤ 도체표면에 수직으로 출입하며 도체내부에는 존재하지 않는다.

11 두 전하사이에 작용력
$$F = 9 \times 10^9 \frac{Q_1Q_2}{r^2} = 9 \times 10^9 \times \frac{10^{-6} \times 10^{-8}}{2^2} = 2.2 \times 10^{-5} [N]$$

12 평면 2차함수로 표현되는 전위가 $V = 4y^2 + 2z$로 주어질 때 $y = 2$, $z = 1$에서의 전계의 세기[V/m]는?

〈고양도시관리공사〉

① $8i + 2j$ ② $-8i - 2k$

③ $16j + 2k$ ④ $-16j - 2k$

⑤ $-16j - 4k$

13 동일한 양을 가진 2개의 점전하가 진공 중에 1.5[m] 간격으로 존재할 때 9.8×10^9[N]의 힘이 작용한다면 점전하의 전기량은?

① 1[C]   ② 1.2[C]

③ 2.0[C]   ④ 1.56[C]

14 다음 중 Q[C] 전하에서 나오는 전기력선의 총 수를 나타내는 것은?

① $\dfrac{\epsilon}{Q}$ ② ϵQ

③ $\sqrt{Q\epsilon}$ ④ $\dfrac{Q}{\epsilon}$

✅ **ANSWER** | 12.④ 13.④ 14.④

12 전계 $E = - grad\, V = - \nabla V = -8yj - 2k$[V/m]에서
$y = 2$, $z = 1$를 대입하면
$E = -16j - 2k\,[V/m]$

13 동일한 양을 가진 두 개의 점전하간의 힘이므로
$F = 9 \times 10^9 \dfrac{Q^2}{r^2} = 9.8 \times 10^9 [N]$ 거리 $r = 1.5[m]$ 이므로
$Q^2 = 2.45 \fallingdotseq 2.5[C]$
$Q = 1.56[C]$

14 가우스의 정리
$$\int E\, dS = \frac{Q}{\epsilon}\,[lines]$$
공기나 진공중에서 $\dfrac{Q}{\epsilon_o}$, 유전체중에서 $\dfrac{Q}{\epsilon} = \dfrac{Q}{\epsilon_o \epsilon_s}$

15 진공 중에 표면 전하밀도가 $\sigma[C/m^2]$인 도체 표면에서의 전계의 세기는?

〈한국체육산업개발〉

① $E = \dfrac{\sigma}{\epsilon_o} [V/m]$ ② $E = \dfrac{\sigma}{2\epsilon_o} [V/m]$

③ $E = \dfrac{\epsilon_o}{\sigma} [V/m]$ ④ $E = \dfrac{2\epsilon_o}{\sigma} [V/m]$

16 평행판 콘덴서의 전기장의 세기가 1,500[V/m]이고, 극판간격이 5[cm]일 때 극판 사이의 전압은?

① 60[V] ② 75[V]

③ 600[V] ④ 750[V]

17 3×10^{-8}[C] 전하에 2.4×10^{-3}[N]의 힘을 가하려고 할 경우 필요한 전기장의 세기는?

① 2×10^4[V/m] ② 4×10^4[V/m]

③ 8×10^4[V/m] ④ 10×10^4[V/m]

✅ ANSWER | 15.① 16.② 17.③

15 도체 표면에서의 전계의 세기

$Q = \sigma \cdot dS$, 전기력선의 수 $dN = E \circ dS = \dfrac{Q}{\epsilon_0} = \dfrac{\sigma \cdot dS}{\epsilon_0}$

$E = \dfrac{dN}{dS} = \dfrac{\sigma}{\epsilon_0} [V/m]$

16 $V = Ed = 1,500 \times 5 \times 10^{-2} = 75[V]$

17 $F = QE$에서

$E = \dfrac{F}{Q} = \dfrac{2.4 \times 10^{-3}}{3 \times 10^{-8}} = 80,000 = 8 \times 10^4[V/m]$

18 두 개의 똑같은 작은 도체구를 접촉하여 대전시킨 후 1[m] 거리에 떼어 놓았더니 작은 도체구는 서로 $9 \times 10^{-3}[N]$의 힘으로 반발하였다. 각 도체구의 전기량[C]은?

〈전북개발공사〉

① 10^{-8}

② 10^{-6}

③ 10^{-4}

④ 10^{-2}

19 공기 중에서 $9 \times 10^{-10}[C]$의 전하로부터 90[mm] 떨어진 점의 전위는?

① 45[V]

② 90[V]

③ 180[V]

④ 420[V]

20 비유전율이 5인 물질의 유전물은?

① $4.4 \times 10^{-12}[F/m]$

② $8.8 \times 10^{-12}[F/m]$

③ $44 \times 10^{-12}[F/m]$

④ $88 \times 10^{-12}[F/m]$

✅ **ANSWER** | 18.② 19.② 20.③

18 쿨롱의 법칙

$F = 9 \times 10^9 \dfrac{Q^2}{r^2} = 9 \times 10^{-3}[N]$ 에서 $Q^2 = 10^{-12}r^2$ 이므로

$Q = 10^{-6}r = 10^{-6}[C]$

19 $V = 9 \times 10^9 \dfrac{Q}{r} = \dfrac{9 \times 10^9 \times 9 \times 10^{-10}}{90 \times 10^{-3}} = 90[V]$

20 $\epsilon = \epsilon_0 \epsilon_R = 8.855 \times 10^{-12} \times 5$

$\qquad = 44.275 \times 10^{-12}$

$\qquad \fallingdotseq 44 \times 10^{-12}[F/m]$

21 다음 중 비유전율이 가장 큰 것은?

① 석면   ② 진공

③ 고무   ④ 에틸알코올

22 무한한 길이의 선전하가 1[m]당 $+\rho[C]$의 전하량을 가질 경우 이 직선도체에서 r[m] 떨어진 점의 전위 [V]는?

〈SH서울주택도시공사〉

① 0이다.   ② r에 비례한다.

③ r에 반비례한다.   ④ r의 제곱에 비례한다.

⑤ ∞이다.

23 두 점 사이의 전위차를 바르게 설명한 것은?

① 두 점 사이에 작용한 전기적인 힘을 말한다.

② 두 점 사이의 단위전기량을 이동시키는 데 필요한 일량을 말한다.

③ 단위시간에 흐르는 전기량을 말한다.

④ 전기량이 단위시간에 하는 일량을 말한다.

ANSWER | 21.④ 22.⑤ 23.②

21 물질의 비유전율

물질	비유전율
진공	1
고무	2 ~ 3
석면	4.8
에틸알코올	25

22 선전하에 의한 전계는 $E=\dfrac{\lambda}{2\pi\epsilon r}[V/m]$로서 거리 r에 반비례하지만, 전위는 무한대이다. $E=-\,grad\,V\,[V/m]$

$$V=-\int_{\infty}^{r}E\cdot dr=\int_{r}^{\infty}\frac{\rho}{2\pi\epsilon_o r}\,dr=\frac{\rho}{2\pi\epsilon_o}[\ln r]_{r}^{\infty}=\infty$$

23 ①은 쿨롱의 법칙, ③은 전류, ④는 전력을 각각 정의한다.

24 진공 중에 놓여 있는 5[C]의 점전하로부터 15[cm] 떨어진 점의 전속밀도는?

① 15.6[C/m²]
② 16.9[C/m²]
③ 17.7[C/m²]
④ 19.7[C/m²]

25 다음 중 전자가 갖는 전하량은?

① 2×10^{-19}[C]
② -1.6×10^{-19}[C]
③ 1.6×10^{-21}[C]
④ -1.2×10^{-17}[C]

26 전장속의 한 점에 +1[C]의 전하를 놓았을 때 이 전하에 작용하는 힘을 무엇이라고 하는가?

① 전기력선
② 전위
③ 전장의 세기
④ 전위경로

27 공기 중에 6[μC]의 점전하를 놓았을 때 전하로부터 2[m]의 거리에 있는 점과 3[m]의 거리에 있는 점 사이의 전위차 [V]는?

① 1.5×10^{3}
② 6×10^{3}
③ 6×10^{-3}
④ 9×10^{3}

---

24 $D = \dfrac{\Psi}{A} = \dfrac{Q}{4\pi r^2} = \dfrac{5}{4\pi \times (15 \times 10^{-2})^2} = 17.69 \fallingdotseq 17.7\,[C/m^2]$

25 전자 및 양자의 전기량의 절대값은 1.602×10^{-19}[C]
전자는 $-$전하이므로 $-1.602 \times 10^{-19}[C]$

26 전장의 세기는 전계를 말한다. $E = \dfrac{Q}{4\pi\epsilon_o r^2}\,[V/m]$

① 전기장의 상태를 나타내는 가상의 선을 말한다.
② 양 전하를 먼 곳에서 임의의 점까지 가져오는 데 필요한 전압을 말한다.
④ 양전자에 대한 두 점간의 거리를 말한다.

27 $V = 9 \times 10^9 \times \dfrac{6 \times 10^{-6}}{1} \times \left(\dfrac{1}{2} - \dfrac{1}{3}\right) = 54 \times 10^3 \left(\dfrac{1}{2} - \dfrac{1}{3}\right) = 9 \times 10^3\,[V]$

28 진공 중에 있는 반지름 10[cm]인 도체에 10^{-8}[C]의 전하를 줄 때 도체표면상의 전장의 세기는 얼마인가?

① 9×10[V/m] ② 9×10^{2}[V/m]

③ 9×10^{3}[V/m] ④ 9×10^{4}[V/m]

29 어느 점전하에 의하여 생기는 전위를 처음 전위의 $\frac{1}{2}$이 되게 하려면 점전하로부터의 거리를 몇 배로 하여야 하는가?

① 3배 ② 4배

③ 2배 ④ 5배

30 공기 중에 10[μC]의 전하가 있을 때 이로부터 100[cm] 떨어진 점의 전위는 몇 [V]인가?

① 3×10^{4} ② 6×10^{4}

③ 9×10^{4} ④ 12×10^{4}

ANSWER | 28.③ 29.③ 30.③

28
$$E = \frac{Q}{4\pi\epsilon_0 r^2} = 9 \times 10^9 \times \frac{10^{-8}}{(10 \times 10^{-2})^2} = 9 \times 10^3 [\text{V/m}]$$

29
$$V = 9 \times 10^9 \times \frac{Q}{r}$$
전위는 거리에 반비례한다.

30
$$V = 9 \times 10^9 \frac{Q}{r} = 9 \times 10^9 \times \frac{10 \times 10^{-6}}{100 \times 10^{-2}} = 9 \times 10^4 [\text{V}]$$

31 Q [C]로부터 r [m] 떨어진 점의 전위를 나타내는 식은?

① $9 \times 10^9 \times \dfrac{Q}{\epsilon_R r}$

② $9 \times 10^9 \times \dfrac{r}{Q}$

③ $9 \times 10^9 \times \dfrac{Q}{r^2}$

④ $6.33 \times 10^4 \times \dfrac{Q}{r}$

32 유전율이 ϵ인 유전체 내에 있는 전하 Q [C]에서 나오는 유전속의 수는?

① Q

② $\dfrac{Q}{\epsilon}$

③ $\dfrac{Q}{\epsilon_s}$

④ $\dfrac{\epsilon}{Q}$

33 진공 중에 Q [C]의 전하가 있을 때 이 전하로부터 나오는 전기력선의 수는?

① Q

② $\dfrac{Q}{\epsilon_0}$

③ $\epsilon_0 Q$

④ $\dfrac{Q}{4\pi\epsilon_0}$

ANSWER | 31.① 32.① 33.②

31 $V = \dfrac{Q}{4\pi\epsilon r} = 9 \times 10^9 \times \dfrac{Q}{\epsilon_R r}$

32 전기력선의 개수= $\dfrac{전기량}{유전율}$

유전속의 개수=전기량

33 단위전하당 전기력선은 $\dfrac{1}{\epsilon_0}$개이므로 진공 중의 전기력선은 $\dfrac{Q}{\epsilon_0}$개다.

34 다음 전기력선에 대한 설명 중 옳지 않은 것은?

① 전기력선은 상호 직교(直交)한다.
② 전기력선은 양전하에서 나와 음전하로 끝나는 연속 곡선이다.
③ 전기력선으로 전계의 방향을 알 수 있다.
④ 전기력선으로 전계의 크기를 알 수 있다.

35 다음 중 전기력선의 성질에 대한 설명으로 옳지 않은 것은?

① 진공 중에서 전기력선은 단위전하당 $\frac{1}{\epsilon_0}$개가 출입한다.

② 전기력선은 도체내부에 존재한다.
③ 전기력선은 전하가 없으면 연속적이다.
④ 전기력선은 도체표면에 수직이다.

36 전기장 속의 임의의 점에 존재하는 전장의 세기는 그 점의 전기력선의 무엇과 같은가?

① 세기   ② 밀도
③ 자장   ④ 크기

37 대전 도체구 내부의 전기장의 세기로 옳은 것은?

① ∞   ② 표면전장의 세기와 같다.
③ 전하에 비례한다.   ④ 0

✅ **ANSWER** | 34.① 35.② 36.② 37.④

34 ① 전기력선은 교차하지 않는다.

35 도체내부는 표면전위와 같으며 등전위이기 때문에 전기력선이 존재하지 않는다.

36 전기력선의 접선방향은 접점의 전기장의 방향을 나타내며, 전기력선의 밀도는 전장의 세기를 나타낸다.

37 내부에는 전기력선이 존재하지 않으므로 전기장의 세기는 0이다.

38 어떤 점전하에 의하여 생긴 전장의 세기를 $\frac{1}{2}$배로 하려면 점전하로부터의 거리를 몇 배로 하면 되겠는가?

① 2

② $\sqrt{2}$

③ $\frac{1}{2}$

④ $\frac{1}{\sqrt{2}}$

39 공기 중에서 2×10^{-6}[C]의 점전하로부터 1[cm]의 거리에 있는 점의 전장의 세기 [V/m]는?

① 18×10^{-7}

② 18×10^{7}

③ 18×10^{5}

④ 18×10^{-4}

40 가우스의 정리를 이용하여 구하는 것은 다음 중 어느 것인가?

① 전위

② 전장의 세기

③ 전장의 에너지

④ 전하간의 힘

✓ ANSWER | 38.② 39.② 40.②

38 $E=\frac{Q}{4\pi\epsilon r^2}\,[V/m]$이므로 $E\propto\frac{1}{r^2}$ 따라서 전장의 세기 E를 1/2로 하려면

$\frac{1}{2}=\frac{1}{r^2}$에서 $r=\sqrt{2}$

39 $E=9\times10^9\times\frac{Q}{r^2}=9\times10^9\times\frac{2\times10^{-6}}{(1\times10^{-2})^2}=18\times10^7[\text{V/m}]$

40 가우스의 정리 … 전장의 세기가 E인 전장에 수직한 단위면적을 지나는 전기력선의 수는 E개다.

총 전기력선의 수 $\phi_E=\int E\cdot ds$

전하 Q를 중심으로 하는 반지름이 r인 구면을 지나는 전기력선의 총 수

$\varnothing_E=E\cdot S=E\cdot4\pi r^2=\frac{Q}{4\pi\epsilon_o r^2}\cdot4\pi r^2=\frac{Q}{\epsilon_o}$

공간에 전하가 여러 개 존재하는 폐곡면 내부의 총 전기력선 수

$\phi_E=\frac{Q}{\epsilon_0}$

41 전장의 세기가 500[V/m]인 전기장에 5[μC]의 전하를 놓으면 이 전하에 작용하는 힘 F는?

① 25×10^{-4}[N]
② 10^8[N]
③ 10^6[N]
④ 25×10^{-10}[N]

42 비유전율이 8인 물질의 유전율 [F/m]은?

① 70.84×10^{-12}
② 70.84×10^{-10}
③ 70.84×10^{-8}
④ 70.84×10^{-6}

43 공기 중에서 ±1[C]의 점전하가 1[m]의 거리에 놓여 있을 때 작용하는 힘의 크기는?

① 9×10^9[N]
② 9×10^6[N]
③ 9×10^5[N]
④ 9×10^3[N]

✅ ANSWER | 41.① 42.① 43.①

---

41 $F = EQ = 500 \times 5 \times 10^{-6} = 25 \times 10^{-4}$[N]
전장중에 단위전하에 작용하는 힘이란 전계를 말한다.
즉 $E = \dfrac{Q}{4\pi\epsilon r^2}[V/m]$ 이므로 작용력 $F = \dfrac{Q_1 Q_2}{4\pi\epsilon r^2}[N]$ 에서 Q하나를 1[C]으로 한 것과 동일하다.
따라서 F=EQ [N]

42 $\epsilon = \epsilon_0 \epsilon_R = 8.855 \times 10^{-12} \times 8 = 70.84 \times 10^{-12}$[F/m]

43 $F = 9 \times 10^9 \times \dfrac{Q_1 Q_2}{\epsilon_R r^2} = 9 \times 10^9 \times \dfrac{1 \times (-1)}{1 \times 1^2} = 9 \times 10^9$[N]

44 다음 중 1[Newton]을 나타내는 것은?

① 10^7[dyne]

② 980[dyne]

③ 10^5[dyne]

④ 10^4[dyne]

45 두 점전하의 거리를 $\frac{1}{2}$ 로 하면 이때의 힘은 몇 배로 되는가?

① $\frac{1}{2}$ 배

② $\frac{1}{4}$ 배

③ 2배

④ 4배

46 다음 중 MKS 단위로 표시되지 않은 것은?

① [kg]

② [N]

③ [J]

④ [dyne]

✅ ANSWER | 44.③ 45.④ 46.④

44 $1[\text{N}] = 1[\text{kg} \cdot \text{m/sec}] = 1,000 \times 100[\text{g} \cdot \text{cm/s}^2] = 10^5[\text{dyne}]$
흡인력이 작용한다.

45 힘은 거리의 제곱에 반비례한다.
$$F = 9 \times 10^9 \times \frac{Q_1 Q_2}{r^2} = 9 \times 10^9 \times \frac{Q_1 Q_2}{\left(\frac{1}{2}\right)^2}$$

46 $F = \dfrac{Q_1 Q_2}{4\pi\epsilon r^2} \Rightarrow \dfrac{Q_1 Q_2}{4\pi\epsilon(\frac{1}{2}r)^2} = \dfrac{Q_1 Q_2}{4\pi\epsilon r^2} \times 4[\text{N}]$ 4배가 된다.

47 두 대전체 사이에 작용하는 힘의 크기는 두 전하량의 곱에 비례하고, 거리에는 어떻게 되는가?

① 거리의 제곱근에 비례한다.　　　　② 거리의 제곱에 비례한다.

③ 거리의 제곱근에 반비례한다.　　　④ 거리의 제곱에 반비례한다.

48 진공의 유전율 ϵ_0 값으로 옳은 것은?

① $\epsilon_0 = 9 \times 10^9 [\text{F/m}]$　　　　② $\epsilon_0 = 8.885 \times 10^{-12} [\text{F/m}]$

③ $\epsilon_0 = 6.33 \times 10^9 [\text{F/m}]$　　　④ $\epsilon_0 = 4\pi \times 10^{-7} [\text{F/m}]$

49 다음 중 유전율의 단위는?

① [F/m]　　　　② [V/m]

③ [C/m^2]　　　④ [H/m]

ⓒ ANSWER | 47.④ 48.② 49.①

47　$F = K \dfrac{Q_1 Q_2}{r^2} = \dfrac{1}{4\pi\epsilon_0} \cdot \dfrac{Q_1 Q_2}{\epsilon_R r^2} [\text{N}]$에서 힘은 Q_1, Q_2의 곱에 비례하고, r^2에 반비례한다.

48　진공의 유전율 $\epsilon_0 = 8.885 \times 10^{-12} [\text{F/m}]$
　　　※ 진공의 비유전율 $\epsilon_R = 1$

49　유전율의 단위는 [F/m]이고, 비유전율의 단위는 없다.
　　　② 전기장의 단위
　　　③ 전속밀도의 단위
　　　④ 투자율의 단위

50 공기 중에 두 점전하 $+4\times10^{-6}$[C]과 -3×10^{-6}[C]이 0.9[m]의 거리에 놓여 있다. 이 사이에 작용하는 힘의 크기는? (단, 공기중의 유전율 = 1)

① 0.13[N]의 반발력　　　　　　　　② 0.13[N]의 흡인력

③ 0.26[N]의 반발력　　　　　　　　④ 0.26[N]의 흡인력

51 서로 같은 전하를 가진 두 대전체를 공기 중에 30[cm] 거리로 떨어뜨려 놓았을 때 0.9[N]의 힘이 작용하였다면 대전체의 전하는 몇 [C]인가?

① 9×10^{9}　　　　　　　　　　② 9×10^{-6}

③ 3×10^{-12}　　　　　　　　　　④ 3×10^{-6}

52 같은 양의 점전하가 진공 중에 1[m]간격으로 있을 때 9×10^{9}[N]의 힘이 작용했다면 이때 점전하의 전기량 [C]은 얼마인가?

① 1　　　　　　　　　　　　　　　　② 2×10^{9}

③ 9×10^{-4}　　　　　　　　　　④ 3×10^{3}

ANSWER ｜ 50.② 51.④ 52.①

50 $F = 9\times10^{9}\times\dfrac{Q_1 Q_2}{\epsilon_R r^2} = 9\times10^{9}\times\dfrac{4\times10^{-6}\times-3\times10^{-6}}{1\times(0.9)^2} = -0.13[\text{N}]$

51 $E = \dfrac{Q}{4\pi\epsilon r^2} = \dfrac{1}{4\pi\epsilon}\times\dfrac{Q_1 Q_2}{r^2} = 9\times10^{9}\times\dfrac{Q^2}{r^2}$ (동일한 두 전하이므로)

$F = QE$에서 $F = 0.9[\text{N}]$이다.

$Q = \dfrac{F}{E}$ 이므로

$Q^2 = \dfrac{0.9}{\dfrac{9\times10^{9}}{r^2}} = \dfrac{0.9\times r^2}{9\times10^{9}} = \dfrac{0.9\times(30\times10^{-2})^2}{9\times10^{9}} = 9\times10^{-12}$

$Q = \sqrt{9\times10^{-12}} = 3\times10^{-6}[\text{C}]$

52 같은 양의 점전하이므로

$F = 9\times10^{9}\dfrac{Q^2}{r^2} = 9\times10^{9}[\text{N}]$, 거리가 1[m].

$Q^2 = 1[C]$, $Q = 1[\text{C}]$

03 정전계 (2)

1 콘덴서 접속과 정전용량

$$Q = CV[\text{C}]$$

$$C = \frac{Q}{V}[\text{F} = \text{C/V}]$$

$$V = \frac{Q}{C}[\text{V} = \text{C/F}]$$

Q 실전문제 _ 01
한국중부발전

정전용량 2[F]인 콘덴서에 16[V]의 전압을 인가하였을 경우 축적되는 전하량[C]은?

① 8 ② 16
③ 32 ④ 64

✔ $Q = CV = 2 \times 16 = 32[C]$

답 ③

Q 실전문제 _ 02
부산환경공단

콘덴서에 10[V]의 직류전압을 가하자 $4 \times 10^{-4}[C]$의 전하량이 축적되었을 경우 이 콘덴서의 용량은?

① $10[\mu F]$ ② $25[\mu F]$
③ $40[\mu F]$ ④ $80[\mu F]$
⑤ $120[\mu F]$

✔ $Q = CV[C]$에서 $C = \frac{Q}{V} = \frac{4 \times 10^{-4}}{10} = 40 \times 10^{-5} = 40[\mu F]$

답 ③

(1) 직렬연결

직렬연결은 전압이 분배되고 전하량이 일정하다.

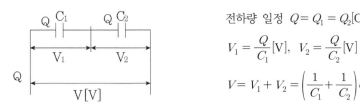

전하량 일정 $Q = Q_1 = Q_2 [\mathrm{C}]$

$$V_1 = \frac{Q}{C_1}[\mathrm{V}], \quad V_2 = \frac{Q}{C_2}[\mathrm{V}]$$

$$V = V_1 + V_2 = \left(\frac{1}{C_1} + \frac{1}{C_2}\right) Q[\mathrm{V}]$$

① **합성 정전용량** … $C_o = \dfrac{Q}{V} = \dfrac{1}{\dfrac{1}{C_1} + \dfrac{1}{C_2}} = \dfrac{C_1 C_2}{C_1 + C_2}[\mathrm{F}]$

② **합성 전하량** … $Q = C_o V = \dfrac{C_1 C_2}{C_1 + C_2} V$

③ **전압의 분배**

$$V_1 = \frac{Q}{C_1} = \frac{1}{C_1} \times \frac{C_1 C_2}{C_1 + C_2} V = \frac{C_2}{C_1 + C_2} V[\mathrm{V}]$$

$$V_2 = \frac{Q}{C_2} = \frac{1}{C_2} \times \frac{C_1 C_2}{C_1 + C_2} V = \frac{C_1}{C_1 + C_2} V[\mathrm{V}]$$

그러므로 전압은 정전용량에 반비례 분배되며 작은 정전용량에 큰 전압이 걸린다.

(2) 병렬연결

병렬연결에서 전압은 일정하고 전하량이 분배된다.

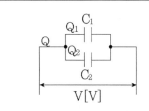

$$Q = Q_1 + Q_2 = C_1 V + C_2 V = (C_1 + C_2) V[\mathrm{C}]$$

① **합성 정전용량** … $C_o = \dfrac{Q}{V} = C_1 + C_2 [\mathrm{F}]$

② **전체 전압** … $V = \dfrac{Q}{C_o} = \dfrac{Q}{C_1 + C_2}[\mathrm{V}]$

③ **분배된 전하량**

$$Q_1 = C_1 V = C_1 \times \frac{Q}{C_1 + C_2} = \frac{C_1}{C_1 + C_2} Q[\text{C}]$$

$$Q_2 = C_2 V = C_2 \times \frac{Q}{C_1 + C_2} = \frac{C_2}{C_1 + C_2} Q[\text{C}]$$

그러므로 전하량은 정전용량에 비례 분배된다.

② 정전용량의 계산

(1) 구도체

① **완전구도체**(반지름 $a\,[\text{m}]$)

$$C = \frac{Q}{V} = \frac{Q}{\dfrac{Q}{4\pi\epsilon_0 a}} = 4\pi\epsilon_0 a = \frac{a}{9 \times 10^9}[\text{F}]$$

② **반구도체** … 구도체의 반 값으로 계산하면 된다.

$$C = 2\pi\epsilon_0 a = \frac{a}{18 \times 10^9}[\text{F}]$$

(2) 동심구 사이의 정전용량

전하는 도체 사이에만 축적되므로 전위 V는 a와 b 사이만 계산하여 정전용량을 계산한다.

① **전위의 크기**

$$V_{ab} = -\int_b^a \boldsymbol{E} \circ d\boldsymbol{r} = \frac{Q}{4\pi\epsilon_0}\left(\frac{1}{a} - \frac{1}{b}\right)$$

② **정전용량의 크기**

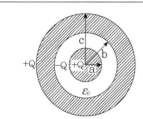

$$C = \frac{Q}{V_{ab}} = \frac{Q}{\dfrac{Q}{4\pi\epsilon_0}\left(\dfrac{1}{a} - \dfrac{1}{b}\right)} = \frac{4\pi\epsilon_0}{\dfrac{1}{a} - \dfrac{1}{b}} = \frac{4\pi\epsilon_0 ab}{b - a}$$

(3) 동축케이블(동심원통)

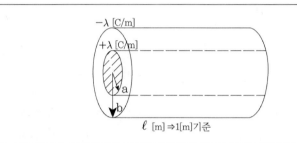

① **전계**(무한장 직선 전류에 의한 전계) $E = \dfrac{\lambda}{2\pi\epsilon r}$ [V/m]

② **전위** $V = -\displaystyle\int_{b}^{a} E \cdot dr = \dfrac{\lambda}{2\pi\epsilon} \ln\dfrac{b}{a}$ [V]

③ **단위 길이당 정전용량** $C = \dfrac{Q}{V} = \dfrac{\lambda \cdot l}{V} = \dfrac{\lambda}{\dfrac{\lambda}{2\pi\epsilon}\ln\dfrac{b}{a}} = \dfrac{2\pi\epsilon}{\ln\dfrac{b}{a}}$ [F/m]

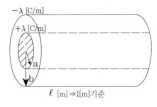
(4) 평행 왕복 도선 사이의 정전용량

전선 2가닥이 나란하게 시설된 경우이다.

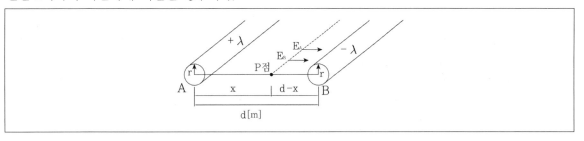

$+\lambda$
E_A
E_B
P점
$-\lambda$
r
A   x   d-x   B
d[m]

① 전계

$$E_P = E_1 + E_2 = \frac{\lambda}{2\pi\epsilon_0 x} + \frac{\lambda}{2\pi\epsilon_0 (d-x)}$$

② 전위

$$V = -\int_{d-a}^{a} \frac{\lambda}{2\pi\epsilon_0}\left(\frac{1}{x}+\frac{1}{d-x}\right)dx = \frac{\lambda}{2\pi\epsilon_0}\ln\left(\frac{d-a}{a}\right)^2 = \frac{2\lambda}{2\pi\epsilon_0}\ln\frac{d-a}{a} = \frac{\lambda}{\pi\epsilon_0}\ln\frac{d-a}{a} \fallingdotseq \frac{\lambda}{\pi\epsilon_0}\ln\frac{d}{a} \text{[V]}$$

$\Rightarrow d \gg a$이면 $d-a \fallingdotseq d$

③ 정전용량

$$C = \frac{Q}{V} = \frac{\lambda \cdot 1}{V} = \frac{\lambda}{\frac{\lambda}{\pi \epsilon_0} ln \frac{d}{a}} = \frac{\pi \epsilon_0}{\ln \frac{d}{a}} = \frac{12.08}{\log_{10} \frac{d}{a}} [\mathrm{pF/m}]$$

(5) 평행판 콘덴서의 정전용량

$$E = \frac{\sigma}{\epsilon}, \quad V = Ed = \frac{\sigma}{\epsilon} d \text{이므로} \quad C = \frac{Q}{V} = \frac{\sigma S}{\frac{\sigma}{\epsilon} d} = \frac{\epsilon S}{d} [\mathrm{F}]$$

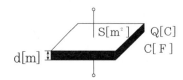

Q 실전문제 _ 05

한국가스기술공사

평행판 커패시터의 평행판의 면적을 4배로 하고 간격을 2배로 증가시키면 커패시터의 정전용량의 변화는?

① 변함없다.　　　　　　　　　　　　② 2배 증가한다.
③ 2배 감소한다.　　　　　　　　　　④ 4배 증가한다.
⑤ 4배 감소한다.

✔ $C = \dfrac{Q}{V} = \dfrac{\epsilon S}{d} \Rightarrow \dfrac{\epsilon 4S}{2d} = 2 \dfrac{\epsilon S}{d} [\mathrm{F}]$ 로 2배 증가한다.

답 ②

Q 실전문제 _ 06

SH서울주택도시공사

두 평판의 간격이 6[cm], 단면적이 $5[m^2]$이고 매질이 공기인 평행판 콘덴서에 300[V]의 전압을 인가하였을 경우 두 평판 사이의 전계의 세기[V/m]는?

① 3×10^3　　　　　　　　　　　② 5×10^3
③ 6×10^3　　　　　　　　　　　④ 3×10^4
⑤ 5×10^5

✔ $C = \dfrac{Q}{V} = \dfrac{\epsilon S}{d} \Rightarrow \dfrac{\epsilon 4S}{2d} = 2 \dfrac{\epsilon S}{d} [\mathrm{F}]$ 로 2배 증가한다.

$C = \epsilon_0 \dfrac{S}{d} = 8.855 \times 10^{-12} \times \dfrac{5 \times 10^{-4}}{6 \times 10^{-2}} = 7.38 \times 10^{-14} [F]$

$E = \dfrac{V}{d} = \dfrac{300}{6 \times 10^{-2}} = 5 \times 10^3 [V/m]$

답 ②

기출예상문제

1 정전계의 설명으로 가장 적당한 것은?

〈전북개발공사〉

① 전계 에너지가 최대로 되는 전하분포의 전계이다
② 전계 에너지와 무관한 전하분포의 전계이다
③ 전계 에너지가 일정하게 유지되는 전하분포의 전계이다
④ 전계 에너지가 최소로 되는 전하분포의 전계이다

2 정전용량이 1[μF]인 콘덴서 3개가 있다. 병렬접속 시 합성 정전용량은?

① 0[μF]　　　　　　　　　　　　② 0.5[μF]
③ 3[μF]　　　　　　　　　　　　④ 1.5[μF]

3 2[μF]의 콘덴서에 1,000[V]의 직류전압을 가할 때 축적되는 전하는?

① 2×10^{-6}[C]　　　　　　　　② 2×10^{-3}[C]
③ 2[C]　　　　　　　　　　　　④ 2×10^{3}[C]

✅ ANSWER | 1.④ 2.③ 3.②

1 정전계는 전계 에너지가 최소로 되는 안정된 전하분포를 가진다.

2 병렬접속시 합성 정전용량 $C_P = C_1 + C_2 + C_3 = 1 + 1 + 1 = 3[\mu \mathrm{F}]$

3 $C = \dfrac{Q}{V}$

$2 \times 10^{-6} = \dfrac{Q}{1,000}$

$Q = 2 \times 10^{-3}[\mathrm{C}]$

4 정전용량이 같은 콘덴서 10개를 병렬로 접속했을 때의 합성 정전용량은 직렬접속 때의 몇 배가 되는가?

① 0.1배   ② 1배

③ 10배   ④ 100배

5 내압이 다 같이 1,000[V]이고 용량이 각각 $0.1[\mu F]$, $0.2[\mu F]$, $0.4[\mu F]$인 3개의 콘덴서를 직렬로 연결하면 전체 내압은 몇 [V]가 되겠는가?

〈전북개발공사〉

① 500   ② 1,750

③ 2,250   ④ 2,750

6 다음 회로에서 콘덴서 C_1 양단의 전압 [V]은?

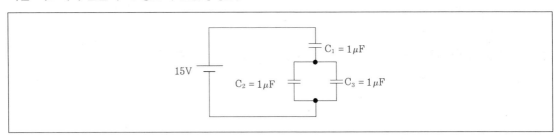

① 4   ② 5

③ 10   ④ 12

✅ **ANSWER** | 4.④   5.②   6.③

4   병렬접속 시 합성 정전용량 $C = \dfrac{Q}{V} = \dfrac{(C_1 + C_2 + C_3)\,V}{V}$

직렬접속 시 합성 정전용향 $C = \dfrac{Q}{V} = \dfrac{Q}{\left(\dfrac{1}{C_1} + \dfrac{1}{C_2} + \dfrac{1}{C_3}\right)Q}$

병렬연결 : 직렬연결 $= 10 : \dfrac{1}{10}$ 이므로 병렬이 100배 크다.

5   콘덴서는 용량이 적을수록 큰 전압이 걸린다. 그러므로 $0.1[\mu F]$의 콘덴서에 1,000[V]가 걸리는 것을 기준으로 하면 정전용량이 $0.2[\mu F]$의 콘덴서에는 500[V]의 전압이 걸리고, $0.4[\mu F]$의 콘덴서에는 전압이 1/4로 감소하여 250[V]의 전압이 걸린다.

따라서 전체 내압은 $1,000 + 500 + 250 = 1,750[V]$

6   먼저 콘덴서 C_2, C_3의 합성 용량을 구하면 $1+1=2[\mu F]$

C_1양단의 전압 $V_1 = \dfrac{C_{23}}{C_1 + C_{23}}\,V = \dfrac{2 \times 10^{-6}}{1 \times 10^{-6} + 2 \times 10^{-6}} \times 15 = 10[V]$

7 C_1, C_2, C_3가 각각 10[μF], 20[μF], 30[μF]일 때 병렬접속 시 합성 정전용량은?

① 0.02[μF]

② 0.2[μF]

③ 6[μF]

④ 60[μF]

8 $C_1 = 2[\mu F]$과 $C_2 = 3[\mu F]$인 두 개의 콘덴서가 병렬로 연결되었을 경우 $C_1 : C_2$의 전류 분배비율로 옳은 것은?

〈고양도시관리공사〉

① 동일비율

② 3 : 2

③ 2 : 3

④ 5 : 1

⑤ 전류가 흐르지 않는다.

9 2×10^{-2}[F]인 콘덴서에 150[V]의 전압을 가했을 경우 충전되는 전하는?

① 1[C]

② 2[C]

③ 3[C]

④ 4[C]

✅ ANSWER | 7.④ 8.③ 9.③

7 $C = C_1 + C_2 + C_3 = 10 + 20 + 30 = 60\,[\mu F]$

8 $i = C\dfrac{dV}{dt}\,[A]$이므로 전류와 정전용량은 비례한다.
따라서 전류의 분배비율은 정전용량의 비율과 같으므로 2 : 3

9 $Q = CV = 2 \times 10^{-2} \times 150 = 3\,[C]$

10 다음 중 콘덴서의 종류가 다른 것은?

① 가변 콘덴서   ② 마일러 콘덴서

③ 세라믹 콘덴서   ④ 전해 콘덴서

11 $1[\mu F]$의 콘덴서를 $80[V]$, $2[\mu F]$의 콘덴서를 $50[V]$로 충전하고 이들을 병렬로 연결할 때의 전위차는 몇 [V] 인가?

〈대구시설공단〉

① 80   ② 75

③ 70   ④ 65

⑤ 60

12 두 개의 콘덴서 $C_1 = 100[F]$, $C_2 = 200[F]$가 직렬접속하고 있고, 양단에 100[V]의 전압이 가해질 때 C_1에 걸리는 전압은?

① 50[V]   ② 67[V]

③ 100[V]   ④ 200[V]

✅ ANSWER | 10.①   11.⑤   12.②

10 콘덴서의 종류
ㄱ 가변콘덴서(용량을 변화시킬 수 있다) : 송수신기나 발진회로의 동조회로에 사용한다.
ㄴ 고정콘덴서(용량을 변화시킬 수 없다)
- 세라믹콘덴서 : 유전율이 높은 산화티탄이나 티탄산바륨 등의 자기를 유전체로 하는 소자
- 마일러콘덴서 : 전하를 저장하는 기능. 교류회로에서 공진소자로 사용되고 교류 신호만 통과시킨다.
- 전해콘덴서 : 전하를 일정한 방향으로 저장. 극성이 있다.

11 공통전위를 갖게 되므로
$$V = \frac{Q_1 + Q_2}{C_1 + C_2} = \frac{C_1 V_1 + C_2 V_2}{C_1 + C_2} = \frac{1 \times 80 + 2 \times 50}{1 + 2} = \frac{180}{3} = 60[V]$$

12 $V = \dfrac{C_2}{C_1 + C_2} \times V = \dfrac{200}{100 + 200} \times 100 = 66.6 ≒ 67[V]$

13 콘덴서에 50[V]의 전압을 가해였더니 200[μC]의 전하가 축적되었다면 정전용량은?

① 2[μF]

② 4[μF]

③ 6[μF]

④ 10[μF]

14 다음에서 6[μF]의 콘덴서에 걸리는 전압은 몇 [V]인가?

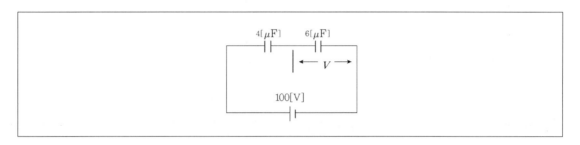

① 100[V]

② 40[V]

③ 60[V]

④ 20[V]

13 $Q = CV$를 정전용량 구하는 식으로 변환하면

$$C = \frac{Q}{V} = \frac{200 \times 10^{-6}}{50} = 4 \times 10^{-6} = 4\,[\mu F]$$

14 $V_2 = \dfrac{C_1}{C_1 + C_2}\, E = \dfrac{4}{4+6} \times 100 = 40\,[V]$

15 다음과 같은 콘덴서의 직렬접속에서 V_1에 걸리는 전압은?

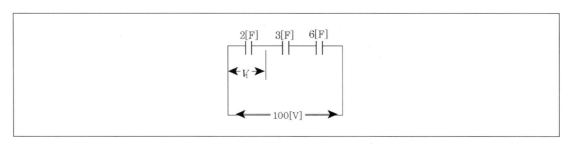

① 50[V]

② $\dfrac{100}{3}$[V]

③ $\dfrac{50}{3}$[V]

④ 25[V]

16 다음과 같이 1, 2, 3[μF]의 콘덴서를 직렬로 연결하고 60[V]의 전압을 가할 때 1[μF]의 콘덴서에 걸리는 전압은?

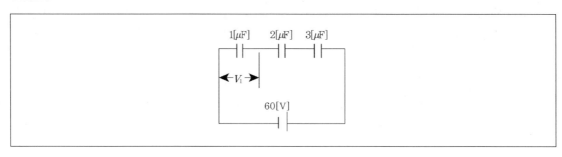

① 49.9[V]

② 16.4[V]

③ 20[V]

④ 32.7[V]

---

15 3[F]와 6[F]를 합성하면 $C = \dfrac{3 \times 6}{3 + 6} = 2[F]$

따라서 전압을 1/2로 나누게 되므로 50[V]가 걸린다.

16 2[μF]와 3[μF]를 합성하면 $C = \dfrac{2 \times 3}{2 + 3} = 1.2[\mu F]$

직렬회로에서 C와 V는 반비례하므로

C가 1 : 1.2이면 V는 1.2 : 1 즉 6 : 5

따라서 $V_1 = \dfrac{60}{11} \times 6 = 32.72[V]$

17 콘덴서 C_1, C_2의 직렬회로에 E [V]의 전압을 가할시 C_2에 걸리는 전압 [V]의 값은?

① $\dfrac{C_1 + C_2}{C_2} \times E$　　　　　　　　② $\dfrac{C_1 + C_2}{C_1} \times E$

③ $\dfrac{C_1}{C_1 + C_2} \times E$　　　　　　　　④ $\dfrac{C_2}{C_1 + C_2} \times E$

18 정전용량 C의 평행판 콘덴서를 전압 V로 충전하고 전원을 제거한 다음 전극의 간격을 $\dfrac{1}{2}$로 접근시키면 전압은 몇 배로 되는가?

① $\dfrac{1}{2}$배　　　　　　　　② 1배

③ 2배　　　　　　　　④ 4배

Ⓥ **ANSWER** | 17.③ 18.①

17 직렬회로에서 Q가 일정하므로

$C_1 V_1 = CV = \dfrac{C_1 C_2}{C_1 + C_2} V$에서 $V_1 = \dfrac{C_2}{C_1 + C_2} V$

C_2에 걸리는 전압 $V_2 = \dfrac{C_1}{C_1 + C_2} V$

18 '콘덴서를 전압 V로 충전하고'라는 부분은 전기량 Q가 일정하다는 뜻이다.

평행판 콘덴서 $C = \epsilon \dfrac{S}{d} [F]$에서 거리d를 $\dfrac{1}{2}$로 하면 C는 2배가 된다.

따라서 $Q = CV$에서 Q가 일정하고 C가 2배가 되는 경우이므로 V는 $\dfrac{1}{2}$이 된다.

19 다음 회로에서 a−b간의 용량은?

$$C_1 \quad C_2 \quad C_3$$

a ──┤├──────┤├──────┤├── b

① $\dfrac{1}{\dfrac{1}{C_2}+\dfrac{1}{C_3}}$

② $C_2+\dfrac{1}{\dfrac{1}{C_1}+\dfrac{1}{C_2}}$

③ $C_3+\dfrac{1}{\dfrac{1}{C_1}+\dfrac{1}{C_2}}$

④ $\dfrac{1}{\dfrac{1}{C_1}+\dfrac{1}{C_2}+\dfrac{1}{C_3}}$

20 4[μF]의 콘덴서에 직류전압 3,000[V]를 가할 때 축적되는 전하는?

① 7.5×10^{8}[C]

② 1.33×10^{-9}[C]

③ 1.2×10^{-6}[C]

④ 1.2×10^{-2}[C]

ANSWER | 19.④ 20.④

19 콘덴서의 직렬연결시 합성 커패시턴스

$$C=\frac{Q}{V}=\frac{Q}{\dfrac{Q}{C_1}+\dfrac{Q}{C_2}+\dfrac{Q}{C_3}}=\frac{1}{\dfrac{1}{C_1}+\dfrac{1}{C_2}+\dfrac{1}{C_3}}$$

20 $Q=CV=4\times10^{-6}\times3,000=1.2\times10^{-2}$ [C]

21 다음에서 a−b 간의 합성 정전용량은?

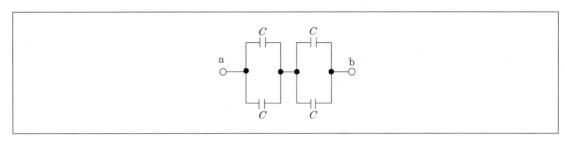

① C

② $2C$

③ $\dfrac{1}{4}C$

④ $4C$

22 다음과 같은 회로의 합성용량은 얼마인가?

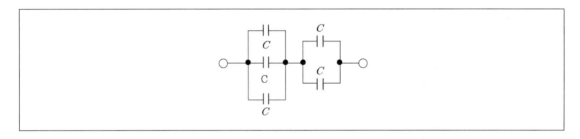

① $\dfrac{3}{2}C$

② $2C$

③ $\dfrac{5}{6}C$

④ $\dfrac{6}{5}C$

21

$$C_{ab} = \frac{2C \times 2C}{2C + 2C} = C$$

22

$$C_0 = \frac{2C \times 3C}{2C + 3C} = \frac{6C^2}{5C} = \frac{6}{5}C$$

23 다음에서 C_x의 정전용량은 얼마인가? (단, $C_1 = 3[\mu F]$, $C_2 = 2[\mu F]$, $C_3 = 2.8[\mu F]$, a-b 간 합성 정전용량 $C_0 = 5[\mu F]$)

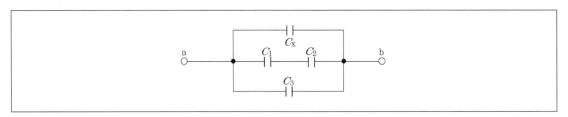

① $1\,[\mu F]$ ② $2\,[\mu F]$

③ $3\,[\mu F]$ ④ $4\,[\mu F]$

24 $2[\mu F]$의 콘덴서 2개를 직렬로 연결한 후 여기에 다시 $2[\mu F]$의 콘덴서 1개를 병렬로 연결했을 때 합성용량은 얼마인가?

① $3\,[\mu F]$ ② $6\,[\mu F]$

③ $2\,[\mu F]$ ④ $1\,[\mu F]$

23
$$C_0 = C_3 + \frac{C_1 \times C_2}{C_1 + C_2} + C_x$$
$$C_x = C_0 - C_3 - \frac{C_1 C_2}{C_1 + C_2} = 5 - 2.8 - \frac{3 \times 2}{3 + 2} = 1\,[\mu F]$$

24
$$C_t = \frac{2 \times 2}{2 + 2} + 2 = 3\,[\mu F]$$

25 콘덴서를 다음과 같이 접속했을 때 C_x의 정전용량은? (단, $C_1 = 2[\mu F]$, $C_2 = 3[\mu F]$, a-b 간의 합성 정전용량 $C_0 = 3.4[\mu F]$)

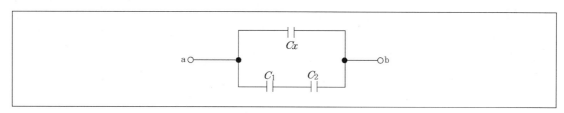

① $0.2[\mu F]$

② $1.2[\mu F]$

③ $2.2[\mu F]$

④ $3.2[\mu F]$

26 정전용량이 같은 콘덴서 5개를 병렬로 연결했을 때의 합성용량은 직렬로 연결했을 때의 합성용량의 몇 배인가?

① 2.5배

② 25배

③ 250배

④ 2,500배

⊘ A N S W E R | 25.③ 26.②

25
$$C_0 = \frac{C_1 C_2}{C_1 + C_2} + C_x$$

$$C_x = C_0 - \frac{C_1 C_2}{C_1 + C_2} = 3.4 - \frac{2 \times 3}{2 + 3} = 2.2[\mu F]$$

26
$$\frac{병렬\ 합성용량}{직렬\ 합성용량} = \frac{5C}{\dfrac{C}{5}} = 25\ 배$$

27 정전용량 C의 축전기를 3개로 조합하여 얻어지는 가장 작은 용량은?

① $\frac{1}{3}C$ ② $3C$

③ $\frac{2}{3}C$ ④ $\frac{3}{2}C$

28 C_1, C_2 콘덴서가 직렬로 연결되어 있다. 합성 정전용량을 C라 하면 C는 C_1, C_2와 어떤 관계가 있는가?

① $C < C_1$ ② $C = C_1 + C_2$

③ $C > C_2$ ④ $C > C_1$

29 100[pF]의 콘덴서와 직렬로 미지의 콘덴서를 연결하여 측정하였더니 50[pF]를 지시하였을 경우 이 미지의 콘덴서의 정전용량은?

① 24[pF]   ② 50[pF]

③ 100[pF]   ④ 200[pF]

✅ ANSWER | 27.①   28.①   29.③

27 축전기 연결
 ㉠ 직렬연결 : $C + C + C = 3C$
 ㉡ 병렬연결 : $\dfrac{1}{\dfrac{1}{C} + \dfrac{1}{C} + \dfrac{1}{C}} = \dfrac{1}{\dfrac{3}{C}} = \dfrac{C}{3}$

28 직렬로 접속할 때의 합성용량은 어느 한 개의 용량값보다 작아진다.
 $C < C_1$ 또는 $C < C_2$

29 $50 = \dfrac{100\,C_2}{100 + C_2}$ 에서 C_2의 값을 구하면
 $C_2 = 100\,[\text{pF}]$

30 0.4[μF]와 0.6[μF]의 두 개의 콘덴서를 직렬로 접속했을 때의 합성 정전용량은?

① 2.4[μF]

② 0.24[μF]

③ 0.2[μF]

④ 24[μF]

31 정전용량 C_1, C_2가 직렬로 접속되어 있을 때의 합성 정전용량은?

① $\dfrac{C_0}{C_1 + 1}$

② $\dfrac{C_1 C_2}{C_1 + C_2}$

③ $\dfrac{1}{C_1 + C_2}$

④ $C_1 + C_2$

32 1[F]의 정전용량을 갖는 구의 반지름은?

① 9×10^6[km]

② 9×10^4[km]

③ 9×10^3[km]

④ 9[km]

$\checkmark$ ANSWER | 30.② 31.② 32.①

30 합성 정전용량 $C_s = \dfrac{0.4 \times 0.6}{0.4 + 0.6} = \dfrac{0.24}{1} = 0.24[\mu\text{F}]$

31 직렬회로에서 Q가 일정하므로

$Q = Q_1 = Q_2$

$V = V_1 + V_2 = \dfrac{Q}{C_1} + \dfrac{Q}{C_2} = Q\left(\dfrac{1}{C_1} + \dfrac{1}{C_2}\right)$

따라서 $C = \dfrac{1}{\dfrac{1}{C_1} + \dfrac{1}{C_2}} = \dfrac{C_1 C_2}{C_1 + C_2}$

32 구에서 $C = 4\pi\epsilon_o a = 1[\text{F}]$

$C = 4\pi\epsilon_o a = \dfrac{1}{9 \times 10^9} a = 1[\text{F}]$

$a = 9 \times 10^9[\text{m}] = 9 \times 10^6[\text{Km}]$

33 공기 중에 고립된 반지름 R [m]인 금속구의 정전용량 [F]은? (단, ϵ_0 : 진공의 유전율)

① $\epsilon_0 R$

② $\dfrac{\epsilon_0 R}{4\pi}$

③ $4\pi\epsilon_0 R$

④ $8\pi\epsilon_0 R$

34 다음 중 1[pF]와 같은 크기를 갖는 것은?

① 10^{-3}

② 10^{-6}

③ 10^{-9}

④ 10^{-12}

35 평행판 콘덴서에 있어서 판의 면적이 일정하고 판 사이의 거리가 2배로 되면 콘덴서의 정전용량은 어떻게 되는가?

① $\dfrac{1}{2}$배

② 2배

③ $\dfrac{1}{4}$배

④ 4배

$\checkmark$ ANSWER │ 33.③ 34.④ 35.①

33 전위 $V = \dfrac{Q}{4\pi\epsilon_o R}\,[V]$에서 $Q = CV[\mathrm{C}]$이므로

정전용량 $C = 4\pi\epsilon_o R[\mathrm{F}]$

34 $10^{-6} = 1\,[\mu\mathrm{F}]$, $10^{-9} = 1[\mathrm{nF}]$, $10^{-12} = 1[\mathrm{pF}]$

35 $C = \dfrac{\epsilon A}{d} = \dfrac{\text{유전율} \times \text{단면적}}{\text{극판 사이의 거리}}$

$C \propto \dfrac{1}{d}$이므로 거리가 2배가 되면 정전용량 C는 $\dfrac{1}{2}$로 감소한다.

36 평행판과 콘덴서의 면적을 $\frac{1}{2}$로 줄이고 간격을 $\frac{1}{2}$로 줄였다면 용량은 처음의 몇 배로 되는가?

① 변하지 않는다.

② $\frac{1}{2}$배

③ 2배

④ 4배

37 면적이 $0.25[\text{m}^2]$, 두께가 8.855×10^{-3}인 종이 양면에 같은 넓이의 전극을 붙여 만든 콘덴서의 정전용량은 얼마인가? (단, $\epsilon_R = 2$)

① $5 \times 10^{-9}[\text{pF}]$

② $5 \times 10^{-5}[\text{pF}]$

③ $500[\text{pF}]$

④ $5[\text{pF}]$

38 $0.02[\mu F]$ 1개, $0.01[\mu F]$ 2개를 병렬로 연결한 후 50[V]의 전압을 가할 때 $0.02[\mu F]$에 축적되는 전하는?

① $0.02[\mu C]$

② $0.5[\mu C]$

③ $0.07[\mu C]$

④ $1[\mu C]$

✓ ANSWER ㅣ 36.① 37.③ 38.④

36 $C = \epsilon \dfrac{S}{d}[F]$ 이므로 면적 S와 간격 d를 각각 $\frac{1}{2}$로 줄이면 C는 변하지 않는다.

37 $C = \epsilon \dfrac{A}{d} = \dfrac{\epsilon_0 \epsilon_R A}{d} = \dfrac{8.855 \times 10^{-12} \times 2 \times 0.25}{8.855 \times 10^{-3}} = 0.5 \times 10^{-9} = 500 \times 10^{-12} = 500[\text{pF}]$

38 콘덴서를 병렬로 연결하므로 전압은 모두 50[V]이다.
따라서 $Q = CV = 0.02 \times 10^{-6} \times 50 = 1[\mu C]$

39 0.004[μF] 1개, 0.005[μF] 2개를 직렬로 연결하고 전체 회로에 100[V]의 전압을 인가했을 경우 합성 정전용량은?

① 0.0015[μF]

② 0.003[μF]

③ 0.0025[μF]

④ 0.005[μF]

40 다음 그림과 같이 배치된 도체의 전위계수를 이용하여 전위를 구하면?

〈한국체육산업개발〉

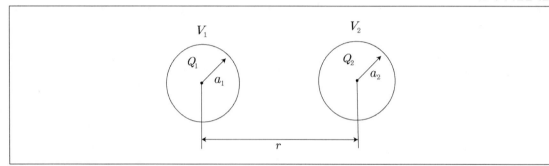

① $\begin{vmatrix} V_1 \\ V_2 \end{vmatrix} = \begin{vmatrix} P_{12} & P_{22} \\ P_{11} & P_{21} \end{vmatrix} \begin{vmatrix} Q_1 \\ Q_2 \end{vmatrix}$

② $\begin{vmatrix} V_1 \\ V_2 \end{vmatrix} = \begin{vmatrix} P_{11} & P_{22} \\ P_{22} & P_{11} \end{vmatrix} \begin{vmatrix} Q_1 \\ Q_2 \end{vmatrix}$

③ $\begin{vmatrix} V_1 \\ V_2 \end{vmatrix} = \begin{vmatrix} P_{11} & P_{12} \\ P_{12} & P_{11} \end{vmatrix} \begin{vmatrix} Q_1 \\ Q_2 \end{vmatrix}$

④ $\begin{vmatrix} V_1 \\ V_2 \end{vmatrix} = \begin{vmatrix} P_{11} & P_{12} \\ P_{21} & P_{22} \end{vmatrix} \begin{vmatrix} Q_1 \\ Q_2 \end{vmatrix}$

✔ ANSWER | 39.① 40.④

39 합성 정전용량 $C = \dfrac{1}{C}$ (직렬이므로)

$$= \frac{1}{C_1} + \frac{1}{C_2} + \frac{1}{C_3} = \frac{1}{0.004} + \frac{1}{0.005} + \frac{1}{0.005}$$

$$= \frac{5}{0.02} + \frac{4}{0.02} + \frac{4}{0.02}$$

$$= \frac{13}{0.02}$$

$C = \dfrac{0.02}{13} = 0.0015 [\mu F]$

40 공간에 두 개의 전하가 있을 때

$V_1 = P_{11}Q_1 + P_{12}Q_2$, $V_2 = P_{21}Q_1 + P_{22}Q_2$이므로 행렬식으로 표시하면

$\begin{vmatrix} V_1 \\ V_2 \end{vmatrix} = \begin{vmatrix} P_{11} & P_{12} \\ P_{21} & P_{22} \end{vmatrix} \begin{vmatrix} Q_1 \\ Q_2 \end{vmatrix}$

P_{11}은 전기량 Q_1에 의해서 V_1의 전위가 생긴 것을 의미하는 전위계수이다.

41 다음 두 도체에서 왼쪽 도체는 $Q_1 = Q[C]$, 오른쪽 도체는 $Q_2 = -Q[C]$으로 대전되어 있다. 이때 전위계수(P)에 의한 정전용량을 바르게 나타낸 식은?

〈서울교통공사〉

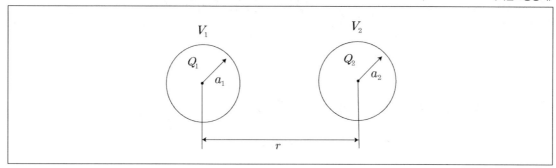

① $\dfrac{1}{P_{11} - P_{12} + P_{22}}[F]$

② $\dfrac{1}{P_{11} - 2P_{12} + P_{22}}[F]$

③ $\dfrac{1}{P_{11} + P_{12} + P_{22}}[F]$

④ $\dfrac{1}{P_{11} + 2P_{12} + P_{22}}[F]$

✅ **ANSWER** | 41.②

41 두 도체가 대전된 경우

$V_1 = P_{11}Q_1 + P_{12}Q_2 = P_{11}Q - P_{12}Q$

$V_2 = P_{21}Q_1 + P_{22}Q_2 = P_{21}Q - P_{22}Q$

따라서 전위차는

$V = V_1 - V_2 = P_{11}Q - P_{12}Q - P_{21}Q + P_{22}Q = (P_{11} - 2P_{12} + P_{22})Q$

그러므로 정전용량은

$C = \dfrac{Q}{V} = \dfrac{1}{P_{11} - 2P_{12} + P_{22}}$

① 정전에너지(도체에 전체 축적되는 에너지)

임의의 도체에 Q[C]의 전하를 대전시킬 때 필요한 에너지는
무한원점으로부터 그 도체까지 전하를 운반하는 데 소요되는 일과 같다.

$dw = VdQ$

$$W = \int_0^Q VdQ \rightarrow V = \frac{Q}{C} \text{대입}$$

$$= \int_0^Q \frac{Q}{C} dQ = \frac{1}{C} \int_0^Q QdQ$$

$$= \frac{Q^2}{2C}[\text{J}]$$

$$W = \frac{1}{2}QV = \frac{1}{2}CV^2 = \frac{Q^2}{2C}[\text{J}]$$

Q 실전문제 _ 01   한국환경공단

10[F]의 콘덴서에 20[J]의 에너지를 축적하려고 할 때 인가해야 하는 직류 전압은 몇[V]인가?

① 1   ② 2
③ 3   ④ 4

✔ $W = \frac{1}{2}CV^2[\text{J}]$에서 $20 = \frac{1}{2} \times 10 \times V^2$이므로

$V = 2[\text{V}]$

 답 ②

---

② 단위 체적당 축적되는 에너지

$$W = \frac{1}{2}CV^2 = \frac{1}{2} \times \frac{\epsilon S}{d}(Ed)^2 = \frac{1}{2}\epsilon E^2 Sd[\mathrm{J}]$$

단위 체적당 축적되는 에너지는

$$W = \frac{W}{체적} = \frac{\frac{1}{2}\epsilon_0 E^2 Sd}{Sd} = \frac{1}{2}\epsilon_0 E^2 [\mathrm{J/m^3}]$$

$$W = \frac{1}{2}ED = \frac{1}{2}\epsilon E^2 = \frac{D^2}{2\epsilon}[\mathrm{J/m^3}]$$

③ 대전된 도체의 정전흡인력

대전 도체나 콘덴서 사이에 작용하는 흡인력을 F라 하면 F와 에너지와의 관계는

$\partial W = F \cdot \partial d$ 이므로

$$F = \frac{\partial W}{\partial d} = \frac{\partial}{\partial d}\left(\frac{1}{2}\epsilon E^2 Sd\right) = \frac{1}{2}\epsilon E^2 S[\mathrm{N}]$$

단위면적당 정전흡인력

$$f = \frac{F}{S} = \frac{1}{2}ED = \frac{1}{2}\epsilon E^2 = \frac{D^2}{2\epsilon}[\mathrm{N/m^2}]$$

Q 실전문제 _ 02 한국환경공단

면적 $S[m^2]$, 간격 d[m]인 평행판 콘덴서에 Q[C]의 전하를 진공 중에서 충전시킬 때 정전력의 크기[N]는?

① $\dfrac{Q^2}{2\epsilon_o S}$ ② $\dfrac{Q^2}{4\epsilon_o S}$

③ $\dfrac{Q^2 d}{2\epsilon_o S}$ ④ $\dfrac{Q^2 d}{4\epsilon_o S}$

✔ 정전에너지 $W = \frac{1}{2}QV = \frac{1}{2}CV^2 = \frac{Q^2}{2C}[\mathrm{J}]$ 에서 평행판 콘덴서이므로

$W = \dfrac{Q^2}{2C} = \dfrac{Q^2 d}{2\epsilon_o S}[\mathrm{J}]$ 따라서 정전력은 $\partial W = F \cdot \partial d$

$F = \dfrac{\partial W}{\partial d} = \dfrac{Q^2}{2\epsilon_o S}[N]$

답 ①

기출예상문제

1 전체의 세기 50[V/m], 전속밀도 100[C/m²]인 유전체의 단위체적당 축적되는 에너지는?

① 2[J/m³]

② 250[J/m³]

③ 2,500[J/m³]

④ 5,000[J/m³]

2 정전 콘덴서의 전위차와 축적된 에너지와의 관계식을 나타낸 곡선의 형태는?

① 직선

② 타원

③ 쌍곡선

④ 포물선

3 콘덴서의 정전용량이 $8[\mu F]$이다. 이 콘덴서에 400[V]의 전압을 인가하였을 경우 충전된 전기에너지[J]는?

〈SH서울도시주택공사〉

① 0.12

② 0.16

③ 0.26

④ 0.32

⑤ 0.64

✅ **ANSWER** | 1.③ 2.④ 3.⑤

1 $W = \frac{1}{2}ED = \frac{1}{2} \times 50 \times 100 = 2,500[\text{J/m}^3]$

2 $W = \frac{1}{2}CV^2$ 즉, 포물선이다.

3 $W = \frac{1}{2}CV^2 = \frac{1}{2} \times 8 \times 10^{-6} \times 400^2 = 0.64[J]$

4 공기 콘덴서에 전압을 인가하여 충전한 다음 전극간에 유전체를 넣어 정전용량을 5배로 하였다면 축적된 정전에너지는 몇 배로 되는가?

① $\frac{1}{5}$배

② $\frac{1}{25}$배

③ 5배

④ 25배

5 콘덴서의 전압 V로 전기량 Q를 충전시켰을 때의 에너지는 얼마인가?

① $\frac{1}{2}QV$

② $\frac{1}{2}QV^2$

③ $2Q^2V = \frac{CV^2}{2}$

④ $2QV$

6 정전계의 반대방향으로 전하를 3[m] 이동시키는 데 180[J]의 에너지가 소모되었다. 두 점 사이의 전위차가 60[V]이면 전하의 전기량[C]은?

〈서울교통공사〉

① 3[C]

② 6[C]

③ 20[C]

④ 60[C]

ANSWER **ANSWER** | 4.① 5.① 6.①

4 '전압을 인가하여 충전된 다음'이라는 말에서 Q가 일정하다는 힌트를 얻는 것이 중요하다.

※ 에너지 관계식

$W = \frac{1}{2}QV = \frac{1}{2}CV^2 = \frac{1}{2}\frac{Q^2}{C}$[J]에서 전압이 일정한 경우에는 $W = \frac{1}{2}CV^2$[J]의 식을 적용하고, 전기량이 일정한 경우에는 $W = \frac{1}{2}\frac{Q^2}{C}$[J]의 식을 적용한다.

따라서 정전용량을 5배한 경우 정전에너지는 $\frac{1}{5}$로 감소한다.

5 $W = \frac{V}{2} = \frac{VQ}{2} = \frac{1}{2}CV^2$[J]

6 $W = QV$[J], $Q = \frac{W}{V} = \frac{180}{60} = 3$[C]

이 문제를 보면 어떤 때는 $W = QV$, 어떤 때는 $W = \frac{1}{2}QV$인지 적용이 혼동될 수 있다. 콘덴서에 저장되는 에너지의 경우 $W = \frac{1}{2}QV$이다.

7 10[μF]의 콘덴서에 45로 [J]의 에너지를 축적하기 위해서 필요한 충전전압[V]은?

① 300
② 3,000
③ 30,000
④ 300,000

8 C [F]의 콘덴서에 100[V]의 직류전압을 가했더니 축적된 에너지가 100[J]이었다면 콘덴서는 몇 [F]인가?

① 0.01
② 0.02
③ 0.03
④ 0.04

9 정전용량 10[μF]인 콘덴서 양단에 200[V]의 전압을 가했을 때 콘덴서에 축적되는 에너지는?

① 0.2[J]
② 2[J]
③ 4[J]
④ 20[J]

ANSWER | 7.② 8.② 9.①

---

7 $W = \dfrac{1}{2}CV^2$에서 V^2에 대해 정리하면

$V^2 = \dfrac{2W}{C}$

$V = \sqrt{\dfrac{2W}{C}} = \sqrt{\dfrac{2 \times 45}{10 \times 10^{-6}}} = 3,000[\text{V}]$

8 $W = \dfrac{1}{2}CV^2$에서 C에 대해 정리하면

$C = \dfrac{2W}{V^2} = \dfrac{2 \times 100}{100^2} = 0.02[\text{F}]$

9 $W = \dfrac{1}{2}CV^2 = \dfrac{1}{2} \times 10 \times 10^{-6} \times 200^2 = 0.2[\text{J}]$

10 콘덴서에 50[V]의 전압을 가했을 경우 200[μC]전하가 축적되었다. 이때 축적되는 에너지는?

① 0.0025[J]   ② 0.005[J]

③ 0.05[J]   ④ 0.5[J]

11 용량이 5[μF]인 콘덴서에 150[V]의 전압을 가했을 때 콘덴서에 저장되는 에너지는?

① 0.02[J]   ② 0.04[J]

③ 0.06[J]   ④ 0.1[J]

12 정전용량이 5[F]인 콘덴서에 200[J]의 에너지를 축적하려고 할 때 콘덴서에 가해야 할 전압은?

① 5[V]   ② 9[V]

③ 10[V]   ④ 100[V]

ANSWER | 10.②   11.③   12.②

10 $W = \frac{1}{2}QV = \frac{1}{2} \times 50 \times 200 \times 10^{-6} = 0.005[\text{J}]$

11 $W = \frac{1}{2}CV^2 = \frac{1}{2} \times 5 \times 10^{-6} \times 150^2 = 0.056 \fallingdotseq 0.06[\text{J}]$

12 $W = \frac{1}{2}CV^2$을 전압 구하는 식으로 정리하면

$V = \sqrt{\frac{2W}{C}} = \sqrt{\frac{2 \times 200}{5}} = 8.9 \fallingdotseq 9[\text{V}]$

필수 암기노트

05 유전체

❶ 유전체

유전체란 절연체가 전계 중에서 매질로 작용할 때를 유전체라 한다.

(1) 유전율(ϵ)

전하가 유전되어 나가는 비율, 퍼져나가는 비율

(2) 비유전율(ϵ_s)

ϵ_o에 대한 다른 매질의 유전율의 비율로서 매질마다 각각 다른 값을 가지고 있으며 진공이나 공기는 1이다.

$\epsilon = \epsilon_o \epsilon_s$ 에서 $\epsilon_s = \dfrac{\epsilon}{\epsilon_0}$

매질의 유전율	공기 중(ϵ_o)	유전체($\epsilon = \epsilon_o \epsilon_s$)	유전율(ϵ_s)
힘	$F_o = \dfrac{Q_1 Q_2}{4\pi\epsilon_o r^2}$	$F = \dfrac{Q_1 Q_2}{4\pi\epsilon_o \epsilon_s r^2}$	$\epsilon_s = \dfrac{F_o}{F}$
전계	$E_o = \dfrac{Q}{4\pi\epsilon_o r^2}$	$E = \dfrac{Q}{4\pi\epsilon_o \epsilon_s r^2}$	$\epsilon_s = \dfrac{E_o}{E}$
전위	$V_o = \dfrac{Q}{4\pi\epsilon_o r^2}$	$V = \dfrac{Q}{4\pi\epsilon_o \epsilon_s r^2}$	$\epsilon_s = \dfrac{V_o}{V}$
전속밀도	$D_o = \epsilon_o E_o = \dfrac{Q}{4\pi r^2}$	$D = \epsilon_o \epsilon_s E = \dfrac{Q}{4\pi r^2}$	불변
정전용량	$C_o = \dfrac{\epsilon_o}{d} S$	$C = \dfrac{\epsilon_o \epsilon_s}{d} S$	$\epsilon_s = \dfrac{C}{C_o}$

Q 실전문제 _01

V로 충전되어 있는 정전용량 C_o의 공기콘덴서 사이에 $\epsilon_s = 10$의 유전체를 채운 경우 전계의 세기는 공기인 경우의 몇 배가 되는가?

① 2배

② 5배

③ 10배

④ 0.1배

⑤ 0.2배

✔ 전계는 유전율에 반비례하므로 공기인 경우의 1/10배가 된다.

답 ④

Q 실전문제 _02

공기콘덴서의 극판 사이에 비유전율 ϵ_s의 유전체를 채운 경우 동일 전위차에 대한 극판 간의 전하량은?

① $\dfrac{1}{\epsilon_s}$로 감소

② ϵ_s배로 증가

③ 불변

④ $\pi\epsilon_s$배로 증가

✔ 전기량과 정전용량은 유전율에 비례하므로 ϵ_s배로 증가한다.

답 ②

Q 실전문제 _03

공기콘덴서를 어느 전압으로 충전한 다음 전극 사이에 유전체를 넣어 정전용량을 2배로 하면 축적된 에너지 밀도는 몇 배로 되는가?

① 2배

② 1/2배

③ $\sqrt{2}$ 배

④ 4배

✔ $W = \dfrac{1}{2}QV = \dfrac{1}{2}CV^2 = \dfrac{1}{2}\dfrac{Q^2}{C}[J]$에서 충전한 다음이므로 Q가 일정한 식을 찾는다.

$W = \dfrac{1}{2}\dfrac{Q^2}{C}[J]$ 에너지는 정전용량에 반비례하므로 정전용량을 2배로 하면 축적된 에너지 밀도는 1/2로 감소한다.

답 ②

❷ 분극

(1) 분극

전자운의 중심과 원자핵의 중심이 분리되는 현상

이때 분극전하가 미소거리 떨어져 있어 전기쌍극자를 이룬다.

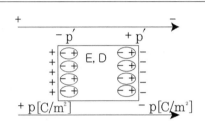

유전체의 전속밀도 $D = \epsilon_o \epsilon_s E[\mathrm{C/m^2}]$

외부전계 $E_0 = \dfrac{\rho}{\epsilon_0}[\mathrm{V/m}]$

ρ : 진전하밀도(유전체의 전하밀도)

ρ' : 분극전하밀도(=분극의 세기)

① **유전체의 전계와 분극의 세기 관계**

$$E = \frac{\rho - \rho'}{\epsilon_o}[\mathrm{V/m}]$$

㉠ 쌍극자 모멘트 $M = Qd[\mathrm{C \cdot m}]$

㉡ 분극의 세기와 쌍극자 모멘트와의 관계

$$P = \frac{\triangle Q \times d}{\triangle S \times d} = \frac{\triangle M}{\triangle V}[C/\mathrm{m^2}] = \sigma'$$

즉 분극의 세기는 단위체적당 미소전기분극 쌍극자 모멘트와 같다.

㉢ 분극의 세기와 유전체의 전계와의 관계식

전하밀도는 전속밀도와 같고 분극전하밀도는 분극의 세기이므로

$\sigma = D[\mathrm{C/m^2}]$, $\sigma' = P[\mathrm{C/m^2}]$로 대입시키면

$E = \dfrac{D - P}{\epsilon_o}[\mathrm{V/m}]$에서

$\epsilon_o E = D - P$

$$P = D - \epsilon_o E = D - \frac{D}{\epsilon_s} = D\left(1 - \frac{1}{\epsilon_s}\right) = \epsilon_o \epsilon_s E - \epsilon_o E = \epsilon_o(\epsilon_s - 1)E$$

② **분극률과 비분극률**

    ㉠ 분극률 $\chi = \epsilon_o(\epsilon_s - 1)$

    ㉡ 비분극률 $\dfrac{\chi}{\epsilon_o} = \epsilon_s - 1$

    ㉢ 비유전률 $\epsilon_s = \dfrac{\chi}{\epsilon_0} + 1$

③ **유전체의 전계의 세기**

$$P = \epsilon_0(\epsilon_s - 1)E \Rightarrow E = \frac{P}{\epsilon_0(\epsilon_s - 1)} = E_0 - \frac{P}{\epsilon_0} = \frac{D - P}{\epsilon_0} \ [C/m^2]$$

④ **전속밀도**

$$D = \epsilon_0 E + P = \epsilon_0 E + \epsilon_0 \epsilon_s E - \epsilon_0 E = \epsilon_0 \epsilon_s E = \epsilon E [\text{C/m}^2]$$

즉, 분극현상이 발생하더라도 유전체내의 전속(전하)밀도는 변화가 없다.

③ 경계면조건

완전경계조건이면 $\sigma = 0$(경계면에 진전하가 존재하지 않음)

불완전경계조건이면 $\sigma \neq 0$(진전하가 존재)

(1) 완전경계조건

① 전속밀도의 수직(법선)성분은 연속이다.

② 전계의 수평(접선)성분은 연속이다.

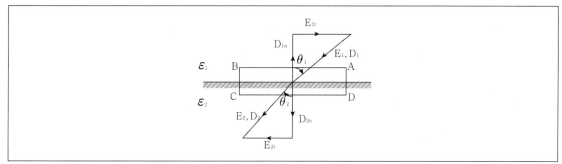

$D_{1n} = D_{2n}$

$D_1 \cos\theta_1 = D_2 \cos\theta_2$

$\epsilon_1 E_1 \cos\theta_1 = \epsilon_2 E_2 \cos\theta_2 \rightarrow$ ①

$$\int E \cdot dl = \int_A^B E \cdot d\mathbf{l} = (E_{1t} - E_{2t})dl = 0$$

$$E_{1t} = E_{2t}$$

$$E_1 \sin\theta_1 = E_2 \sin\theta_2 \longrightarrow ②$$

$$\frac{②}{①} = \frac{E_1 \sin\theta_1}{\epsilon_1 E_1 \cos\theta_1} = \frac{E_2 \sin\theta_2}{\epsilon_2 E_2 \cos\theta_2}$$

$$\frac{\tan\theta_1}{\epsilon_1} = \frac{\tan\theta_2}{\epsilon_2}$$

$$\frac{\tan\theta_1}{\tan\theta_2} = \frac{\epsilon_1}{\epsilon_2} \quad 굴절각은 유전율에 비례한다.$$

따라서 $\epsilon_1 > \epsilon_2, \ \theta_1 > \theta_2, \ D_1 > D_2, \ E_1 < E_2$

전속(밀도)은 유전율이 큰 쪽으로 몰리는 속성이 있다.

전계(전기력선)는 유전율이 작은 쪽으로 몰리는 속성이 있다.

(2) 불완전경계조건

$$D_{1n} - D_{2n} = \sigma(진전하 존재)$$

④ 유전체에 작용하는 힘

Maxwell응력이라고 하며 유전율이 큰 쪽에서 작은 쪽으로 힘이 작용한다.

(1) 전계가 경계면에 수직으로 진행(전속밀도 연속)

유전율이 $\epsilon_1 > \epsilon_2$이라면

$$f = f_2 - f_1 = \frac{1}{2}E_2 D_2 - \frac{1}{2}E_1 D_1 \Rightarrow D_1 = D_2 = D$$

$$= \frac{1}{2}\left(\frac{D^2}{\epsilon_2} - \frac{D^2}{\epsilon_1}\right)$$

$$= \frac{1}{2}\left(\frac{1}{\epsilon_2} - \frac{1}{\epsilon_1}\right)D^2[\text{N/m}^2]$$

전계와 같은 방향으로 인장응력을 받으며 유전율이 큰 쪽에서 작은 쪽으로 정전력이 작용한다.

(2) 전계가 경계면에 평행하게 진행

경계면에서는 서로 밀어내는 압축응력이 작용한다.

$\epsilon_1 > \epsilon_2$, $D_1 > D_2$이고 전계가 연속이므로 $E_{1t} = E_{2t} = E$

$$f = f_1 - f_2 = \frac{1}{2}\epsilon_1 E^2 - \frac{1}{2}\epsilon_2 E^2 = \frac{1}{2}(\epsilon_1 - \epsilon_2)E^2 = \frac{1}{2}(\epsilon_1 - \epsilon_2)\left(\frac{V}{d}\right)^2 [\mathrm{N/m^2}]$$

전계와 수직방향으로 압축응력을 받으며 유전율이 큰 쪽에서 유전율이 작은 쪽으로 진행한다.

❺ 유전체에 의한 콘덴서의 정전용량

(1) 직렬 접속

$$C_o = \frac{\epsilon_o}{d}S[\mathrm{F}]$$

유전체를 평행판 콘덴서의 판에 평행하게 유전체를 반을 채워 넣으면

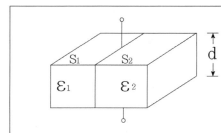

$$C_1 = \frac{\epsilon_o}{\frac{d}{2}}S = 2\frac{\epsilon_o}{d}S = 2C_o[\mathrm{F}]$$

$$C_2 = \frac{\epsilon_o \epsilon_s}{\frac{d}{2}}S = 2\frac{\epsilon_o \epsilon_s}{d}S = 2\epsilon_s C_o[\mathrm{F}]$$

그러므로 합성 정전 용량은

$$C = \frac{C_1 C_2}{C_1 + C_2} = \frac{2C_o \times 2\epsilon_s C_o}{2C_o + 2\epsilon_s C_o} = \frac{2C_o \times 2\epsilon_s C_o}{2C_o(1 + \epsilon_s)}$$

$$= \frac{2\epsilon_s C_o}{1 + \epsilon_s}[\mathrm{F}]$$

Q 예제문제 _01

$\epsilon_s = 4$인 유전체를 공기콘덴서에 극판 간격이 반이 되도록 채워 넣었다. 이때 정전용량은 처음 값의 몇 배인가?

✔ $C = \frac{2\epsilon_s C_o}{1 + \epsilon_s} = \frac{2 \times 4 C_o}{1 + 4} = \frac{8}{5}C_o = 1.6 C_o[\mathrm{F}]$ 이므로 1.6배 증가한다.

(2) 병렬 접속

극판 면적이 나뉘면 병렬 접속으로 본다.

유전체를 채워 넣기 전에는 공기 콘덴서이므로 정전용량은 $C_o = \dfrac{\epsilon_o}{d} S$[F]이다.

유전체를 평행판 콘덴서의 판에 수직으로 채워 넣으면

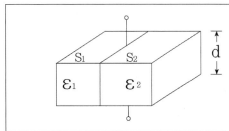

$$C_1 = \frac{\epsilon_0}{d} S_1 [\mathrm{F}]$$

$$C_2 = \frac{\epsilon_o \epsilon_s}{d} S_2 [\mathrm{F}]$$

그러므로 합성정전 용량은

$$C = C_1 + C_2 = \frac{\epsilon_o (S_1 + \epsilon_s S_2)}{d} [\mathrm{F}]$$

Q 예제문제 _02

공기 콘덴서에 비유전율이 3인 에보나이트를 극판 면적의 $\dfrac{2}{3}$ 만큼 채웠다면 이때 정전용량은 처음 값의 몇 배인가?

✔ $C_1 = \dfrac{\epsilon_0}{d} \times \dfrac{1}{3} S = \dfrac{\epsilon_o S}{3d} [\mathrm{F}]$

$C_2 = \dfrac{\epsilon_o \epsilon_s}{d} \times \dfrac{2}{3} S = \dfrac{2\epsilon_o \epsilon_s S}{3d} [\mathrm{F}]$

그러므로 합성정전 용량은

$C = C_1 + C_2 = \dfrac{\epsilon_o S(1 + 2 \times 3)}{3d} = \dfrac{\epsilon_o S \times 7}{3d} = \dfrac{7}{3} \dfrac{\epsilon_o S}{d} [\mathrm{F}]$

그러므로 처음값의 $\dfrac{7}{3}$ 배로 증가한다.

기출예상문제

1 비유전율이 5인 물질의 유전물은?

① 4.4×10^{-12}[F/m]

② 8.8×10^{-12}[F/m]

③ 44×10^{-12}[F/m]

④ 88×10^{-12}[F/m]

2 비유전율이 8인 물질의 유전율[F/m]은?

① 70.84×10^{-12}

② 70.84×10^{-10}

③ 70.84×10^{-8}

④ 70.84×10^{-6}

3 공기콘덴서에 400[V]의 전압을 가할 때 충전된 전하량과 동일한 양의 전하를 비유전율이 8인 매질의 콘덴서로 교체하여 충전하려고 할 경우 인가해 주어야 하는 전압[V]은?

〈SH서울주택도시공사〉

① 50

② 100

③ 320

④ 1,200

⑤ 3,200

✓ ANSWER | 1.③ 2.① 3.①

1 $\epsilon = \epsilon_0 \epsilon_R = 8.855 \times 10^{-12} \times 5 = 44.275 \times 10^{-12} \fallingdotseq 44 \times 10^{-12}$[F/m]

2 $\epsilon = \epsilon_0 \epsilon_R = 8.855 \times 10^{-12} \times 8 = 70.84 \times 10^{-12}$[F/m]

3 $Q = CV$[C]이므로 동일한 양의 전하를 충전한다면 정전용량이 8배로 증가한 것이므로 전압은 1/8로 낮추면 된다. 따라서 50[V]이다.

4 평행판 콘덴서에서 전계의 크기가 1[V/m]이고, 평판의 면적이 1[m²], 거리가 1[m]일 때 축적되는 에너지는 얼마인가? (단, ϵ : 유전체의 유전율)

① $\dfrac{1}{2}\epsilon\,[\text{J}]$　　　　　　　　　② $\dfrac{1}{4}\epsilon\,[\text{J}]$

③ $\dfrac{1}{6}\epsilon\,[\text{J}]$　　　　　　　　　④ $\dfrac{1}{8}\epsilon\,[\text{J}]$

5 전계의 세기 50[V/m], 전속밀도 100[C/m²]인 유전체의 단위체적당 축적되는 에너지는?

① $2[\text{J/m}^3]$　　　　　　　　　② $250[\text{J/m}^3]$

③ $2{,}500[\text{J/m}^3]$　　　　　　　　④ $5{,}000[\text{J/m}^3]$

6 다음 중 유전체 내의 정전에너지 식으로 옳은 것은? (단, ϵ: 유전율, D: 전속밀도, E: 전계)

〈서울교통공사〉

① $\dfrac{D^2}{2\epsilon}$　　　　　　　　　② $\dfrac{1}{\epsilon E^2}$

③ $2ED$　　　　　　　　　④ $\dfrac{ED^2}{2\epsilon}$

✅ **ANSWER** | 4.① 5.③ 6.①

4 에너지관계식

$W=\dfrac{1}{2}\epsilon E^2\,[J/m^3]$ 이므로

축적되는 에너지

$W'=\dfrac{1}{2}\epsilon E^2\times$ 체적 $[J]=\dfrac{1}{2}\epsilon E^2\times$ 면적 $\times$ 거리 $=\dfrac{1}{2}\epsilon\times1^2\times1\times1=\dfrac{1}{2}\epsilon\,[J]$

5 $W=\dfrac{1}{2}ED=\dfrac{1}{2}\times50\times100=2{,}500\,[J/m^3]$

6 정전에너지 $W=\dfrac{1}{2}ED=\dfrac{1}{2}\epsilon E^2=\dfrac{1}{2}\dfrac{D^2}{\epsilon}\,[J/m^3]$

7 콘덴서의 전압 V로 전기량 Q를 충전시켰을 때의 에너지는 얼마인가?

① $\dfrac{1}{2}QV$ ② $\dfrac{1}{2}QV^2$

③ $2Q^2V = \dfrac{CV^2}{2}$ ④ $2QV$

8 전계의 세기 E [V/m], 유전율이 ϵ일 때의 전속밀도는?

① $\dfrac{\epsilon}{E}$ ② $\dfrac{E}{\epsilon}$

③ ϵE^2 ④ ϵE

9 정전용량 10[μF], 극판 유효면적 100[cm^2], 유전체의 비유전율 10인 평행판 콘덴서에 10[V]의 전압을 가할 때 유전체 내의 전장의 세기는?

① 1.13×10^8[V/m]   ② 1.13×10^7[V/m]

③ 1.13×10^6[V/m]   ④ 1.13×10^5[V/m]

ANSWER | 7.①   8.④   9.①

7 $W = \dfrac{1}{2}QV = \dfrac{1}{2}CV^2 = \dfrac{1}{2}\dfrac{Q^2}{C}$ [J]

8   전속밀도 = 유전율 × 전계 = $\epsilon_0 \epsilon_R E$

9 $E = \dfrac{V}{d}$, $C = \dfrac{\epsilon A}{d}$

        $E = \dfrac{V \cdot C}{\epsilon_0 \epsilon_R A} = \dfrac{10 \times 10 \times 10^{-6}}{8.855 \times 10^{-12} \times 10 \times 100 \times 10^{-4}} \fallingdotseq 1.13 \times 10^8$[V/m]

10 유전율이 ϵ인 유전체 내에 있는 전하 Q [C]에서 나오는 유전속의 수는?

① Q

② $\dfrac{Q}{\epsilon}$

③ $\dfrac{Q}{\epsilon_s}$

④ $\dfrac{\epsilon}{Q}$

11 무한한 넓이를 가지는 두 평판 도체의 간격이 d만큼 떨어져 있고, 매질의 비유전율이 ϵ_r의 경우 단위면적당 정전용량은?

① d에 비례한다.
② d^2에 비례한다.
③ d^2에 반비례한다.
④ ϵ_r에 비례한다.
⑤ ϵ_r^2에 비례한다.

ANSWER | 10.① 11.④

10 유전속의 수 = 전기량 Q[C]

11 정전용량 $C = \epsilon \dfrac{S}{d} [F]$, 단위면적당 정전용량은 $\dfrac{\epsilon}{d} = \dfrac{\epsilon_0 \epsilon_r}{d} [F/m^2]$이므로 유전율에 비례한다.

06 자계

1 자성체의 자기유도 및 자화

물질을 자계 내에 놓으면 그 물질의 양 끝에 자극이 생기며 자기를 띠게 되는데 이런 현상을 자화라하며 자화된 물체를 자성체라 한다.

① **상자성체**($\mu_s > 1$) $\cdots$ Al, Pt, S_n, O_2, N_2

② **반자성체**($\mu_s < 1$) $\cdots$ Bi, C, Si, 안티몬, Cu, 물, 수은 등

③ **강자성체**($\mu_s \gg 1$) $\cdots$ C_0, Ni, Fe, Mn, W

(1) 자화의 근원

전자의 자전(Spin 운동)에 의한 자기모멘트의 정렬에 의하여 일정 영역에서 모멘트가 뭉쳐지면 자성이 강하다고 하며 이러한 영역을 자구(magnetic domain)라 한다. 이 자구는 강자성체에서만 나타나며 자기 쌍극자로서 작용을 한다.

(2) 쿨롱의 법칙

① **진공 중**(투자율 μ_0)**에서의 쿨롱의 힘**

$$F = k\frac{m_1 m_2}{r^2} = \frac{m_1 m_2}{4\pi\mu_0 r^2} = 6.33 \times 10^4 \times \frac{m_1 m_2}{r^2}[N]$$

② **비투자율** μ_s**인 매질에서의 힘**

$$F = \frac{m_1 m_2}{4\pi\mu_0\mu_s r^2} = 6.33 \times 10^4 \times \frac{m_1 m_2}{\mu_s r^2}[N]$$

Q 실전문제 _ 01

한국체육산업개발

투자율의 값은 공간의 상태에 따라 다르며, 진공에서의 값을 진공의 투자율이라 한다. 이 값으로 가장 적절한 것은?

① $1.26 \times 10^{-6}[H/m]$ 　　　　② $3.14 \times 10^{-6}[H/m]$

③ $7.25 \times 10^{-6}[H/m]$ 　　　　④ $8.86 \times 10^{-6}[H/m]$

✔ 진공의 투자율 $\mu_o = 4\pi \times 10^7[H/m]$

답 ①

---

(3) 자계의 세기

① 자기력선 밀도가 그 점의 자계의 세기와 같다.

② 자장 안에 단위점자극 (+1[Wb])를 놓았을 때 힘의 세기

$$H = \frac{m \times 1}{4\pi\mu_0 r^2} = 6.33 \times 10^4 \times \frac{m}{r^2} [\text{AT/m}]$$

(4) 힘과 자계와의 관계

$$F = mH = m\frac{B}{\mu} [\text{N}], \quad H = \frac{F}{m} [\text{AT/m}]$$

Q 실전문제 _ 02 전북개발공사

1,000[AT/m]의 자계 중에 어떤 자극을 놓았을 때 $3 \times 10^2 [N]$의 힘을 받았다고 한다. 자극의 세기[wb]는?

① 0.1 ② 0.2

③ 0.3 ④ 0.4

✔ $F = mH = m\frac{B}{\mu} [\text{AT/m}], \quad H = \frac{F}{m} [\text{AT/m}]$

$m = \frac{F}{H} = \frac{3 \times 10^2}{1,000} = 0.3 [wb]$

답 ③

---

(5) 자위의 세기

$$U_p = \int dw = -\int_{\infty}^{r} F \cdot dl = -\int_{\infty}^{r} H \cdot dl = \frac{m}{4\pi\mu_0 r} = 6.33 \times 10^4 \times \frac{m}{r} [\text{A}]$$

(6) 자속과 자속밀도

① **자속** … 자극의 이동선을 가상으로 그린 선으로 자극의 세기와 같다.

$\phi = m [\text{Wb}]$

② **자속밀도** … 단위면적당 자속의 수

$$B = \frac{\phi}{S} = \frac{m}{4\pi r^2} [\text{Wb/m}^2]$$

자계에서 자속은 전계에서 전속이 아닌 전류와 대응되며 자속밀도는 전류밀도와 대응된다.

$$B = \mu_o H [\text{Wb/m}^2], \quad H = \frac{B}{\mu_o} [\text{AT/m}]$$

(7) 기자력

자속을 발생시키는 원천(에너지)을 기자력이라 하며 전기회로와 대응되는 것을 기전력이라 한다.

$F = NI = R\phi$[AT] ; 자기회로의 옴의 법칙

(8) 자기력선(자력선)의 성질, 자속의 성질

① N극에서 시작해서 S극에서 끝난다.

② 임의 점에서의 자기력선의 접선방향은 자계의 방향과 같다.

  * 자기력선의 총수 : 단위 자극에서 발산되는 자력선의 수는

$$N = \int_s H \cdot dS = \frac{m}{4\pi\mu_0 r^2} \times 4\pi r^2 = \frac{m}{\mu_0}\,[\text{개}]$$

③ 임의 점에서의 자기력선 밀도는 그 점의 자계의 세기와 같다.

Q 실전문제 _ 03   인천교통공사

공기 중에서 자극의 세기 m[wb]인 점 자극으로부터 나오는 총 자기력선 수는 얼마인가?

① m   ② $\mu_o m^2$

③ $\mu_o m$ ④ $\dfrac{m}{\mu_o}$

⑤ $\dfrac{m^2}{\mu_o}$

  ✔ 단위 자극에서 발산되는 자기력선의 수는 $N = \int_s H \cdot dS = \frac{m}{4\pi\mu_0 r^2} \times 4\pi r^2 = \frac{m}{\mu_0}\,[\text{개}]$

답 ④

---

❷ 전류에 의한 자장의 세기

(1) 앙페르의 주회 적분 법칙

① **무한장 직선 전류에 의한 자계의 세기**

　　㉠ 도체 표면에만 전류가 흐를 때

　　　　• 전류에 의한 자계의 방향 : 앙페르의 주회적분 법칙→오른 나사의 진행 방향이 전류의 방향이라면 오른 나사의 회전 방향이 바로 자계(자장)의 방향이다.

　　　　• 전류에 의한 자계의 세기 : 암페어의 주회적분 법칙 적용→전류와 자계의 관계를 정의한 식

$$\oint H \cdot dl = I[\text{A}]$$

$Hl = I$ 이므로 $H = \dfrac{I}{l} = \dfrac{I}{2\pi r}[\text{A/m}]$

* $N[\text{T}]$이면 $H = \dfrac{NI}{2\pi r}[\text{AT/m}]$

Q 실전문제 _04　　　　　　　　　　　　　　　　　　　　　　인천교통공사

전류가 흐르는 무한장 도선으로부터 1[m] 되는 점의 자계의 세기는 2[m] 되는 점의 자계의 세기의 몇 배가 되는가?

① 2배　　　　　　　　　　　　　　　　　　② 1/2배

③ 4배　　　　　　　　　　　　　　　　　　④ 1/4배

⑤ 8배

✔ $Hl = I$ 이므로 $H = \dfrac{I}{l} = \dfrac{I}{2\pi r}[\text{A/m}]$즉 자계는 거리와 반비례한다. 따라서 거리가 1/2배가 되면 자계는 2배가 된다

🅰 ①

---

② **도체 내부에 균일하게 전류가 흐를 때 자계의 세기**

　　㉠ 내부자계

$$H_i = \frac{I}{2\pi r} = \frac{\dfrac{r^2}{a^2}I}{2\pi r} = \frac{rI}{2\pi a^2}[\text{AT/m}] \propto r,\ I\text{에 비례}$$

　　㉡ 외부자계 $r \geqq a$

$$H = \frac{I}{2\pi r}[\text{AT/m}] \propto \frac{1}{r}$$

(2) 환상 솔레노이드에 의한 자장의 세기

외부자계 $= 0$, 내부자계 $=$ 평등자계

$Hl = NI$

$$H = \frac{NI}{l} = \frac{NI}{2\pi r}\,[\text{AT/m}]$$

> **Q 실전문제 _ 05**   고양도시관리공사
>
> 환상 솔레노이드의 권수 N = 10, 전류는 2[A], 반지름은 1[m]일 때 내부의 자계 세기[AT/m]는?
>
> ① $\dfrac{2}{\pi}$ ② $\dfrac{10}{\pi}$
>
> ③ $\dfrac{\pi}{10}$ ④ $\dfrac{20}{\pi}$
>
> ⑤ $\dfrac{\pi}{20}$
>
> ✔ 환상 솔레노이드 $H = \dfrac{NI}{l} = \dfrac{NI}{2\pi r} = \dfrac{10 \times 2}{2\pi \times 1} = \dfrac{10}{\pi}\,[AT/m]$
>
> 답 ②

(3) 무한장 솔레노이드에 의한 자장의 세기

외부자계 $= 0$

내부자계(자장)는 어디서나 균일한 평등 자장이다.

$$H_i = \frac{NI}{l}[\text{AT/m}] = n_0 I[\text{AT/m}]$$

n_o는 단위 길이당 권수

> **Q 실전문제 _ 06**   대전시설관리공단
>
> 반지름 $a[m]$, 단위길이당 권선수 n[회/m], 전류 I[A]인 무한장 솔레노이드의 내부 자계의 세기[AT/m]는?
>
> ① $\dfrac{nI}{a}$ ② $\dfrac{nI}{2a}$
>
> ③ nI   ④ $\dfrac{nI}{2\pi a}$
>
> ⑤ $\dfrac{nI}{2\pi}$
>
> ✔ 무한장 솔레노이드이므로 단위길이당 권수를 사용한다.
>
> $H_i = \dfrac{NI}{l} = nI\,[\text{AT/m}]$
>
> 답 ③

(4) 유한장 직선 전류에 의한 자장의 세기

① 정삼각형 중심의 자장의 세기

$$\tan 60° = \sqrt{3} = \frac{\frac{l}{2}}{a} \Rightarrow a = \frac{l}{2\sqrt{3}}$$

$$H_1 = \frac{I}{4\pi a}(\sin 60° + \sin 60°) = \frac{I}{4\pi \times \frac{l}{2\sqrt{3}}} \times 2 \times \frac{\sqrt{3}}{2} = \frac{3I}{2\pi l}[\text{AT/m}]$$

$$H = 3H_1 = \frac{9I}{2\pi l}[\text{AT/m}]$$

② 정사각형 코일 중심의 자장의 세기

$$H_1 = \frac{I}{4\pi a}(\sin\theta_1 + \sin\theta_2) = \frac{I}{4\pi \times \frac{l}{2}}(\sin 45° + \sin 45°) = \frac{I}{\sqrt{2}\,\pi l}[\text{AT/m}]$$

$$H = 4H_1 = 4 \times \frac{I}{\sqrt{2}\,\pi l} = \frac{2\sqrt{2}\,I}{\pi l}[\text{AT/m}]$$

③ 정육각형 코일 중심의 자장의 세기

$$\tan 30° = \frac{\frac{l}{2}}{a} \Rightarrow a = \frac{\sqrt{3}}{2}l$$

$$H_1 = \frac{I}{4\pi a}(\sin 30° + \sin 30°) = \frac{I}{4\pi \times \frac{\sqrt{3}}{2}l} \times 2 \times \frac{1}{2} = \frac{I}{2\sqrt{3}\,\pi l}[\text{AT/m}]$$

$$H = 6 \times H_1 = 6 \times \frac{I}{2\sqrt{3}\,\pi l} = \frac{\sqrt{3}\,I}{\pi l}[\text{AT/m}]$$

기출예상문제

1 전류가 흐르는 무한히 긴 직선도체가 있다. 이 도체로부터 수직으로 10cm 떨어진 점의 자계의 세기를 측정한 결과가 100[AT/m]였다면, 이 도체로부터 수직으로 40cm 떨어진 점의 자계의 세기 [AT/m]는?

① 0

② 25

③ 50

④ 100

2 환상 철심에 감은 코일에 5[A]의 전류를 흘리면 200[AT]의 기자력이 발생하도록 한다면 코일의 권수는 얼마인가?

① 5

② 20

③ 40

④ 200

3 직선도체에 전류가 흐를 때 그 주위에 생기는 자계의 방향은?

〈전북개발공사〉

① 전류의 방향

② 전류와 반대방향

③ 오른나사의 진행방향

④ 오른나사의 회전방향

✓ ANSWER | 1.② 2.③ 3.④

1 $H = \dfrac{I}{2\pi d}\,[\mathrm{AT/m}]$

자계의 세기는 거리에 반비례하므로 $\dfrac{100}{4}[\mathrm{AT/m}] = 25[\mathrm{AT/m}]$

2 기자력 $F = NI$

$N = \dfrac{F}{I} = \dfrac{200}{5} = 40$

3 직선도체에 전류가 흐를 때 자계의 방향은 앙페르의 오른 나사의 법칙에 따른다.
자계의 방향은 오른쪽으로 돌려서 넣는 나사의 회전방향처럼 회전한다.
$rot\,H = i_d\,[\mathrm{A/m^2}]$

4 반지름이 r [m]인 원형코일에 I [A]의 전류가 흐를 때 코일 중심의 자계는 어떻게 되는가?

① r에 비례한다.　　　　　　　　　　② r^2에 비례한다.

③ r에 반비례한다.　　　　　　　　　④ r^2에 반비례한다.

5 어느 자기장에 의하여 생기는 자기장의 세기를 $\frac{1}{2}$로 하려면 자극으로부터의 거리를 몇 배로 하면 되는가?

① $\sqrt{2}$ 배　　　　　　　　　　　② 2배

③ $\frac{1}{\sqrt{2}}$ 배　　　　　　　　　④ $\frac{1}{4}$ 배

6 다음 중 반지름 20[cm], 권수 30회인 원형코일에 2[A]의 전류를 흘릴 때 코일 중심의 자기장의 세기 [AT/m]는?

① 90[AT/m]　　　　　　　　　　② 120[AT/m]

③ 150[AT/m]　　　　　　　　　④ 180[AT/m]

$\checkmark$ ANSWER | 4.③ 5.① 6.③

4　원형코일의 자기장의 세기 $H = \frac{NI}{2r}$[AT/m]이므로 $H \propto \frac{1}{r}$이다.

5　$H = \frac{1}{4\pi\mu_0} \cdot \frac{m}{\mu_R r^2}$[A/m]

$H = \frac{m}{4\pi\mu r^2}$

$\frac{1}{2} = \frac{1}{r^2}$이므로

$r^2 = 2$, $r = \sqrt{2}$

6　$H = \frac{NI}{l} = \frac{30 \times 2}{0.2 \times 2} = 150$[AT/m]

7 길이가 1[cm], 권수가 50인 솔레노이드에 10[mA]의 전류를 흘릴 때 내부 자계의 세기 [AT/m]는?

① 50

② 30

③ 20

④ 10

8 무한장 직선전류에서 5[cm] 떨어진 점의 자장의 세기가 3[AT/m]였다면 전류의 크기는 얼마인가?

① 0.54[A]

② 0.94[A]

③ 1.54[A]

④ 19.4[A]

9 공기 중의 자기장의 크기가 20[AT/m]인 점에 6×10^{-3}[Wb]의 자극을 가할 때 이 자극에 작용하는 자기력은 얼마인가?

① 0.06[N]

② 0.08[N]

③ 0.12[N]

④ 0.16[N]

10 공기 중에 20[cm]의 거리에 있는 두 자극의 세기가 각각 5.0×10^{-3}[Wb], 7.0×10^{-3}[Wb]일 때 두 자극 사이에 작용하는 힘은?

① 43[N]

② 55[N]

③ 98[N]

④ 100[N]

ANSWER | 7.① 8.② 9.③ 10.②

---

7 $H = \dfrac{NI}{l} = \dfrac{50 \times 10 \times 10^{-3}}{1 \times 10^{-2}} = 50[\text{AT/m}]$

8 $H = \dfrac{I}{2\pi r}$ 에서 $3 = \dfrac{I}{2\pi \times 5 \times 10^{-2}}$

$I = 2\pi \times 5 \times 10^{-2} \times 3 = 0.942[\text{A}]$

9 $F = mH = 6 \times 10^{-3} \times 20 = 0.12[\text{N}]$

10 $F = \dfrac{m_1 m_2}{4\pi \mu_0 r^2} = \dfrac{5 \times 10^{-3} \times 7 \times 10^{-3}}{4\pi \times 4\pi \times 10^{-7} \times (20 \times 10^{-2})^2}$

$= \dfrac{0.000035}{0.00001577536 \times 0.04} = \dfrac{0.000035}{0.00000063101} = 55.46 \fallingdotseq 55[\text{N}]$

11 진공 중의 비투자율은?

① 0.1

② 1

③ 10^2

④ ∞

12 자기장의 세기가 50[AT/m]인 점의 자극을 높였을 때 60[N]의 힘이 작용했다면 자극의 세기는?

① 1[Wb]

② 1.2[Wb]

③ 2[Wb]

④ 5[Wb]

13 공심 솔레노이드의 내부 자기장의 세기가 5,000[AT/m]일 때 자속밀도는? (단, 비투자율 $\mu_R = 1$)

① 5.02×10^{-3}[Wb/m^2]

② 6.28×10^{-3}[Wb/m^2]

③ 10.4×10^{-3}[Wb/m^2]

④ 12.5×10^{-3}[Wb/m^2]

14 자기장 내 철심을 넣으니 철 내부 자기장의 세기가 600[AT/m]이었다. 철 내부의 자속밀도가 0.314[Wb/m^2]일 때 철의 비투자율은?

① 390

② 416

③ 512

④ 620

Ⓒ **ANSWER** | 11.② 12.② 13.② 14.②

11 진공 중의 비투자율은 1이다.

12 $F = mH$에서 $m = \dfrac{F}{H} = \dfrac{60}{50} = 1.2$[Wb]

13 $B = \mu_0 \mu_R H = 4\pi \times 10^{-7} \times 1 \times 5,000 = 0.00628 = 6.28 \times 10^{-3}$[Wb/m^2]

14 $B = \mu_0 \mu_R H$

$\mu_R = \dfrac{B}{\mu_0 H} = \dfrac{0.314}{4\pi \times 10^{-7} \times 600} = 416$[H/m]

15 자기저항이 200[AT/Wb]인 회로에 600[AT]의 기자력을 가할 때 발생하는 자속은?

① 1[Wb]　　　　　　　　　　　　② 2[Wb]

③ 3[Wb]　　　　　　　　　　　　④ 4[Wb]

16 단면적이 9[cm²]인 자로에 공극이 2[mm]일 때 자기저항은?　(단, $\mu_R = 1$)

① 1.77　　　　　　　　　　　　② 1.77×10^3

③ 1.77×10^6　　　　　　　　　④ 1.77×10^{-6}

17 자속밀도 0.5[Wb/m²]인 자로의 공극이 갖는 단위 체적당 에너지 [J/m³]는?

① 10^5　　　　　　　　　　　　② 2×10^5

③ 5×10^5　　　　　　　　　　④ 7×10^5

18 자속밀도 B[Wb/m²], 자장의 세기 H[AT/m]인 자장 내에 단위 부피마다 축적되는 에너지 [J/m³]는?

① BH　　　　　　　　　　　　② $\dfrac{BH}{2}$

③ $\dfrac{\mu H}{2}$　　　　　　　　　　④ $\dfrac{1}{2}\mu B^2$

✅ ANSWER | 15.③　16.③　17.①　18.②

15　$\Phi = \dfrac{F}{R} = \dfrac{600}{200} = 3\,[\mathrm{wb}]$

16　$R = \dfrac{l}{\mu_0 \mu_R A} = \dfrac{2 \times 10^{-3}}{4\pi \times 10^{-7} \times 9 \times 10^{-4}} = \dfrac{0.002}{0.00000000113} \fallingdotseq 1.77 \times 10^6\,[\mathrm{H/m}]$

17　$W = \dfrac{1}{2} BH = \dfrac{1}{2} \dfrac{B^2}{\mu_o} = \dfrac{1}{2} \times \dfrac{0.5^2}{4\pi \times 10^{-7}} = 10^5\,[\mathrm{J/m^3}]$

18　$W = \dfrac{\text{자속밀도} \times \text{자기장}}{2} = \dfrac{BH}{2} = \dfrac{\mu H^2}{2} = \dfrac{B^2}{2\mu}$

19 공기 중에 간격이 r [cm]인 2개의 평행도선이 있다. 각 도선에 20[A]의 전류가 흐를 때 도선 1[km]에 작용하는 힘이 0.16[N]이었다면 두 도선의 거리 [m]는?

① 1

② 0.8

③ 0.5

④ 0.3

20 공기 중에서 길이 1[m]의 두 도선이 1[m]의 거리에서 평행으로 놓였을 때 작용하는 힘이 18×10^{-7}[N]이었다. 두 도선에 같은 크기의 전류가 흐르고 있다면 전류는 몇 [A]인가?

① 1[A]

② 2[A]

③ 3[A]

④ 4[A]

21 두 평행 도선의 거리를 $\frac{1}{2}$ 배로 하면 두 도선 사이에 작용하는 힘은 몇 배가 되는가?

① $\frac{1}{4}$ 배

② $\frac{1}{2}$ 배

③ 4 배

④ 2 배

ANSWER | 19.③ 20.③ 21.④

19

$$F = \frac{2I_1 I_2 l}{r} \times 10^{-7}$$

$$r = \frac{2I_1 I_2 l \times 10^{-7}}{F} = \frac{2 \times 20 \times 20 \times 1,000 \times 10^{-7}}{0.16} = 0.5 \, [\text{m}]$$

20

$$F = \frac{2I_1 I_2 l}{r} \times 10^{-7}$$

$$I_1 I_2 = \frac{F \cdot r}{2 \times 10^{-7}} = \frac{18 \times 10^{-7} \times 1}{2 \times 10^{-7}} = 9$$

$$I_1 = I_2$$

$$I = \sqrt{9} = 3 \, [\text{A}]$$

21

$$F = \frac{2I_1 I_2}{r} \times 10^{-7}$$

거리에 반비례하므로 2배가 된다.

22 단면적이 6[cm²]인 자로에 길이 1[mm]의 공극(갭)이 있을 때 자기저항은?

① 1.33×10^6[AT/Wb]
② 1.33×10^5[AT/Wb]
③ 1.33×10^7[AT/Wb]
④ 1.33×10^8[AT/Wb]

23 막대모양의 철심이 있다. 단면적은 0.5[m²], 길이 31.4[cm]이며, 철심의 비투자율이 20이다. 이 철심의 자기저항은?

① 1.2×10^4[AT/Wb]
② 2.5×10^4[AT/Wb]
③ 1.2×10^5[AT/Wb]
④ 3.4×10^5[AT/Wb]

24 자기저항 2,300[AT/Wb]의 회로에서 40,000[AT]의 기자력을 가할 때 생기는 자속은 얼마나 되는가?

① 1.7[Wb]
② 26.4[Wb]
③ 17.4[Wb]
④ 2.64[Wb]

25 길이 10[cm]의 균일한 자기회로에 도선을 200회 감고 2[A]의 전류를 흘릴 때 자기회로의 자기장의 세기[AT/m]는?

① 200
② 400
③ 600
④ 4,000

⊘ ANSWER | 22.① 23.② 24.③ 25.④

22 $R = \dfrac{길이}{투자율 \times 단면적} = \dfrac{1 \times 10^{-3}}{4\pi \times 10^{-7} \times 6 \times 10^{-4}} \fallingdotseq 1.33 \times 10^6$[AT/Wb]

23 $R = \dfrac{l}{\mu_0 \mu_R A} = \dfrac{31.4 \times 10^{-2}}{4\pi \times 10^{-7} \times 20 \times 0.5} = 2.5 \times 10^4$[AT/Wb]

24 $\Phi(자속) = \dfrac{기자력}{자기저항} = \dfrac{40,000}{2,300} \fallingdotseq 17.4$[Wb]

25 자기장 $H = \dfrac{코일의\ 감은\ 권수 \times 전류}{길이} = \dfrac{200 \times 2}{10 \times 10^{-2}} = 4,000$[AT/m]

26 전기회로와 자기회로의 대응관계를 나타낸 것으로 옳지 않은 것은?

① 기자력 $F \leftrightarrow$ 기전력 E
② 자속 $\Phi \leftrightarrow$ 전류 I
③ 자기저항 $R \leftrightarrow$ 전기저항 R
④ 투자율 $\mu \leftrightarrow$ 고유저항 ρ

27 길이 L [m], 단면적 A [m^2], 비투자율 μ_R인 자기회로의 자기저항 [AT/Wb]를 구하는 공식은 다음 중 어느 것인가?

① $\dfrac{l}{\mu_0 \mu_R A}$

② $\dfrac{A}{\mu_0 \mu_R l}$

③ $\dfrac{\mu_0 \mu_R l}{A}$

④ $\dfrac{\mu_0 \mu_R A}{l}$

28 다음 중 자기저항의 단위는?

① [Wb/AT]
② [Ω]
③ [℧]
④ [AT/Wb]

29 50회 감은 코일에 10[A]의 전류를 흐르게 할 때 기자력은 얼마인가?

① 5[AT]
② 60[AT]
③ 500[AT]
④ 1,000[AT]

 ANSWER | 26.④ 27.① 28.④ 29.③

---

26 투자율 ↔ 도전율
※ 대응관계에서 주의할 것
  • 전속 – 자속, 전속밀도 – 자속밀도가 아니라는 점이다.
  • 전속 – 전류, 전속밀도 – 전류밀도에 유의해야 한다.

27 $R = \dfrac{\text{길이}}{\text{투자율} \times \text{단면적}} = \dfrac{l}{\mu_0 \mu_R A}$
투자율 $\mu =$ 진공투자율 × 비투자율 $= \mu_0 \mu_R$

28 자기저항 $= \dfrac{\text{기자력}}{\text{자속}}$ [AT/Wb]

29 $F = NI = 50 \times 10 = 500$ [AT]

30 다음 중 평균길이 1[m], 권수 100회의 솔레노이드 코일에 비투자율이 1,000인 철심을 넣고 자속밀도가 0.1[Wb/m²]를 얻기 위해서 코일에 흘려야 할 전류 [A]는?

① 0.2

② 0.4

③ 0.6

④ 0.8

31 단면적 5[cm²], 길이 1[m], 비투자율이 10^3인 환상철심에 600회의 권선을 행하고 이것에 0.5[A]의 전류를 흐르게 한 경우의 기자력은?

① 100[AT]

② 200[AT]

③ 300[AT]

④ 400[AT]

32 자장 속에 어떤 철심을 넣었더니 철 내부의 자장의 세기가 600[AT/m]이었다. 이때 철 내부의 자속밀도가 0.3[Wb/m²]이라면 철심의 비투자율은 얼마인가?

① 216

② 278

③ 321

④ 398

✔ ANSWER | 30.④ 31.③ 32.④

30 $H = \dfrac{NI}{l} = nI =$ 단위길이당 권수 × 전류 [AT/m]

$B = \mu H = \mu n I$ [wb/m²]

$I = \dfrac{B}{\mu n} = \dfrac{B}{\mu_o \mu_r n} = \dfrac{0.1}{4\pi \times 10^{-7} \times 1000 \times 100} = 0.8$[A]

31 $F = NI = 600 \times 0.5 = 300$[AT]

32 $B = \mu_0 \mu_R H$

$\mu_R = \dfrac{B}{\mu_0 H} = \dfrac{0.3}{4\pi \times 10^{-7} \times 600} = 398$

33 자계의 세기 $H = 2,000$[AT/m]이고, 자속밀도 $B = 0.5$[Wb/m²]일 때 철심의 투자율은 얼마인가?

① 2.5×10^{-4}[H/m] ② 4×10^3[H/m]

③ 10×10^2[H/m] ④ 10×10^3[H/m]

34 비투자율이 800, 단면적이 25[cm²]인 환상철심에 500[AT/m]의 자기장을 가할 때 전자속은?

① 12.56×10^4[Wb] ② 12.56×10^{-4}[Wb]

③ 15.26×10^4[Wb] ④ 15.26×10^{-4}[Wb]

35 다음과 같은 환상 솔레노이드의 평균 길이 l 이 40[cm]이고, 감은 횟수가 200회일 때 0.5[A]의 전류를 흘리면 자기장의 세기는 얼마인가?

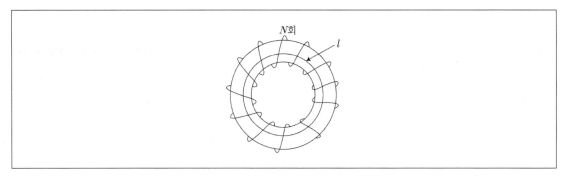

① 125[AT/m] ② 150[AT/m]

③ 200[AT/m] ④ 250[AT/m]

ⓐ ANSWER | 33.① 34.② 35.④

33 $B = \mu H$

$\mu = \dfrac{B}{H} = \dfrac{0.5}{2,000} = 2.5 \times 10^{-4}$[H/m]

34 $B = \mu H = \mu_0 \mu_S H = 4\pi \times 10^{-7} \times 800 \times 500 = 5.024 \times 10^{-1}$[Wb/m²]

$\Phi = $ 자속밀도 × 단면적 $= 25 \times 10^{-4} \times 5.024 \times 10^{-1} = 12.56 \times 10^{-4}$[Wb]

35 $H = \dfrac{NI}{2\pi r} = \dfrac{NI}{l} = \dfrac{200 \times 0.5}{40 \times 10^{-2}} = 250$[AT/m]

36 무한히 긴 직선 도선에 40[A]의 전류가 흐르고 있을 때 생기는 자장의 세기가 20[AT/m]인 점은 도선으로부터 얼마나 떨어져 있는가?

① 10[cm]

② 30[cm]

③ 50[cm]

④ 100[cm]

37 철심을 넣은 평균 반지름이 20[cm]인 환상 솔레노이드에 10[A]의 전류를 통하여 내부 자장의 세기를 1,000[AT/m]로 하려고 할 때 코일의 권수는?

① 126

② 250

③ 500

④ 800

38 길이 1[cm]당 5회 감은 무한장 솔레노이드가 있다. 여기에 전류를 흘렸을 경우 솔레노이드 내부 자장의 세기가 100[AT/m]이었다면 솔레노이드에 흐른 전류는 얼마인가?

① 0.1[A]

② 0.2[A]

③ 0.3[A]

④ 2[A]

✔ ANSWER | 36.② 37.① 38.②

36 $H = \dfrac{I}{2\pi r}$ 에서 r 에 대해 정리하면

$r = \dfrac{I}{H \cdot 2\pi} = \dfrac{40}{20 \times 2\pi} = 0.3\,[\mathrm{m}]$

37 $H = \dfrac{NI}{2\pi r}$ 에서 N 에 대해 정리하면 $N = \dfrac{H 2\pi r}{I} = \dfrac{1,000 \times 2\pi \times 20 \times 10^{-2}}{10} ≒ 126$

38 1[cm]당 5회이므로 1[m]당 500회

$H = \dfrac{NI}{l} = nI = 500I = 100\,[\mathrm{AT/m}]$

전류 $I = 0.2\,[\mathrm{A}]$

39 다음 중 무한장 직선 도선에서 50[cm] 떨어진 점의 세기가 100[AT/m]일 때 도선에 흐르는 전류 [A]는 얼마인가?

① 63.7[A]

② 157[A]

③ 31.8[A]

④ 314[A]

40 긴 직선 도선에 I[A]의 전류가 흐를 때 이 도선으로부터 r만큼 떨어진 곳의 자기장의 세기는?

① I에 반비례하고, r에 비례한다.

② I에 비례하고, r에 반비례한다.

③ I의 제곱에 비례하고, r에 반비례한다.

④ I에 비례하고, r의 제곱에 반비례한다.

41 매우 긴 직선 도체에 I[A]의 전류를 흘릴 경우 도체의 중심에서 r[m]만큼 떨어진 점의 자계의 세기 H [AT/m]는 얼마인가?

① $\dfrac{I}{2\pi r}$[AT/m]

② $\dfrac{I}{2\pi r^2}$[AT/m]

③ $\dfrac{I}{4\pi r}$[AT/m]

④ $\dfrac{I}{4\pi r^2}$[AT/m]

✅ ANSWER | 39.④ 40.② 41.①

39 $H = \dfrac{I}{2\pi r}$ [AT/m]

$I = H 2\pi r = 100 \times 2 \times 3.14 \times 0.5 = 314$[A]

40 $H = \dfrac{I}{2\pi r}$ [AT/m]

전류에 비례하고 거리에 반비례한다.

41 앙페르의 오른나사법칙에서

$\oint H\, dl = I$ 따라서 $H = \dfrac{I}{2\pi r}$ [AT/m]

42 권수 450회이고 평균 반지름 25[cm]인 원형 코일에 전류를 흘렸을 때 코일 중심의 자계의 세기는 3,000[AT/m]이었다고 한다. 이때 코일에 흐르는 전류는 얼마인가?

① 5[A]　　　　　　　　　　　　　② 15[A]

③ 3.3[A]　　　　　　　　　　　　④ 9.9[A]

43 반지름이 3[cm]이고, 권수가 2회인 원형 코일에 1[A]의 전류가 흐르고 있을 때 이 코일의 중심에서 축 위쪽 4[cm]인 점의 자장의 세기는 얼마인가?

① 72[AT/m]　　　　　　　　　　② 27[AT/m]

③ 7.2[AT/m]　　　　　　　　　　④ 2.7[AT/m]

44 다음 중 전류 I[A]에 대한 점 P의 자계 H[A/m]의 방향이 바르게 표시된 것은?

42 원형코일의 전류 $H = \dfrac{NI}{2a}$

$I = \dfrac{H \cdot 2a}{N} = \dfrac{3,000 \times 2 \times 25 \times 10^{-2}}{450} \fallingdotseq 3.3\,[\text{A}]$

43 반지름을 a, 중심에서 x 만큼 떨어진 곳의 자계

$H = N\dfrac{a^2 I}{2(a^2 + x^2)^{\frac{3}{2}}} = 2 \times \dfrac{0.03^2 \times 1}{2(0.03^2 + 0.04^2)^{\frac{3}{2}}} = 7.2\,[\text{AT/m}]$

44 자속의 방향은 ⊗ 들어가는 방향, ⊙ 나가는 방향으로 표시한다.

45 다음 중 지름이 1[m]이고, 권수 1회인 원형 코일에 1[A]의 전류가 흐를 때 중심 자장의 세기는 몇 [AT/m]인가?

① 1
② 2
③ 3
④ 4

46 지름이 25[cm]이고, 권수 5회인 원형 코일에 10[A]의 전류가 흐를 때 중심 자계의 세기 [AT/m]는?

① 63.7
② 100
③ 200
④ 31.9

47 다음 중 비오-사바르의 법칙을 바르게 나타낸 것은?

① $\Delta H = \dfrac{I\Delta l \sin\theta}{4\pi r}$

② $\Delta H = \dfrac{I\Delta l \sin\theta}{4\pi r^2}$

③ $\Delta H = \dfrac{I\Delta l \cos\theta}{4\pi r}$

④ $\Delta H = \dfrac{I\Delta l \cos\theta}{4\pi r^2}$

48 자침이 지시하는 방향은?

① 자북(磁北)
② 진북(眞北)
③ 도북(図北)
④ 지구자장(地球磁場)

ANSWER | **45.**① **46.**③ **47.**② **48.**①

45 $H = \dfrac{NI}{2a} = \dfrac{1 \times 1}{2 \times 0.5} = 1\,[\text{AT/m}]$

46 $H = \dfrac{NI}{2a} = \dfrac{10 \times 5}{2 \times 12.5 \times 10^{-2}} = 200\,[\text{AT/m}]$

47 비오 사바르 법칙은 주어진 전류가 생성하는 자기장이 전류에 수직이고 전류에서의 거리에 역제곱에 비례한다는 법칙이다.

비오-사바르의 법칙 $\Delta H = \dfrac{I\Delta l}{4\pi r^2} \sin\theta\,[\text{A/m}]$

48 지구에는 두 개의 북극이 있다. 자북(磁北)과 진북(眞北)이다.
자북은 나침반의 바늘(자침)이 가리키는 곳이고, 진북은 지구의 가장 북쪽인 북위 90도 지점으로 북극해 가운데에 있다.

49 평등자장 내에 자기 모멘트가 4[Wb · m]의 자석이 자장과 30°의 각도로 놓여 있을 때 80 [N · m]의 회전력을 받았다. 자장의 세기 [AT/m]는?

① 20
② 40
③ 120
④ 240

50 자극의 세기가 4×10^{-3}[Wb]인 막대자석의 모멘트가 16×10^{-5}[Wb/m]일 때 막대자석의 길이 [cm]는 얼마인가?

① 14
② 4
③ 40
④ 400

51 다음 중 자기모멘트의 단위는 어느 것인가?

① [Wb]
② [Wb · m]
③ [AT/m]
④ [N · m]

52 비투자율이 μ_R인 물체에서 자극의 세기가 m[Wb]인 점자극으로부터 나오는 총 자력선의 수는 얼마인가?

① $\dfrac{m}{\mu_0\,\mu_R}$
② $\dfrac{m\mu_R}{\mu_0}$
③ $\mu_0\,\mu_R\, m$
④ $\mu_R m$

✅ **ANSWER** | 49.② 50.② 51.② 52.①

49 $T = MH\sin\theta$

$H = \dfrac{T}{M\sin\theta} = \dfrac{80}{4\times0.5} = 40\,[\text{AT/m}]$

50 $M = ml$에서 l에 대해 정리하면 $l = \dfrac{M}{m} = \dfrac{16\times10^{-5}}{4\times10^{-3}} = 4\,[\text{cm}]$

51 자기모멘트 … 자극의 자기량과 자극간의 거리와의 곱을 나타낸 것으로 단위는 [Wb · m]를 사용한다.

52 자기력선 수 $N_0 = \dfrac{m}{\mu_0\,\mu_R}$ (μ_o : 진공의 투자율, μ_R : 비투자율)

53 자장의 세기가 10[AT/m]인 점에 자극을 놓았을 때 50[N]의 힘이 작용하였다. 이 자극의 세기 [Wb]는 얼마인가?

① 5

② 10

③ 15

④ 25

54 3×10^{-3}[Wb]의 N극과 6×10^{-3}[Wb]의 S극이 공기 중에서 6[m]의 거리에 놓였을 때 두 극의 중앙점의 자계의 세기는 얼마인가?

① 21.1[AT/m]

② 42.2[AT/m]

③ 63.3[AT/m]

④ 86.6[AT/m]

55 MKS 단위계에서 자장의 세기의 단위는?

① [AT/m]

② [AT/Wb]

③ [Wb/m²]

④ [AT]

56 m [Wb]의 점자극에서 r [m] 떨어진 점의 자계의 세기는 공기 중에서 얼마인가?

① $\dfrac{m}{r^2}$[AT/m]

② $\dfrac{m}{4\pi r^2}$[AT/m]

③ $6.33 \times 10^4 \times \dfrac{m}{r^2}$[AT/m]

④ $\dfrac{m}{4\pi r}$[AT/m]

Ⓖ ANSWER |53.① 54.③ 55.① 56.③

53 자기장 $F = Hm$, $m = \dfrac{F}{H} = \dfrac{50}{10} = 5$[Wb]

54 $H = H_1 + H_2 = \dfrac{6.33 \times 10^4 \times 3 \times 10^{-3}}{3^2} + \dfrac{6.33 \times 10^4 \times 6 \times 10^{-3}}{3^2} = 21.1 + 42.2 = 63.3$[AT/m]

55 ② 자기저항의 단위
③ 자속밀도의 단위
④ 기자력의 단위

56 자기장의 세기 $H = \dfrac{1}{4\pi\mu_0} \times \dfrac{m}{r^2} = 6.33 \times 10^4 \times \dfrac{m}{r^2}$[AT/m]

57 자극의 세기가 10[Wb], 길이가 20[cm]의 막대자석의 자기모멘트는 얼마인가?

① 2[Wb · cm]
② 20[Wb · cm]
③ 2[Wb · m]
④ 20[Wb · m]

58 다음 중 공기 중에서 1[cm]의 거리에 있는 부호가 같은 두 자극의 세기가 6×10^{-4}[Wb]이면 자기력은 몇 [N]인가?

① 2.28[N]의 흡인력
② 6.67[N]의 흡인력
③ 2.28[N]의 반발력
④ 6.67[N]의 반발력

59 진공속의 투자율 μ_0 [H/m]는 얼마인가?

① 6.33×10^4
② 8.855×10^{-12}
③ 9×10^9
④ $4\pi\times10^{-7}$

57   자기쌍극자모멘트 $M=$ 전자극 $\times$ 길이 $=10\times20\times10^{-2}=2$[Wb · m]

58 $F=6.33\times10^4\times\dfrac{6\times10^{-4}\times6\times10^{-4}}{1\times10^{-2}}\fallingdotseq 2.28$[N]

부호가 같은 두 자극 간에는 반발력이 작용한다.

59 $\mu_0=4\pi\times10^{-7}[H/m]$, $\epsilon_0=8.855\times10^{-12}[F/m]$

60 공기 속에서 1.6×10^{-4}[Wb]와 2×10^{-3}[Wb]의 두 자극 사이에 작용하는 힘이 12.66[N]이었다. 두 자극 사이의 거리는 몇 [cm]인가?

① 4[cm]

② 3[cm]

③ 2[cm]

④ 1[cm]

61 두 자극 사이에 작용하는 힘을 나타내는 식으로 옳은 것은?

① $9 \times 10^9 \dfrac{m_1 m_2}{\mu_R r^2}$

② $6.33 \times 10^4 \dfrac{m_1 m_2}{\mu_R r^2}$

③ $9 \times 10^9 \dfrac{m}{\mu_R r^2}$

④ $6.33 \times 10^4 \dfrac{m}{\mu_R r^2}$

⊘ **A N S W E R** | 60.① 61.②

60
$$F = 6.33 \times 10^4 \times \frac{m_1 m_2}{r^2}$$

$$r^2 = \frac{6.33 \times 10^4 \times m_1 m_2}{F} = \frac{6.33 \times 10^4 \times 1.6 \times 10^{-4} \times 2 \times 10^{-3}}{12.66}$$

$$= 0.0016 = 16 \times 10^{-4}$$
$$= \sqrt{16 \times 10^{-4}}$$
$$= 4 \times 10^{-2} \text{[m]}$$
$$= 4 \text{[cm]}$$

61 두 자극 사이의 힘
$$F = \frac{m_1 m_2}{4 \pi \mu r^2}$$

$$= \frac{1}{4 \pi \mu_0} \cdot \frac{m_1 m_2}{\mu_R r^2} = \frac{1}{4 \pi \times 4 \pi \times 10^{-7}} \cdot \frac{m_1 m_2}{\mu_R r^2} = 63,325.7 \times \frac{m_1 m_2}{\mu_R r^2}$$

$$= 6.33 \times 10^4 \times \frac{m_1 m_2}{\mu_R r^2} \text{[N]}$$

62 다음 중 두 자극 사이에 작용하는 힘의 크기를 설명한 것으로 옳은 것은?

① 두 자극의 세기의 곱에 비례하고, 두 자극 사이의 거리의 제곱에 반비례한다.

② 두 자극의 세기의 곱에 비례하고, 두 자극 사이의 거리의 제곱에 비례한다.

③ 두 자극의 세기의 곱에 반비례하고, 두 자극 사이의 거리의 제곱에 비례한다.

④ 두 자극의 세기의 곱에 반비례하고, 두 자극 사이의 거리의 제곱에 반비례한다.

63 자석의 N극 부분에 작은 물체를 놓았더니 가까운 곳에 N극, 먼 곳에 S극이 유도되었다. 이렇게 자화되는 물체를 무엇이라 하는가?

① 상자성체   ② 반자성체

③ 강자성체   ④ 약자성체

---

62 $F = 6.33 \times 10^4 \dfrac{m_1 m_2}{r^2} [N]$, $F \propto m_1 m_2$, $F \propto \dfrac{1}{r^2}$

63   자성체의 종류

㉠ 상자성체 : 자석의 N극에 가까운 곳이 S극, 먼 곳이 N극으로 자화되는 물체를 말한다.

$\mu_s > 1$, $\chi > 0$

㉡ 반자성체 : 자석의 N극에 가까운 곳이 N극, 먼 곳이 S극으로 자화되는 물체를 말한다.

$\mu_s < 1$, $\chi < 0$

㉢ 강자성체 : 자기유도에 의해 강하게 자화되는 것으로 상자성체와 같은 극으로 자화된다.

$\mu_s \gg 1$

필수 암기노트

07 인덕턴스

1 자기 인덕턴스

자체 인덕턴스 또는 자기유도계수라 한다. 인덕턴스란 임의의 도선에 흐르는 전류에 의해 발생하는 자속의 발생정도를 결정하는 상수로서 회로의 전선 굵기나 재질(투자율), 권수 등에 따라 달라진다.

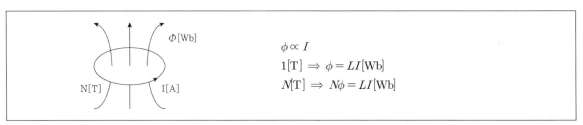

$$\phi \propto I$$
$$1[\text{T}] \Rightarrow \phi = LI[\text{Wb}]$$
$$N[\text{T}] \Rightarrow N\phi = LI[\text{Wb}]$$

$L = \dfrac{N\phi}{I} = \dfrac{\mu S N^2}{l}$ 인덕턴스 L은 권수 제곱에 비례한다.

(1) 인덕턴스에서 발생하는 기전력

$e = -L\dfrac{di}{dt} = -N\dfrac{d\phi}{dt}[\text{V}]$: 자기인덕턴스에 의한 유도기전력

(2) L의 계산식

$L = \dfrac{N\phi}{I}[\text{H}]$

기자력(자속을 발생시키는 원천)을 계산하는 식 $F = NI = R\phi[\text{AT}]$에서 $\phi = \dfrac{\text{NI}}{\text{R}}$와 $R = \dfrac{l}{\mu S}$를 대입하면

$L = \dfrac{N\phi}{I} = \dfrac{N}{I} \times \dfrac{NI}{R} = \dfrac{N^2}{R} = \dfrac{\mu S N^2}{l}[\text{H}]$, $L \propto N^2$ 관계가 있다.

(3) 인덕턴스의 단위

$$L = \frac{N\phi}{I} \, [\text{Wb/A} = \text{H}]$$

$$L = e\frac{dt}{di} \left[\text{V} \cdot \frac{\text{sec}}{\text{A}} = \Omega \cdot \text{sec} = \frac{VA\text{sec}}{A^2} = J/A^2 \right]$$

단위로만 보면 $\text{H} = \frac{\text{Wb}}{\text{A}} = \Omega \cdot \text{sec} = J/A^2$

(4) L에 축적되는 자기에너지

$$W = \int I d\phi = \int \phi dI = \frac{1}{\phi}I = \frac{\phi^2}{2L} = \frac{1}{2}LI^2 \, [\text{J}]$$

Q 실전문제 _ 01

SH서울주택도시공사

14[H]의 자기 인덕턴스를 갖는 코일에 5[A]의 전류를 흘려주었을 경우 축적되는 에너지의 크기는?

① 70[J]   ② 140[J]

③ 175[J]   ④ 350[J]

⑤ 490[J]

✔ $W = \frac{1}{2}LI^2 = \frac{1}{2} \times 14 \times 5^2 = 175\,[\text{J}]$

답 ③

---

(5) L과 벡터퍼텐셜과의 관계식

벡터 퍼텐셜 : 자속의 위치 벡터(A)

벡터의 기본 공식 중 항상 성립하는 식은 $\text{div rot} A = 0$이고

정자계에서 항상 성립하는 식은 $\text{div} B = 0$이므로 $\text{rot} A = B$가 성립한다.

그리고 자속을 계산하는 식은 자속밀도에 면적을 곱한 값이므로

$$\phi = \oint_s B \cdot ds = \oint_s \text{rot} A \cdot ds = \oint_l dA \cdot dl$$

스토크스 정리에 의해 $\oint_s \text{rot} A \cdot ds = \oint_l A \cdot dl$ 이다.

$$\phi = \oint_c A \cdot dl$$

② 상호 인덕턴스

한 코일의 전류에 의해 발생한 자속이 다른 코일과 결합(쇄교)하는 자속의 비율

(1) 자기 인덕턴스

① $L_1 = \dfrac{N_1\phi_{11}}{I_1} = \dfrac{N_1}{I_1} \times \dfrac{N_1 I_1}{R} = \dfrac{\mu S N_1^{\,2}}{l}\,[\mathrm{H}]$

② $L_2 = \dfrac{N_2\phi_{22}}{I_2} = \dfrac{N_2}{I_2} \times \dfrac{N_2 I_2}{R} = \dfrac{N_2^{\,2}}{R} = \dfrac{\mu S N_2^{\,2}}{l}\,[\mathrm{H}]$

(2) 상호 인덕턴스

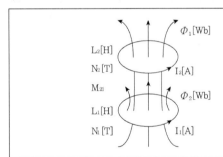

ϕ_{21} : 1회로에 의해 N_2와 쇄교하는 자속수

① $M_{21} = \dfrac{N_2\phi_{21}}{I_1} = \dfrac{N_2}{I_1} \times \dfrac{N_1 I_2}{R} = \dfrac{N_1 N_2}{R}\,[\mathrm{H}]$

② $M_{12}I_2 = N_1\phi_{12}$

$\quad M_{12} = \dfrac{N_1\phi_{12}}{I_2} = \dfrac{N_1}{I_2} \times \dfrac{N_2 I_2}{R} = \dfrac{N_1 N_2}{R}\,[\mathrm{H}]$

(3) 자기 인덕턴스와 상호 인덕턴스와의 관계

$$L_1 L_2 = \frac{N_1^2}{R} \cdot \frac{N_2^2}{R} = \frac{N_1 N_2}{R} \cdot \frac{N_1 N_2}{R} = M^2$$

누설자속 10[%]이면 결합계수 $k = 0.9$

누설자속 20[%]이면 결합계수 $k = 0.8$

PLUS CHECK 상호인덕턴스와 자기 인덕턴스 관계식

$$M = \frac{N_1 N_2}{R} \cdot \frac{N_1}{N_1} = \frac{N_1^2}{R} \cdot \frac{N_2}{N_1} = L_1 \cdot \frac{N_2}{N_1} \ [\text{H}]$$

$$M = \frac{N_1 N_2}{R} \cdot \frac{N_2}{N_2} = \frac{N_2^2}{R} \cdot \frac{N_1}{N_2} = L_2 \cdot \frac{N_1}{N_2} \ [\text{H}]$$

Q 실전문제 _ 02

서울교통공사

인덕턴스 L_1, L_2가 각각 16[mH], 64[mH]이고, 두 코일 간의 상호 인덕턴스 M이 8[mH]라고 하면 결합계수 K는?

① 0.20   ② 0.25

③ 0.40   ④ 0.80

✔ $K = \frac{M}{\sqrt{L_1 L_2}} = \frac{8}{\sqrt{16 \times 64}} = 0.25$

답 ②

③ 인덕턴스의 합성

① **가동접속** … 자속이 증가

$$L = L_1 + L_2 + 2M = L_1 + L_2 + 2k\sqrt{L_1 L_2}$$

② **차동접속** … 자속이 감소

$$L = L_1 + L_2 - 2M = L_1 + L_2 - 2k\sqrt{L_1 L_2}$$

코일이 자기적으로 결합되었을 때 축적되는 에너지

$$W = \frac{1}{2}LI^2 = \frac{1}{2}L_1 I^2 + \frac{1}{2}L_2 I^2 \pm \frac{1}{2} \times 2M I_1 I_2 \,[\mathrm{J}]$$

Q 예제문제

$L_1 = L_2 = 10[\mathrm{mH}]$ 이고, $k = 0.2 \sim 0.9$ 로 변화시켰을 때 인덕턴스의 최댓값과 최솟값을 구하고 비율을 계산하라.

✔ 최댓값은 가동접속, 최솟값은 차동접속이므로

$L_{\max} = L_1 + L_2 + 2k\sqrt{L_1 L_2}$
$\quad = 10 + 10 + 2 \times 0.9 \times 10 = 38[\mathrm{mH}]$
$L_{\min} = L_1 + L_2 - 2k\sqrt{L_1 L_2}$
$\quad = 10 + 10 - 2 \times 0.9 \times 10 = 2[\mathrm{mH}]$
∴ $L_{\max} : L_{\min} = 38 : 2 = 19 : 1$

Q 실전문제 _03

1차, 2차 코일의 자기 인덕턴스가 각각 25[mH], 100[mH], 결합계수 0.9일 때, 이 두 코일을 자속이 합해 지도록 같은 방향으로 직렬 접속하면 합성 인덕턴스[mH]는?

① 215   ② 250

③ 275   ④ 300

✔ 가극성이므로

$L = L_1 + L_2 + 2M = L_1 + L_2 + 2k\sqrt{L_1 L_2} = 25 + 100 + 2 \times 0.9 \times \sqrt{25 \times 100} = 215[\mathrm{mH}]$

답 ①

④ 자기인덕턴스의 계산

(1) 환상 솔레노이드

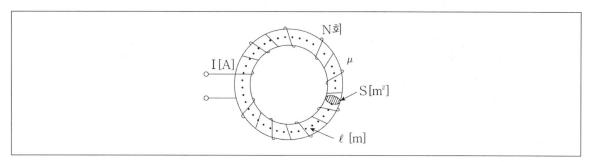

① 자속 $\phi = \dfrac{NI}{R} = \dfrac{NI}{\dfrac{l}{\mu S}} = \dfrac{\mu SNI}{l} = BS = \mu HS[\text{Wb}]$

② 인덕턴스 $L = N\dfrac{\phi}{I} = \dfrac{N}{I} \times \dfrac{\mu SNI}{l} = \dfrac{\mu SN^2}{l}[\text{H}]$

$$L = \dfrac{NBS}{I} = \dfrac{\mu_o HNS}{I}[\text{H}]$$

(2) 무한장 솔레노이드에 의한 인덕턴스

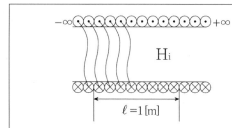

단위길이 1[m]당 권수 $n = \dfrac{N}{l}[\text{T/m}]$

① **자계** $H = \dfrac{N}{l}I = nI[\text{AT/m}]$

② **내부자속**

$\phi = BS = \mu HS = \mu\dfrac{NI}{l}\pi a^2 = \mu n_0 I\pi a^2[\text{Wb}]$

n_o : 단위길이당 권수 $\dfrac{N}{l} = n_o$

③ 단위길이당 인덕턴스

전체 인덕턴스 $L = \dfrac{N\varnothing}{I} = \dfrac{\mu S N^2}{l}$ [H]

단위길이당 인덕턴스 $L_o = \dfrac{L}{l} = \dfrac{\mu S N^2}{l^2} = \mu \cdot \dfrac{N^2}{l^2} \cdot S = \mu n_o^2 S = \mu n_o^2 \pi a^2$ [H]

(3) 원주도체(동축케이블)의 내부 인덕턴스

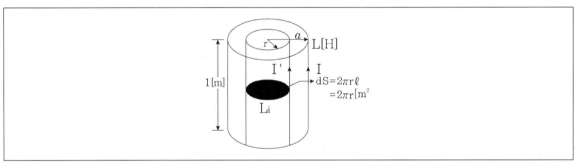

단위체적당 축적되는 에너지를 체적을 곱하여 인덕턴스에 축적되는 에너지와 같게 놓고 구한다.

① 내부 자계 $H_i = \dfrac{rI}{2\pi a^2}$ [AT/m]

② 축적되는 에너지

$$w = \frac{1}{2} BH = \frac{1}{2} \mu H^2 = \frac{B^2}{2\mu} [\text{J/m}^3]$$

$$dw = \frac{1}{2} \mu H_i^2 S' dr = \frac{1}{2} \mu \left(\frac{rI}{2\pi a^2} \right)^2 \times 2\pi r \times 1 \times dr \, (\text{미소체적 } dv = 2\pi r \times 1 \times dr)$$

$$\therefore W = \int_0^a \frac{1}{2} \mu \left(\frac{rI}{2\pi a^2} \right)^2 2\pi r \cdot dr = \frac{1}{2} L_i I^2 [\text{J}] = \frac{\mu I^2}{4\pi a^4} \left[\frac{r^4}{4} \right]_0^a = \frac{\mu I^2}{16\pi a^4} \times a^4 = \frac{1}{2} L_i I^2$$

③ 단위길이당 내부 자기 인덕턴스 $L_i = \dfrac{\mu}{8\pi}[\mathrm{H/m}]$

④ 전체 길이에 대한 인덕턴스 $L = \dfrac{\mu l}{8\pi}[\mathrm{H}]$

(4) 동축 케이블의 자기 인덕턴스

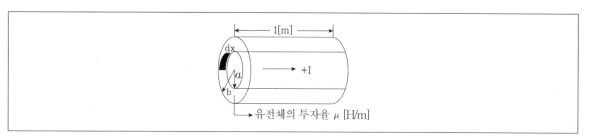

① **유전체 내 임의 점($x[\mathrm{m}]$)에서의 자계**

$$H = \frac{I}{2\pi x}[\mathrm{A/m}]$$

② **자속** $d\phi = B \cdot dS = \mu H \cdot dx \times 1 = \dfrac{\mu I}{2\pi x}dx$

$$\therefore \phi = \int_a^b d\phi = \frac{\mu I}{2\pi}\int_a^b \frac{1}{x}dx = \frac{\mu I}{2\pi}ln\frac{b}{a}[\mathrm{Wb}]$$

③ **단위길이당 인덕턴스**

$$L_o = \frac{\phi}{I} = \frac{\mu}{2\pi}ln\frac{b}{a}[\mathrm{H/m}]$$

즉, 유전체의 자기 인덕턴스는 심선의 내부 자기 인덕턴스를 무시한 경우 유전체의 투자율에만 비례한다.

④ **인덕턴스**

$$L = \frac{\mu_2}{2\pi}ln\frac{b}{a} + \frac{\mu_1}{8\pi}[\mathrm{H/m}]$$

(5) 평행 전선 사이의 인덕턴스(왕복 도선)

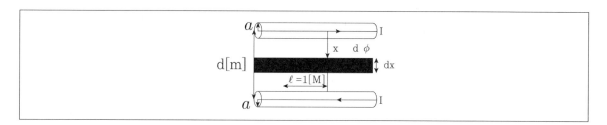

① 자장 $H = \dfrac{I}{2\pi}\left(\dfrac{1}{x}+\dfrac{1}{d-x}\right)$

② 자속

$$d\phi = B \cdot dS = \mu_0 Hdx = \dfrac{\mu_o I l}{2\pi}\left(\dfrac{1}{x}+\dfrac{1}{d-x}\right)dx$$

$$\therefore \phi = \dfrac{\mu_0 I}{2\pi}\int_a^{d-a}\left(\dfrac{1}{x}+\dfrac{1}{d-x}\right)dx = \dfrac{\mu_o I}{2\pi}[\ln x - \ln(d-x)]_a^{d-a}$$

$$= \dfrac{\mu_0 I}{2\pi}[\ln(d-a)-\ln a + \ln(d-a)-\ln a]$$

$$= \dfrac{\mu_0 I}{2\pi}\times 2 \times \ln\dfrac{d-a}{a}[\text{Wb}] = \dfrac{\mu_0 I}{\pi}ln\dfrac{d-a}{a}[\text{Wb}]$$

③ 단위길이당 자기 인덕턴스

$$L_o = \dfrac{\phi}{I} = \dfrac{\mu_o}{\pi}ln\dfrac{d-a}{a}\ \bigg|_{\ d \gg a} \fallingdotseq \dfrac{\mu_o}{\pi}ln\dfrac{d}{a}[\text{H/m}]$$

전체 길이에 대한 인덕턴스 $L = \dfrac{\mu_o l}{\pi}ln\dfrac{d}{a}[\text{H}]$

만약 전선의 내부 인덕턴스를 고려한다면

$$L' = L_o + 2L_i = \dfrac{\mu_o l}{\pi}ln\dfrac{d}{a}+2\times\dfrac{\mu l}{8\pi} = \dfrac{\mu_0 l}{\pi}\left(\ln\dfrac{d}{a}+\dfrac{\mu_s}{4}\right)[\text{H}]$$

⑥ 1가닥 전선과 대지 사이의 자기 인덕턴스

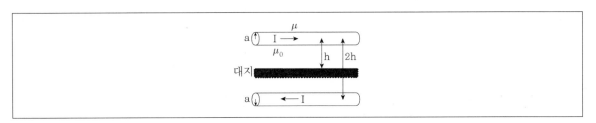

① 자계 $H = \dfrac{I}{2\pi x}$

② 자속 $d\phi = B \cdot dS = \mu H \cdot dx \times 1 = \dfrac{\mu I}{2\pi x}dx$

$$\phi = \int_c^b d\phi = \dfrac{\mu I}{2\pi}\int_a^b \dfrac{1}{x}dx = \dfrac{\mu I}{2\pi}ln\dfrac{2h}{a}[\text{Wb}]$$

③ 단위길이당 인덕턴스 $L_o = \dfrac{\phi}{I} = \dfrac{\mu_o}{2\pi}ln\dfrac{2h}{a}[\text{H/m}]$

④ 내부 자기 인덕턴스 $L_i = \dfrac{\mu l}{8\pi} = \dfrac{\mu_o \mu_s l}{2\pi\times 4}$ 를 고려한 경우 $L = L_o + L_i = \dfrac{\mu_o l}{2\pi}\left(\ln\dfrac{2h}{a}+\dfrac{\mu_s}{4}\right)[\text{H}]$

1 100[mH]의 자기 인덕턴스가 있다. 여기에 10[A]의 전류가 흐를 때 자기 인덕턴스에 축적되는 에너지의 크기는?

① 0.5[J] ② 1[J]

③ 5[J] ④ 10[J]

2 N회 감긴 환상코일의 단면적이 S [m²]이고 평균 길이가 L [m]이다. 이 코일의 권수를 반으로 줄이고 인덕턴스를 일정하게 하기 위한 방법으로 옳은 것은?

① 길이를 $\frac{1}{4}$배로 한다. ② 단면적을 2배로 한다.

③ 길이를 4배로 한다. ④ 단면적을 $\frac{1}{2}$배로 한다.

✅ ANSWER | 1.③ 2.①

1 에너지[W]$= \frac{1}{2} LI^2$ [J]

$= \frac{1}{2} \times 100 \times 10^{-3} \times 10^2$

$= 5$ [J]

2 환상코일에서 자체 인덕턴스 구하는 공식은 $L = \mu \dfrac{A}{l} N^2$

권수 N을 $\frac{1}{2}$로 줄였을 때 인덕턴스를 일정하게 하기 위해선 길이를 $\frac{1}{4}$배로 하면 된다.

3 진공 중에 서로 4[m] 떨어진 두 개의 평행한 도선에 각각 20[A]의 전류가 흐를 때 도선의 단위길이당 작용하는 힘[N/m]은?

〈서울교통공사〉

① 2×10^{-7} ② 8×10^{-7}

③ 2×10^{-5} ④ 4×10^{-5}

4 권수 N인 코일에 I[A]의 전류가 흘러 자속 Φ[Wb]가 발생할 때의 인덕턴스는 몇 [H]인가?

① $L = \dfrac{N\Phi}{I}$ ② $L = \dfrac{I\Phi}{N}$

③ $L = \dfrac{NI}{\Phi}$ ④ $L = \dfrac{\Phi}{NI}$

5 권수가 100회인 코일에 10[A]의 전류를 흘렸더니 0.5[Wb]의 자속이 발생하였다면 코일의 자체 인덕턴스는?

① 5[H]   ② 10[H]

③ 100[H]   ④ 1[H]

✅ **ANSWER** | 3.① 4.① 5.①

3 두 도선간 작용력

$F = \dfrac{2I_1 I_2}{r} \times 10^{-7} = \dfrac{2 \times 20 \times 20}{4} \times 10^{-7} = 2 \times 10^{-5}[N/m]$

4 $L = \dfrac{N\Phi}{I}$[H]

5 $L = \dfrac{N\Phi}{I} = \dfrac{100 \times 0.5}{10} = 5$[H]

6 인덕턴스의 크기가 각각 20[mH], 80[mH]인 두 코일이 이상결합되어 있을 경우 코일 사이에 작용하는 상호인덕턴스[mH]는?

〈한국가스기술공사〉

① 4 ② 16
③ 40 ④ 400
⑤ 1,600

7 두 개의 코일의 자기 인덕턴스가 각각 100[H], 200[H]이고 상호 인덕턴스가 200[H]라면 결합계수는 얼마인가?

① 0.7 ② 1.41
③ 1.73 ④ 2

8 권수가 200회인 코일에 5[A]의 전류를 통과시켰을 때 0.005[Wb]의 자속이 쇄교하였다면 이 코일의 자체 인덕턴스는?

① 0.1[H] ② 0.2[H]
③ 10[mH] ④ 20[mH]

✅ ANSWER │ 6.③ 7.② 8.②

6 이상결합은 결합계수가 1이므로
$$M = \sqrt{L_1 L_2} = \sqrt{20 \times 80} = 40[mH]$$

7 $k = \dfrac{M}{\sqrt{L_1 L_2}} = \dfrac{200}{\sqrt{100 \times 200}} \fallingdotseq 1.41$

8 $L = \dfrac{N\Phi}{I} = \dfrac{200 \times 0.005}{5} = 0.2[H]$

9 2[J]의 에너지가 저장된 코일의 자기 인덕턴스가 400[H]인 경우 코일에 흐르는 전류의 크기[A]는?

〈SH서울주택도시공사〉

① 0.1
② 0.2
③ 20
④ 100
⑤ 200

10 100회 감은 코일의 인덕턴스가 5[mH]인 코일에 10^{-5}[Wb]의 자속을 발생시키려고 할 때 전류는?

① 0.1[A]
② 0.2[A]
③ 1[A]
④ 2[A]

11 권수가 500인 환상 솔레노이드의 단면적이 10[cm²], 자로 평균길이가 30[cm]일 때 자체 인덕턴스는 얼마인가?

① 1.04[mH]
② 2.05[mH]
③ 3.51[mH]
④ 2.51[mH]

✅ ANSWER | 9.① 10.② 11.①

9 $W = \frac{1}{2}LI^2[J]$ 이므로 $2 = \frac{1}{2} \times 400 \times I^2$ 에서 $I = 0.1[A]$

10 $L = \frac{N\Phi}{I}$ 에서 I에 대해 정리하면

$I = \frac{N\Phi}{L} = \frac{100 \times 10^{-5}}{5 \times 10^{-3}} = 0.2[A]$

11 $L = \frac{\mu A N^2}{l} = \frac{4\pi \times 10^{-7} \times 10 \times 10^{-4} \times 500^2}{30 \times 10^{-2}} \fallingdotseq 1.04[mH]$

12 20[A]가 흐르는 코일에 축적되는 에너지가 4[J]일 때 이 코일의 인덕턴스[mH]는?

〈대구시설공단〉

① 200

② 20

③ 2

④ 40

⑤ 400

13 $L_1 = 2.1$[H], $L_2 = 2.4$[H]인 자체 인덕턴스를 직렬접속할 경우 합성 인덕턴스는? (단, $k = 1$)

① 6.8[H]

② 7.2[H]

③ 8.9[H]

④ 9.6[H]

14 자체 인덕턴스 $L_1 = 50$[mH], $L_2 = 200$[mH]인 두 개의 코일 사이에 누설자속이 없을 경우 상호 인덕턴스는?

① 50[mH]

② 100[mH]

③ 150[mH]

④ 200[mH]

✓ ANSWER | 12.② 13.③ 14.②

12 $W = \frac{1}{2}LI^2[J]$에서 $4 = \frac{1}{2} \times L \times 20^2$에서 $L = 0.02[H] = 20[mH]$

13 상호 인덕턴스 $M = k\sqrt{L_1L_2} \fallingdotseq 2.2[H]$
합성 인덕턴스 $L = L_1 + L_2 + 2M = 2.1 + 2.4 + 2 \times 2.2 = 8.9[H]$
직렬접속이므로 가극성과 감극성이 있으니 두 가지를 다 구해서 예시에 있는 답을 정하면 된다. 감극성의 경우 인덕턴스는 0.1[H]이므로 가극성을 구한 값으로 한다.

14 $M = k\sqrt{L_1L_2}$ [H]
누설자속이 없을 경우 $k = 1$이므로
상호 인덕턴스 $M = \sqrt{L_1L_2} = \sqrt{50 \times 200} = 100$[mH]

15 자기 인덕턴스가 각각 L_1, L_2인 A, B 두 개 코일이 있다. 이때 상호 인덕턴스 $M = \sqrt{L_1 L_2}$ 라면 다음 중 옳지 않은 것은?

〈고양도시관리공사〉

① A코일이 만든 자속은 전부 B코일과 쇄교한다.
② B코일이 만든 자속은 전부 A코일과 쇄교한다.
③ 두 코일이 만드는 자속은 항상 같은 방향이다.
④ A코일에 1초 동안에 1[A]의 전류변화를 주면 B코일에는 1[V]가 유기된다.
⑤ L_1, L_2는 (−)값을 가질 수 없다.

16 비투자율이 1,500인 자로의 평균 길이가 50[cm], 단면적 30[cm²]인 철심에 감긴 권수가 425인 코일에 0.5[A]의 전류가 흐를 때 저장되는 전자에너지는 얼마인가?

① 0.5[A]
② 0.15[J]
③ 0.3[A]
④ 0.25[J]

17 다음 중 자체 인덕턴스 10[mH]의 코일에 0.5[J]의 전자에너지를 축적시키기 위해 흘려야 할 전류는 몇 [A]인가?

① 1[A]
② 10[A]
③ 12[A]
④ 15[A]

✅ ANSWER | 15.④ 16.④ 17.②

15 $M = \sqrt{L_1 L_2}$ 는 이상적인 결합으로 자속의 누설이 없이 전부 쇄교한다는 의미이다.
$V = M\dfrac{di}{dt}\,[V]$ 에서 1초 동안 1[A] 변화는 M[V]의 유기되는 전압을 만든다.

16 $L = \dfrac{\mu A N^2}{l} = \dfrac{4\pi \times 10^{-7} \times 1{,}500 \times 30 \times 10^{-4} \times 425^2}{50 \times 10^{-2}} = 2\,[H]$
$W = \dfrac{1}{2}LI^2 = \dfrac{1}{2} \times 2 \times 0.5^2$
$\qquad = 0.25\,[J]$

17 $I = \sqrt{\dfrac{2W}{L}} = \sqrt{\dfrac{2 \times 0.5}{10 \times 10^{-3}}} = 10\,[A]$

18 $L_1 = 0.1[H]$, $L_2 = 0.1[H]$인 두 개의 코일의 결합계수가 1일 때 합성 인덕턴스[H]는?

〈대전시설관리공단〉

① 0.01

② 0.02

③ 0.1

④ 0.2

⑤ 0

19 임의의 코일에 일정한 전자에너지를 축적하려고 할 경우 전류를 2배로 늘렸을 때 자기 인덕턴스는 몇 배로 하여야 좋은가?

① $\dfrac{1}{2}$

② $\dfrac{1}{4}$

③ 2

④ 4

20 서로 결합된 두 개의 코일을 직렬로 연결하면 합성 인덕턴스는 20[mH]가 되고, 한쪽 코일의 연결을 반대로 하면 합성 인덕턴스는 8[mH]가 된다. 이때 두 코일간의 상호 인덕턴스는 몇 [mH]인가?

① 3

② 5

③ 6

④ 7

ANSWER | 18.⑤ 19.② 20.①

18 결합계수가 1이므로 $M = 0.1[H]$
가극성인 경우 $L = L_1 + L_2 + 2M = 0.1 + 0.1 + 2 \times 0.1 = 0.4[H]$
감극성인 경우 $L = L_1 + L_2 - 2M = 0.1 + 0.1 - 2 \times 0.1 = 0[H]$
$M = 0$이면 $L = L_1 + L_2 = 0.2[H]$
지금 문제에서 결합계수가 1로 주어졌으므로 M 적용을 해야 하고 감극성의 결과가 예시와 맞으므로 답은 0[H]가 된다.

19 $W = \dfrac{1}{2}LI^2$이므로 전류를 2배로 하면 $\dfrac{1}{2}L(2I)^2 = 2LI^2$이 된다.
따라서 일정한 에너지를 축적하기 위해서는 인덕턴스 L을 $\dfrac{1}{4}$로 감소해야 한다.

20 합성 인덕턴스가 큰 것이 가극성, 작은 것이 감극성이다
따라서
가극성의 경우 $L = L_1 + L_2 + 2M = 20[mH]$
감극성의 경우 $L' = L_1 + L_2 - 2M = 8[mH]$
두 식을 차감하면 $4M = 12[mH]$, $M = 3[mH]$

21 인덕턴스가 L일 때의 코일의 권선수가 N이었다면 2N일 때의 인덕턴스는?

〈대전시설관리공단〉

① 0.5L 　　　　　　　　　　② 0.25L

③ 2L 　　　　　　　　　　　④ 4L

⑤ 8L

22 자체 인덕턴스 L_1, L_2 상호 인덕턴스 M의 코일을 반대방향으로 직렬연결하면 합성 인덕턴스는?

① $L_1 + L_2 + M$ 　　　　　　② $L_1 + L_2 - M$

③ $L_1 + L_2 + 2M$ 　　　　　④ $L_1 + L_2 - 2M$

23 권수 각각 150회, 200회인 코일 A, B가 있다. A 코일에 의한 자속의 80[%]가 B 코일과 쇄교한다면 A 코일에 2[A]를 흘리면 두 코일의 상호 인덕턴스[H]는?　(단, 코일에 의한 자속＝0.1[Wb])

① 3 　　　　　　　　　　　② 6

③ 8 　　　　　　　　　　　④ 10

ANSWER | 21.④　22.④　23.③

21　인덕턴스는 권선수의 제곱에 비례하므로 권선수가 2배가 되면 인덕턴스는 4배가 된다.

22　반대방향의 접속이므로 $L_1 + L_2 - 2M$이다.

23　상호 인덕턴스 $M = \dfrac{N_2 \Phi}{I_1} = \dfrac{200 \times 0.1 \times 0.8}{2} = 8[\text{H}]$

24 자체 인덕턴스가 L_1, L_2, 상호 인덕턴스가 M인 두 코일의 결합계수가 1이면 어떤 관계가 되는가?

① $L_1 L_2 = M$

② $\sqrt{L_1 L_2} = M$

③ $\sqrt{L_1 L_2} > M$

④ $L_1 L_2 > M$

25 상호 유도회로에서 결합계수 k는? (단, M : 상호 인덕턴스, $L_1 \cdot L_2$: 자기 인덕턴스)

① $k = \sqrt{L_1 L_2}$

② $k = \sqrt{M \cdot L_1 L_2}$

③ $k = \dfrac{M}{\sqrt{L_1 L_2}}$

④ $k = \dfrac{\sqrt{L_1 L_2}}{M}$

26 코일의 자기 인덕턴스는 다음 어느 매질의 상수에 따라 변화하는가?

① 도전율

② 투자율

③ 유전율

④ 전연저항

ANSWER | 24.② 25.③ 26.②

24 $M = k\sqrt{L_1 L_2}$
$M = 1 \times \sqrt{L_1 L_2}$ (k가 1이므로)
$M = \sqrt{L_1 L_2}$

25 결합계수(k) … 누설자속에 의한 상호 인덕턴스의 감소비율로 나타낸다($0 < k \leq 1$).
누설자속의 상호 인덕턴스 $M = k\sqrt{L_1 L_2}$
결합계수 $k = \dfrac{M}{\sqrt{L_1 L_2}}$

26 인덕턴스 $L = \dfrac{\text{투자율} \times \text{단면적} \times (\text{코일의 감은 권수})^2}{\text{길이}}$

27 유한장 단층 솔레노이드의 권수를 2배로 하면 자체 인덕턴스의 값은 몇 배가 되는가?

① 2

② 4

③ 8

④ $\sqrt{2}$

28 비투자율 600, 단면적 4[cm²], 길이 50[cm]의 쇠막대를 환상으로 구부려서 이것에 코일을 감고 2[H]의 자체 인덕턴스를 얻고자 한다. 코일의 감은 횟수는 얼마로 하면 되겠는가?

① 3,642[회]

② 1,821[회]

③ 912[회]

④ 600[회]

29 어느 철심에 도선을 5회 감고 여기에 전류를 흘릴 때 0.01[Wb]의 자속이 발생하였다. 자체 인덕턴스를 1[mH]로 하려면 도선의 전류 [A]는?

① 50

② 150

③ 100

④ 250

Ⓥ **ANSWER** |27.② 28.② 29.①

27 $L = \dfrac{N^2}{R} = \dfrac{\mu S N^2}{l}$ [H]이므로 인덕턴스는 권수 제곱에 비례한다.

권수 N을 2배로 하면 인덕턴스 L은 4배로 증가한다.

28 $L = \dfrac{\mu A N^2}{l}$

$N^2 = \dfrac{L l}{\mu_0 \mu_R A} = \dfrac{2 \times 0.5}{4\pi \times 10^{-7} \times 600 \times 4 \times 10^{-4}}$

$N^2 = 3,317,409$

$N = \sqrt{3,317,409} = 1,821$

29 $L = \dfrac{N\Phi}{I}$

$I = \dfrac{N\Phi}{L} = \dfrac{5 \times 0.01}{1 \times 10^{-3}} = 50[A]$

30 다음 중 전자석의 흡인력을 나타내는 식은?

① $\dfrac{BA_0}{2\mu}$

② $\dfrac{B^2 A_0}{2\mu_0}$

③ $\dfrac{B A_0^2}{2\mu_0}$

④ $\dfrac{B^2 A_0}{\mu_0}$

31 인덕턴스의 단위 [H]와 같은 것은?

① $[\Omega \cdot \sec]$

② $[V/A]$

③ $[\Omega \cdot A]$

④ $[V \cdot \sec]$

ANSWER | 30.② 31.①

30 흡인력 $F = \dfrac{1}{2} \times \dfrac{1}{\mu_0} \times B^2 \times A_0 [N]$

(μ_0 : 투자율, B : 자속밀도, A_0 : 단면적)

31 $V = L\dfrac{di}{dt}$

$L = \dfrac{\text{전압} \times \text{시간의 변화량}}{\text{전류의 변화량}} = \left[\dfrac{V \cdot s}{A} \right] = [\Omega \cdot \sec]$

$V = L\dfrac{dI}{dt}$

$L = \dfrac{dt}{dI} \times V \Rightarrow L = \dfrac{t}{I} \times V = \left[\dfrac{\sec \cdot V}{A} \right] = [\sec \cdot \Omega]$

08 전자유도

① 전자유도 현상

(1) 패러데이 법칙

코일에서 발생하는 기전력의 크기는 자속의 시간적인 변화(감쇄율)에 비례한다.

$$e \propto \frac{d\phi}{dt}$$

(2) 렌쯔의 법칙

코일에서 발생하는 기전력의 방향은 자속 ϕ의 증감을 방해하는 방향으로 발생한다.

(3) 패러데이-렌쯔의 전자유도 법칙(노이만의 법칙)

코일의 권수가 $N[\mathrm{T}]$이라면

$$e = -N\frac{d\phi}{dt}[\mathrm{V}]$$

(4) 패러데이-렌쯔의 전자유도법칙의 미분형

$$\left.\begin{array}{l} \mathrm{rot}\,E = -\dfrac{\partial B}{\partial t} \\[2mm] \nabla \times E = -\dfrac{\partial B}{\partial t} \end{array}\right\} \Rightarrow \begin{array}{l} \text{페러데이-렌쯔의 전자유도법칙의 미분형} \\[2mm] \text{맥스웰의 제2 방정식} \end{array}$$

즉 자계의 시간적인 변화는 이 회로에 전류를 흐르게 하는 기전력을 발생시킨다.

❷ 발전기에 의한 유도 기전력의 크기

(1) 도체의 운동으로 발생하는 기전력의 크기

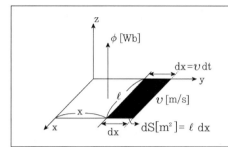

길이 $l[\mathrm{m}]$인 도체가 자장 속을 속도 $v[\mathrm{m/sec}]$로 운동하고 있을 때 유도기전력 e는

$$e = \frac{d\phi}{dt} = \frac{Blvdt}{dt} = Blv[\mathrm{V}]\,(d\phi = B \cdot dS = Bldx = Blvdt)$$

$$\therefore e = Blv[\mathrm{V}]$$

만약 도체가 자속밀도 B와 θ 방향으로 운동한다면 $e = Blv\sin\theta[\mathrm{V}]$이고 이 기전력은 도체가 운동하면서 자속을 끊어서 발생하는 기전력으로 벡터식으로 나타내면 $e = (v \times B)l[\mathrm{V}]$이다.

(2) 발전기의 원리

① 코일에 유기되는 기전력

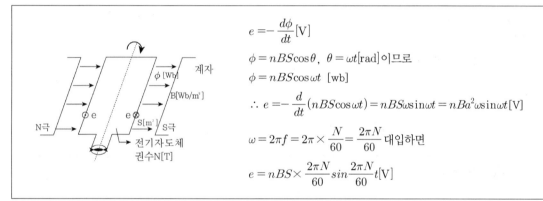

$$e = -\frac{d\phi}{dt}[\mathrm{V}]$$

$\phi = nBS\cos\theta$, $\theta = \omega t[\mathrm{rad}]$이므로

$$\phi = nBS\cos\omega t \;[\mathrm{wb}]$$

$$\therefore e = -\frac{d}{dt}(nBS\cos\omega t) = nBS\omega\sin\omega t = nBa^2\omega\sin\omega t[\mathrm{V}]$$

$$\omega = 2\pi f = 2\pi \times \frac{N}{60} = \frac{2\pi N}{60} \text{ 대입하면}$$

$$e = nBS \times \frac{2\pi N}{60}\sin\frac{2\pi N}{60}t[\mathrm{V}]$$

② 반지름 $r[\mathrm{m}]$인 원형 코일에 의한 기전력의 크기

$$e = -\frac{d\phi}{dt} = -\frac{d}{dt}(nB\pi r^2\cos\omega t) = nB\omega\pi r^2\sin\omega t[\mathrm{V}]$$

자속이 유기된 기전력보다 90° 빠르다.

3 와전류와 표피전류

(1) 와전류(eddy current) = 맴돌이 전류

도체에 자속이 시간적인 변화를 일으키면 이 변화를 막기 위해 도체 표면에 유기되는 회전하는 전류
즉, 맴돌이 전류손(와전류손) 발생

$$\text{rot}E = -\frac{\partial B}{\partial t}$$

$$\text{rot}\frac{i}{k} = -\frac{\partial B}{\partial t}$$

$$\text{rot}i = -k\frac{\partial B}{\partial t}$$

(2) 표피효과

원주 도체에 전류가 흐르면 도체 내부로 갈수록 전류와 쇄교하는 자속이 커지고 이에 따른 유도기전력 $e = -\frac{d\phi}{dt}$도 커져서 전류가 잘 흐르지 못한다. 그래서 도체 표면으로 전류가 집중해서 흐르는데 이 현상을 표피효과(skin effect)라 한다.

① 표피 전류 밀도의 침투깊이

$$\delta = \sqrt{\frac{2}{\omega\mu k}} = \frac{1}{\sqrt{\pi f\mu k}}[\text{m}]$$

② 고주파 일수록, 도전률(k)이 클수록, 투자율(μ)이 클수록 표피효과가 크다.

Q 실전문제 _ 01 인천교통공사

도전율 K, 투자율 μ인 도체에 교류전류가 흐를 때의 표피두께는?

① 주파수가 높을수록 얇아진다.　　　② 투자율이 클수록 깊어진다.
③ 도전율이 클수록 깊어진다.　　　　④ 투자율, 도전율에 무관하다.
⑤ 주파수와 무관하다.

✔ 침투깊이 $\delta = \sqrt{\frac{2}{\omega\mu k}} = \frac{1}{\sqrt{\pi f\mu k}}[\text{m}]$

표피효과가 크다는 것은 침투깊이가 얕다는 것과 같다. 따라서 주파수가 클수록, 투자율이 클수록, 도전율이 클수록 침투깊이는 얕고
표피효과는 크다.

답 ①

CHAPTER

08

기출예상문제

1 다음 중 유도기전력이 생기지 않는 경우로 옳은 것은?

① 자력선의 세기가 변할 때

② 도선이 자력선과 평행하게 움직일 때

③ 도선이 자력선과 수직으로 움직일 때

④ 도선이 자력선과 $50°$방향으로 움직일 때

2 100회 감은 코일과 쇄교하는 자속이 $\frac{1}{10}$초 동안에 0.5[Wb]에서 0.3[Wb]로 감소했다. 유도기전력은 얼마인가?

① 20[V]　　　　　　　　　　　② 200[V]

③ 80[V]　　　　　　　　　　　④ 800[V]

✅ ANSWER |1.② 2.②

1　전자기유도는 코일 속의 자기장이 변화할 때 유도전류가 흐른다는 내용이며 관계식은 다음과 같다.

유도기전력은 $\frac{N_2}{N_1} = \frac{V_2}{V_1} = \frac{I_2}{I_1}$ 로 주어지며, 유도기전력의 크기는 $e = Bl\,V\sin\theta(\theta : $ 코일과 자기장 사이의 각)이므로

코일과 자기장의 방향이 나란하다면 $\theta = 0°$이므로 $e = 0$이 됨을 알 수 있다.

2　유도기전력 $e = N\dfrac{\Delta\Phi}{\Delta t} = 100 \times \dfrac{(0.5 - 0.3)}{\frac{1}{10}} = 100 \times \dfrac{0.2}{\frac{1}{10}} = 200[V]$

3 "유도기전력의 방향은 자속의 변화를 방해하는 방향으로 발생한다."라는 법칙은 다음 중 어느 것인가?

① 렌츠의 법칙   ② 패러데이의 법칙

③ 플레밍의 오른손 법칙   ④ 키르히호프의 법칙

4 전자유도현상에 의하여 발생하는 유도기전력의 크기를 정의하는 법칙은?

① 렌츠의 법칙   ② 앙페르의 법칙

③ 패러데이의 법칙   ④ 플레밍의 오른손 법칙

5 플레밍의 오른손 법칙에 대한 설명으로 옳지 않은 것은?

① 도체운동에 의해 유도기전력의 방향을 결정할 수 있다.

② 주로 발전기에 사용한다.

③ 엄지는 도체의 운동방향을 가리킨다.

④ 검지는 자기장의 방향을 가리킨다.

✅ **ANSWER** | 3.①   4.③   5.④

3 ② 자속변화에 의한 유도기기전력의 크기를 결정하는 법칙이다.
    ③ 유도기전력의 방향은 도체운동에 의해 결정된다.
    ④ 복잡한 회로의 전압과 전류 사이의 관계를 옴의 법칙으로 풀기 어려울 때 이용하는 법칙으로
       제1법칙과 제2법칙이 있다.

4 ① 전자유도현상에 의해 발생하는 유도기전력의 방향을 결정하는 법칙
    ② 전류에 의한 자기장의 방향을 결정하는 법칙
    ④ 도체의 운동에 의해 유도기전력의 방향을 결정하는 법칙

6 ④ 플레밍의 왼손 법칙에 대한 설명이다.
    ※ 플레밍의 오른손의 법칙
      ㉠ 엄지 : 도체운동의 방향
      ㉡ 검지 : 자속의 방향
      ㉢ 중지 : 유도기전력의 방향

6 권수가 400인 코일에 1초 사이에 10[Wb]의 자속이 변화할 경우 코일에 발생하는 유도기전력은?

① 1,000[V]

② 2,000[V]

③ 3,000[V]

④ 4,000[V]

7 권수가 100인 코일에 10[A]의 전류가 5초 동안에 5[A]으로 감소하였을 경우 유도기전력이 100[V]일 때 자체 인덕턴스는?

① 100[H]

② 200[H]

③ 500[H]

④ 1,000[H]

8 다음 중 맴돌이 전류손에 대한 설명으로 옳은 것은?

① 주파수에 비례한다.

② 최대 자속밀도에 비례한다.

③ 주파수의 2승에 비례한다.

④ 최대 자속밀도의 3승에 비례한다.

6 1초에 10[Wb]로 자속이 변하므로 변화율은 10[Wb/s]이다.

유도기전력 $e = N\dfrac{\Delta \Phi}{\Delta t} = 400 \times 10 = 4,000$[V]

7 $e = L\dfrac{\Delta \Phi}{\Delta t}$이 식을 L에 대해 정리하면

$L = e\dfrac{\Delta t}{\Delta \Phi} = 100 \times \dfrac{5}{10-5} = 100$[H]

8 맴돌이 전류손은 와류손이라고도 한다.

$P_e \propto f^2 B^2 t^2$으로 주파수의 2승에 비례한다. 와류손을 감소시킬 목적으로 두께를 얇게 하는 성층권을 사용한다.

9 1차 코일의 권수가 400회, 2차 코일의 권수가 50회인 변압기의 1차 코일에 100[V], 60[Hz]의 전압을 가했을 때 2차 코일에 유기되는 전압은?

① 12.5[V]　　　　　　　　　　　　② 25[V]

③ 40[V]　　　　　　　　　　　　　④ 50[V]

10 변압기의 원리는 어느 현상(법칙)을 이용한 것인가?

① 옴의 법칙　　　　　　　　　　　② 전자유도의 원리

③ 공진현상　　　　　　　　　　　　④ 키르히호프의 법칙

11 어느 코일의 전류가 0.05[sec]동안 2[A]변화하여 기전력 2.4[V]를 유기하였다고 하면 이 회로의 자기 인덕턴스 [H]는?

① 0.02　　　　　　　　　　　　　② 0.06

③ 0.042　　　　　　　　　　　　　④ 0.24

ANSWER | 9.① 10.② 11.②

9 권수비 $= \dfrac{V_1}{V_2} = \dfrac{N_1}{N_2}$

$V_2 = \dfrac{N_2}{N_1} V_1 = \dfrac{50}{400} \times 100 = 12.5[\text{V}]$

10 ① 전기회로에서 회로를 흐르는 전류는 전압에 비례하고 저항에 반비례한다는 법칙이다.
③ 정전유도현상의 콘덴서와 전자유도현상의 코일이 결합하여 진동하는 현상으로 회로에서 전류와 전압이 동상이 된다.
④ 옴의 법칙을 응용한 것으로 전류에 관한 제1법칙과 전압에 대한 제2법칙으로 구성되어 있다.
※ **변압기** … 코일을 통과하는 자속의 세기를 변화시키면 기전력이 발생하는 전자유도현상을 이용하여 전압의 크기를 변형시키는 기구이다.

11 $L = \dfrac{\Delta t}{\Delta I} V = \dfrac{0.05 \times 2.4}{2} = 0.06[\text{H}]$

12 인덕턴스가 10[H]인 코일에 흐르는 전류가 매 초당 5[A]의 비율로 변화할 때 이 코일 양단에 유도되는 기전력의 크기는?

① 500[V]

② 250[V]

③ 50[V]

④ 2[V]

13 코일을 통과하는 자속의 변화가 1[Wb/sec]일 때 이 코일에 유기되는 기전력은?

① 4[V]

② 0.5[V]

③ 1[V]

④ 2[V]

14 다음 중 유도전류의 방향과 관계가 깊은 것은?

① Lenz의 법칙

② Kirchhoff의 법칙

③ Ohm의 법칙

④ Biot-Savart의 법칙

---

12 $V(전압) = L \dfrac{전류의\ 변화량}{시간의\ 변화량} = 10 \times \dfrac{5}{1} = 50[V]$

13 $1[V] = -N\dfrac{d\Phi}{dt} = -1 \times \dfrac{1}{1} = -1[V]$

(-의 부호는 유도기전력의 발생방향을 나타내는 것이다)

14 $e = -N\dfrac{\Delta\Phi}{\Delta t}$에서 자속의 변화에 의해 유도가전력의 방향을 결정하는 것은 Lenz의 법칙이다.

15 전자유도현상에 의하여 생기는 유도기전력의 방향을 정하는 법칙은?

① 플레밍의 오른손 법칙　　　　　　　② 패레더이의 법칙

③ 플레밍의 왼손 법칙　　　　　　　　④ 렌츠의 법칙

16 "전자유도에 의하여 생긴 기전력의 방향은 그 유도전류가 만든 자속이 원래의 자속의 증가 또는 감소를 방해하는 방향이다."라는 법칙을 만든 사람은?

① 렌츠　　　　　　　　　　　　　　② 패러데이

③ 플레밍　　　　　　　　　　　　　④ 볼타

17 다음 중 전자유도에 의하여 회로에 유도되는 기전력은 이 회로와 쇄교하는 자속이 증가 또는 감소하는 정도에 비례한다는 법칙은?

① 렌츠의 법칙　　　　　　　　　　　② 패러데이의 법칙

③ 키르히호프의 법칙　　　　　　　　④ 플레밍의 왼손 법칙

ANSWER | 15.④ 16.① 17.②

15 ① 도체운동에 의한 유도기전력의 방향을 정하는 법칙
　　② 전자유도현상에 의한 자속변화로 유도기전력의 크기를 정하는 법칙
　　③ 전류와 자기장에 의한 전자력의 방향을 정하는 법칙

16 Lenz의 법칙 … $V = -N\dfrac{d\Phi}{dt}$
　　자속변화에 의해 발생하는 유도기전력의 방향을 결정하는 법칙이다.

17 $V = -N\dfrac{d\Phi}{dt}$
　　※ 유도기전력의 방향을 결정하는 것은 렌츠의 법칙이고, 유도기전력의 크기를 결정하는 것이 패러데이의 법칙이다.

18 다음 중 히스테리시스 곡선에 대한 설명으로 옳지 않은 것은?

① 히스테리시스 곡선 면적이 크면 히스테리시스 손실이 크다.
② 자속밀도가 크면 히스테리시스 손실이 크다.
③ 주파수가 높으면 히스테리시스 손실이 크다.
④ 자성체의 체적이 작으면 히스테리시스 손실이 크다.

19 히스테리시스 손은 최대 자속밀도의 몇 승에 비례하는가?

① 1   ② 1.6
③ 2   ④ 3

18 히스테리시스 곡선의 특성
　ㄱ 히스테리시스 손은 최대자속밀도의 1.6곱에 비례하므로 자속밀도가 크면 손실이 증가한다.
　ㄴ 히스테리시스 손은 주파수에 비례하므로 주파수가 높으면 손실은 증가한다.
　ㄷ 히스테리시스 곡선의 면적은 체적당 에너지 손실이 되므로 면적이 크면 손실도 크다.
　ㄹ 히스테리시스 곡선의 종축과 만나는 점은 잔류자기, 횡축과 만나는 점은 보자력을 나타내므로 자성체의 체적이
　　크면 손실도 커진다.

19 히스테리시스손 $P_h \propto f B^{1.6}$으로 자속밀도의 1.6승에 비례한다.

20 그림과 같은 히스테리시스의 루프에서 H_c가 나타내는 것은?

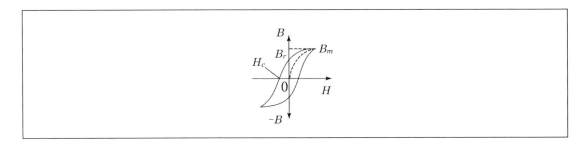

① 잔류자기
③ 기자력
② 보자력
④ 자속밀도

21 히스테리시스 곡선에 있어서 자속밀도가 0이 되도록 역방향으로 가한 자장을 무엇이라 하는가?

① 초투자율
③ 감자력
② 보자력
④ 잔류자기

ANSWER |20.② 21.②

20 H_c은 보자력(잔류자기를 없애는 데 필요한 자기장)을, B_r는 잔류자기(자기장이 없을 때의 자속밀도)를 나타낸다.

21 ㉠ **초투자율** : 초자화곡선 원점에서 비투자율의 극한치를 말한다.

$$\mu_i = \frac{1}{\mu_o} \lim_{H \to 0} \frac{B}{H}$$

ㄴ **보자력** : 자화된 자성체에 역자기장을 걸어 그 자성체의 자화가 0이 되도록 하는 자기장의 세기

ㄷ **감자력** : 자성체가 만드는 자계에 의해 원래 있던 자계가 상쇄되어 감소하는 현상에서 자성체가 만드는 자계를 감자력이라고 한다.

ㄹ **잔류자기** : 철심의 자화특성에서 인가한 자계를 0으로 하여도 철심에 남아있는 자속밀도의 크기를 잔류자속밀도라고 한다.

22 두 개의 코일의 상호 인덕턴스가 1[H]일 때 한 코일의 전류가 0.1초 동안 10[A]에서 5[A]로 변하였다면 다른 쪽 코일에 발생하는 유도기전력은?

① 10[V]
② 25[V]
③ 30[V]
④ 50[V]

23 자기장의 세기가 10^5[AT/m]의 공기 중에서 길이가 40[cm]의 도체를 자기장과 직각으로 25[m/s]의 속도로 이동시켰을 때 발생하는 유기기전력은?

① 2.83[V]
② 4.85[V]
③ 3.27[V]
④ 1.26[V]

24 길이 0.5[m]의 쇠막대가 자속밀도 1[Wb/m²]인 자기장과 직각방향으로 25[m/s]로 이동할 때 유기기전력은 얼마인가?

① 1.25[V]
② 50[V]
③ 12.5[V]
④ 125[V]

ANSWER 22.④ 23.④ 24.③

22 $e_2 = M\dfrac{\Delta I_1}{\Delta t} = 1 \times \dfrac{10-5}{0.1} = 50\,[\text{V}]$

23 $B = \mu H = \mu_0 \mu_R H = 4\pi \times 10^{-7} \times 1 \times 10^5 = 0.1256\,[\text{Wb/m}^2]$

　　　$V = Blv\sin\theta = 0.1256 \times 40 \times 10^{-2} \times 25 \times 1 \fallingdotseq 1.26\,[\text{V}]$

24 유기기전력 $e = l[v \times B] = Blv\sin\theta = 1 \times 0.5 \times 25 \times \sin 90^o = 12.5\,[\text{V}]$

25 자속밀도 B [Wb/m²] 중 길이 l [m]의 도체가 B에 직각으로 v[m/s]의 속도로 운동할 때 도선에 유기되는 기전력 [V]은?

① $\dfrac{Bv}{l}$

② Blv

③ $\dfrac{1}{Blv}$

④ $\dfrac{v}{Bl}$

26 공기 중에서 자속밀도가 3[Wb/m²]인 평등 자기장 중에 길이 10[cm]의 직선 도선을 자기장의 방향과 직각으로 놓고 여기에 4[A]의 전류를 흐르게 하면 도선이 받은 힘은 얼마가 되겠는가?

① 1.2[N]

② 2.4[N]

③ 3[N]

④ 12[N]

---

25 유기기전력 $e = l[v \times B] = Blv\sin\theta = Blv\,[\mathrm{V}]$

26 플레밍의 왼손법칙

$F = l[I \times B] = BIl\sin\theta\,[N]$ 에서

$F = BIl\sin\theta = 3 \times 4 \times 0.1 \times \sin 90° = 1.2[N]$

27 다음 중 유기기전력과 관계가 깊은 것은?

① 쇄교 자속수에 비례한다.
② 시간에 비례한다.
③ 쇄교 자속수의 변화에 비례한다.
④ 쇄교 자속수에 반비례한다.

28 진공 중에서 파장이 60[m]인 전파의 주파수는?

〈SH서울주택도시공사〉

① 1[MHz]　　　　　　　　　　② 2[MHz]
③ 3[MHz]　　　　　　　　　　④ 4[MHz]
⑤ 5[MHz]

ANSWER | 27.③ 28.⑤

27　패러데이의 법칙

유기기전력 $e = -\dfrac{\partial \varnothing}{\partial t}\,[V]$ 이므로 쇄교 자속수의 변화에 비례한다.

28　$v = \lambda \cdot f = 3 \times 10^8 [m/\sec]$ 이므로

$f = \dfrac{3 \times 10^8}{\lambda} = \dfrac{3 \times 10^8}{60} = 5 \times 10^6 [Hz] = 5[MHz]$

02

회로

01 직류

1 전류(I[A])

단위시간에 이동한 전기량을 말한다.

단위는 암페어 [A]

전류 $I = \dfrac{Q}{t}$ 이므로 전기량 $Q = I \cdot t \ [C]$

전하가 시간적으로 변한다면 $i(t) = \dfrac{dq(t)}{dt}$ [A]

따라서 t초 동안에 이동한 전기량은 이렇게 표현된다.

$q(t) = \displaystyle\int_{0}^{t} i(t)dt$ [C]

1[A]란 1초 동안 1[C]의 전하가 이동했을 때의 전류를 말한다.

Q 예제문제 _ 01

$i = 2t^2 + 8t$[A]로 표시되는 전류가 도선에 3[s] 동안 흘렀을 때 통과한 전 전기량은 몇[C]인가?

✔ $i = \dfrac{dq}{dt}$

$Q = \displaystyle\int i\,dt$

$\quad = \displaystyle\int_{0}^{3}(2t^2 + 8t)\,dt = \left[\dfrac{2}{3}t^3 + \dfrac{8}{2}t^2\right]_{0}^{3}$

$\quad = \dfrac{2}{3}\times 3^2 + 4\times 3^2 = 18 + 36 = 54 \ [C]$

Q 실전문제 _ 01   전북개발공사

$i = 3000(2t + 3t^2)[A]$의 전류가 어떤 도선을 2[s] 동안 흘렀다. 통과한 전기량은 몇 [Ah]인가?

① 10   ② 12

③ 15   ④ 36

✔ $Q = \displaystyle\int_{0}^{2} 3000(2t + 3t^2)\,dt = 3000\left[t^2 + t^3\right]_{0}^{2} = 36000[C]$

단위 $C = A \cdot \sec$이고 1시간은 3600sec 이므로

36000[C] = 10[Ah]

답 ①

② 전압(V[V])

움직이는 전하는 에너지를 전송하고 있는 것인데 임의의 두 점에 위치한 단위전하가 이동할 때 에너지 차이가 나는 것을 전위 또는 전압이라고 한다.

$V = \dfrac{W}{Q}$ [$J/C = V$] 즉 $W = Q \cdot V$[J]

에너지(일)의 단위는 주울[J]이며 1[J]이란 1[N]의 힘으로 1[m] 이동시키는 에너지의 크기이다.

전기량이 시간적으로 변한다면 $v(t) = \dfrac{dw(t)}{dq}$ [V]

1[V]란 두 점 사이를 1[C]의 전하가 이동하는 데 필요한 에너지가 1[J]일 때 전위차를 말한다.

③ 전기저항 R[Ω]

$R = \rho\dfrac{L}{A}$[Ω] 도체의 저항은 도체의 길이 L에 비례하고 단면적 A에 반비례한다.

단위는 [Ω] ohm 옴
고유저항 또는 저항률 : ρ [$\Omega \cdot m$]
고유저항의 역수는 도전률 : k [$\dfrac{1}{\Omega m} = \dfrac{\mho}{m} = \dfrac{S}{m}$]이다.

Q 실전문제 _ 02   대전시설관리공단

전선을 균일하게 3배의 길이로 당겨 늘였을 때 전선의 체적이 불변이라면 저항은 몇 배가 되겠는가?

① 3배   ② 1/3배
③ 6배   ④ 9배

✔ 전선의 체적 $V = \pi r^2 l$ 체적이 일정하게 길이를 3배 늘이면 단면적 πr^2은 1/3로 감소한다.

$R = \rho\dfrac{l}{A} \Rightarrow \rho\dfrac{3l}{\dfrac{A}{3}} = 9\rho\dfrac{l}{A}$ [Ω]으로 9배로 저항이 증가한다.

 ④

---

(1) 저항의 접속

① **직렬접속** … 전류가 일정하고 전압이 저항의 크기에 비례해서 나뉜다.

$$V = IR, \quad V_1 + V_2 = I_1 R_1 + I_2 R_2$$

R_1 R_2

$\longleftarrow R_1 \longrightarrow$ $\longleftarrow R_2 \longrightarrow$

$\longleftarrow \qquad\qquad R \qquad\qquad \longrightarrow$

    ㉠ **합성저항** : $R_n = R_1 + R_2 + R_3 + \cdots + R_n\,[\Omega] \quad R = \sum_{k=1}^{n} R_k$

    $R = R_1 + R_2$
    직렬회로에서 합성저항은 직렬회로에 연결된 모든 저항의 합과 같다.

    ㉡ **전류** : $I = \dfrac{E}{R} = \dfrac{E}{R_1 + R_2}\,[\text{A}]$

    ㉢ **전압 분배의 법칙** : 전압은 저항과 비례하므로 큰 저항에 큰 전압이 걸린다.

    $E_1 = IR_1 = \dfrac{R_1}{R_1 + R_2} E \,[\text{V}]$

    $E_2 = IR_2 = \dfrac{R_2}{R_1 + R_2} E \,[\text{V}]$

② **병렬접속** … 전압이 일정하고 전류가 나뉜 것이므로 $V = V_1 = V_2$가 되고 전류는 $I = I_1 + I_2$가 된다. 따라서 $I = \dfrac{V}{R} = \dfrac{V_1}{R_1} + \dfrac{V_2}{R_2}$가 되어 V를 소거하면 $\dfrac{1}{R} = \dfrac{1}{R_1} + \dfrac{1}{R_2}$ 즉, 저항은 병렬회로에서 작아지게 된다. 단면적이 커지는 것과 같기 때문이다.

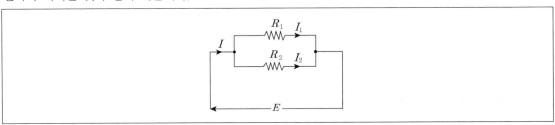

    ㉠ **합성저항** $R\,[\Omega]$: $R_n = \dfrac{1}{\dfrac{1}{R_1} + \dfrac{1}{R_2} + \dfrac{1}{R_3} + \cdots + \dfrac{1}{R_n}}\,[\Omega]$

    $\dfrac{1}{R} = \dfrac{1}{R_1} + \dfrac{1}{R_2} \Rightarrow R = \dfrac{1}{\dfrac{1}{R_1} + \dfrac{1}{R_2}} = \dfrac{R_1 R_2}{R_1 + R_2}$

ⓒ 전류 I[A]

$$I = \frac{E}{R} = \frac{E}{\dfrac{R_1 R_2}{R_1 + R_2}} \ [A]$$

전류 분배의 법칙 전류와 저항은 반비례하므로 작은 저항에 큰전류가 흐른다 .

$$I_1 = \frac{E}{R_1} = \frac{RI}{R_1} = \frac{R_2}{R_1 + R_2} I \ [A]$$

$$I_2 = \frac{E}{R_2} = \frac{RI}{R_2} = \frac{R_1}{R_1 + R_2} I \ [A]$$

ⓒ 전압 E[V] : 병렬회로에서 저항의 양단에 걸리는 전압은 같다

$$E = IR = I_1 R_1 = I_2 R_2 \ [V]$$

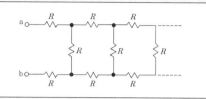

④ 키르히호프의 법칙

(1) 제1법칙(KCL : 전류법칙)

임의의 절점(node)에서 유입, 유출하는 전류의 합은 같다.

$$\sum_{k=1}^{n} I_k = 0$$

$$I_1 - I_2 - I_3 + I_4 - I_5 = 0$$

(2) 제2법칙(KVL : 전압법칙)

임의의 폐루프 내에서 기전력의 합은 전압강하의 합과 같다.

$$\sum_{k=1}^{n} V_k = \sum_{k=1}^{m} I_k R_k$$

Q 실전문제 _ 04   인천교통공사

어떤 회로망 중에서 임의의 한 접속점에 유입되는 전류의 합은 유출되는 전류의 합과 같다는 것은?

① 키르히호프(Kirchhoff) 법칙이다.   ② 중첩의 원리이다.
③ 테브낭(Thevenin)의 정리이다.   ④ 노오튼(Norton)의 정리이다.
⑤ 패러데이(Faraday)의 법칙이다.

✔ 키르히호프의 법칙 제1법칙(KCL : 전류법칙)으로 임의의 절점(node)에서 유입, 유출하는 전류의 합은 같다.
　중첩의 원리, 테브낭의 정리, 노오튼의 정리는 선형회로망에서 적용하는 원리이고 패러데이의 법칙은 전자유도에 관한 법칙이다.

답 ①

5 분류기와 배율기

(1) 분류기

전기회로에서 분류기라면 전류계의 허용 전류 크기보다 큰 전류값을 측정하고자 할 때 쓴다.

$$(I_1 < I_2)$$

$$I_2 = I_1 + I_{Rm} = \frac{V}{r} + \frac{V}{R_m} = \frac{V}{r}\left(1 + \frac{r}{R_m}\right)$$

R_m : 분류기 저항 r : 전류계 내부저항

따라서 만약 전류계가 허용하는 전류 I_1의 m배의 전류 I_2를 흘려보내려면

$I_2 = mI_1$ 즉 $m = 1 + \frac{r}{R_m}$ 이 되어 $R_m = \frac{r}{m-1}$ 으로 된다.

100배의 전류를 흘리려면 분류기 외부에는 전류계 내부저항의 1/99배의 저항이 병렬로 연결되면 측정할 수가 있게 된다.

(2) 배율기

배율기는 낮은 전압계로 높은 전압을 측정하기 위해서 전압계와 직렬로 접속하는 저항을 의미한다.
전압계의 배율기 구하기 : 배율기 = (n−1) × 내부저항
즉, 분류기와는 반대로 전압계보다 큰 스케일의 전압을 측정하고자 할 때에는 내부저항보다 m−1만큼 큰 저항을 외부에 걸면 되는 것이다.

$$(V_1 < V_2)$$

$$V_2 = I \cdot r + I \cdot R_m = I \cdot r\left(1 + \frac{R_m}{r}\right)[\mathrm{V}]$$

$V_2 = mV$ 에서 $m = 1 + \frac{R_m}{r}$ 이므로

$R_m = (m-1)r$ 즉 외부에는 전압계 내부저항의 m−1배의 큰 저항을 연결해서 큰 전압을 구할 수가 있다.

R_m : 배율기 저항

r : 전압계 내부저항

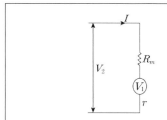

Q 예제문제 _03

분류기를 사용하여 전류를 측정하는 경우 전류계의 내부 저항 0.12[Ω], 분류기의 저항이 0.04[Ω]이면 그 배율은?

✔ $m = 1 + \frac{Rm}{r} = 1 + \frac{0.12}{0.04} = 4$배

기출예상문제

1 다음 회로에서 전압계의 지시가 6[V]였다면 AB사이의 전압[V]은?

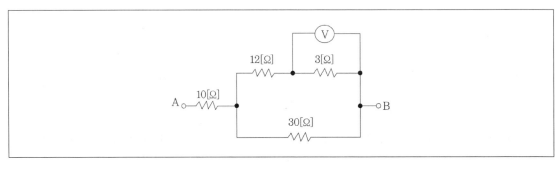

① 15
② 20
③ 30
④ 60

2 전선을 균일하게 3배의 길이로 당겨 늘렸을 때 체적이 불변이라면 저항은 몇 배인가?

① 3배
② 6배
③ 9배
④ 12배

✅ ANSWER | 1.④ 2.③

1 3[Ω]에 걸린 전압이 6[V]이면 12[Ω]에 걸린 전압은 24[V]가 되며, 12[Ω]과 3[Ω] 직렬 접속에 걸린 전압은 30[V]가 된다.
또 한 15[Ω]과 30[Ω] 병렬 접속에서 합성 저항은 10[Ω]이 되므로 여기에 걸린 전압이 30[V]이므로 또 다른 10[Ω]에 걸린 전압도 30[V]가 되므로 결국 AB 사이의 전압은 60[V]가 된다.

2 저항은 길이에 비례하고 단면적에 반비례한다. 여기서 단면적이 $\frac{1}{3}$ 로 변하고 길이가 3배로 되었으므로

$$R = \rho \frac{l}{A} = \rho \frac{3}{\frac{1}{3}} = 9배가 된다.$$

3 5[Ω]의 저항 10개를 직렬로 연결한 경우의 합성저항은 병렬로 연결한 경우의 몇 배인가?

① 40배　　　　　　　　　　　　② 60배

③ 80배　　　　　　　　　　　　④ 100배

4 임의의 한점에 유입하는 전류의 대수합이 0이 되는 법칙은?

① 비오-사바르의 법칙　　　　　　② 플래밍의 법칙

③ 키르히호프의 법칙　　　　　　④ 렌츠의 법칙

5 20[Ω]의 저항에 5[A]의 전류가 흐를 경우 발생하는 전압강하는?

① 50[V]　　　　　　　　　　　② 100[V]

③ 200[V]　　　　　　　　　　　④ 500[V]

✅ ANSWER | 3.④ 4.③ 5.②

3 저항을 직렬로 연결했을 때의 합성저항은 500[Ω]이고, 병렬로 연결했을 때의 합성저항은 5[Ω]이므로 직렬연결했을 때의 저항이 100배 더 크다.

4 키르히호프의 법칙
　㉠ 제1법칙 : 임의의 한점에 유입되는 전류의 합은 유출되는 전류의 합과 동일하다.
　㉡ 제2법칙 : 임의의 폐회로 내의 일주방향에 따른 전압강하의 합은 기전력의 합과 동일하다.

5 옴의 법칙에 의해 $V = RI = 20 \times 5 = 100[V]$

6 2개의 저항 $R_1 = 5[\Omega]$, $R_2 = 8[\Omega]$이 병렬로 접속되어 있고 20[V]의 전압을 인가했을 때 전체 전류는 얼마인가?

① 4[A]   ② 2.5[A]

③ 6.5[A]   ④ 10[A]

7 일정 전압의 직류전원에 저항을 접속하고 전류를 흘릴 때 전류값을 30[%] 증가시키기 위한 저항값은 처음 저항의 몇 배인가?

① 0.77   ② 0.83

③ 1.3   ④ 1.7

8 0.25[℧]의 컨덕턴스 2개를 직렬 연결하여 10[A]의 전류를 흘리려 할 경우 인가해야 할 전압의 크기는?

① 20[V]   ② 40[V]

③ 80[V]   ④ 100[V]

Ⓒ **ANSWER** | 6.③   7.①   8.③

6 전체전류 $I = I_1 + I_2$이므로 먼저 I_1, I_2를 구해야 한다.

$I_1 = \dfrac{V}{R_1} = \dfrac{20}{5} = 4[A]$

$I_2 = \dfrac{V}{R_2} = \dfrac{20}{8} = 2.5[A]$

$I_1 + I_2 = 4 + 2.5 = 6.5[A]$

7 $R = \dfrac{V}{I}$에서 전류를 30[%] 증가시키는 저항을 R'라 하면 $R' = \dfrac{V}{1.3} \fallingdotseq 0.77\dfrac{V}{I}[\Omega]$

8 2개의 컨덕턴스이므로 합성 컨덕턴스는 $\dfrac{0.25}{2} = 0.125[℧]$

$V = IR = \dfrac{I}{G} = \dfrac{10}{0.125} = 80[V]$

9 다음 회로의 AB의 합성저항은?

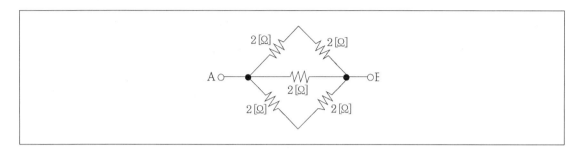

① 1[Ω]

② 2[Ω]

③ 4[Ω]

④ $\frac{1}{2}$[Ω]

10 220[V]에서 20[A]가 흐르는 전열기에 300[V]의 전압을 가할 경우 전류는?

① 20[A]

② 23[A]

③ 27[A]

④ 30[A]

ANSWER | 9.① 10.③

9   합성저항 $R_0 = \dfrac{1}{\dfrac{1}{4}+\dfrac{1}{2}+\dfrac{1}{4}} = 1\,[\Omega]$

10 $R = \dfrac{V}{I} = \dfrac{220}{20} = 11\,[\Omega]$

$I = \dfrac{V}{R} = \dfrac{300}{11} = 27.27 \fallingdotseq 27\,[A]$

11 다음 회로의 저항은?

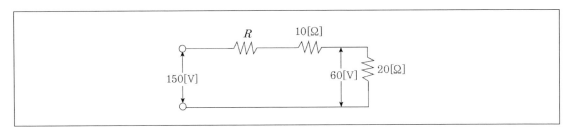

① 10[Ω]

③ 30[Ω]

② 20[Ω]

④ 0[Ω]

12 10[Ω]과 20[Ω]인 저항을 병렬로 연결한 후 50[A]의 전류를 흘렸을 경우 20[Ω]인 저항에 흐르는 전류는?

① 10[A]

③ 20[A]

② 17[A]

④ 34[A]

11 $I = \dfrac{V}{R} = \dfrac{60}{20} = 3\,[\mathrm{A}]$

합성저항 $R_0 = \dfrac{V}{I} = \dfrac{150}{3} = 50\,[\Omega]$

$50 = 10 + 20 + R$

$\therefore R = 20\,[\Omega]$

12 $I' = \dfrac{R_1}{R_1 + R_2} = \dfrac{10}{10 + 20} \times 50 = 16.6 \fallingdotseq 17\,[\mathrm{A}]$

13 다음 회로에서 15[Ω]의 저항에 흐르는 전류는?

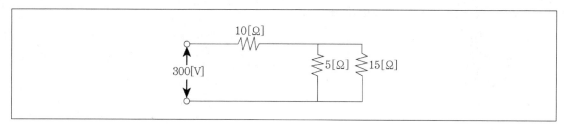

① 3[A]

② 6[A]

③ 9[A]

④ 10[A]

14 다음 회로에 흐르는 전류는?

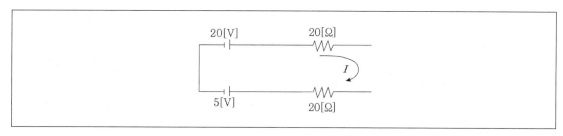

① 0.5[A]

② 1[A]

③ 5[A]

④ 10[A]

ⓒ **ANSWER** | 13.② 14.①

13

합성저항 $R_0 = R_1 + \dfrac{R_2 \cdot R_3}{R_2 + R_3} = 10 + \dfrac{5 \cdot 15}{5 + 15} = 13.75[\Omega]$

$I' = \dfrac{V}{R_o} \fallingdotseq 22[A]$

15[Ω]에 흐르는 전류 $I = \dfrac{5}{5 + 15} \times 22 = 5.5 \fallingdotseq 6[A]$

14 키르히호프의 제2법칙을 이용하여 계산하면

$\sum E = \sum IR$ 이므로

$20 - 5 = I(10 + 20)$

$15 = 30I$

$I = \dfrac{15}{30} = 0.5[A]$

15 기전력 1.5[V]인 전지의 두 극을 전선으로 연결하였더니 0.5[A]의 전류가 흘렀으며, 두 극의 전위차가 1[V]이었다. 이때 전지의 내부저항은 몇 [Ω]인가?

① 0.5

② 1

③ 2

④ 2.5

16 다음 중 도선의 저항에 대한 설명으로 옳은 것은?

① 도선의 길이에 비례하고, 직경에 반비례한다.

② 도선의 길이에 비례하고, 단면적에 반비례한다.

③ 도선의 직경에 비례하고, 길이에 반비례한다.

④ 도선의 직경에 비례하고, 단면적에 반비례한다.

17 기전력 2[V], 내부저항 0.5[Ω]인 전지 2개를 직렬로 연결한 후 다시 다른 전지 2개를 병렬로 연결한 끝에 1.5[Ω]의 외부저항을 접속하였을 경우 부하전류는?

① 1[A]

② 1.6[A]

③ 2[A]

④ 4[A]

ANSWER |15.② 16.② 17.③

15 전지의 전압강하= 기전력−두 극의 전위차= 1.5 − 1 = 0.5[V]

전지의 내부저항= $\dfrac{V}{I} = \dfrac{0.5}{0.5} = 1[\Omega]$

16 $R = \rho \dfrac{l}{S} =$ 고유저항 $\times \dfrac{길이}{단면적}$

17 부하전류 $= \dfrac{직렬개수 \times 한\ 개의\ 전압}{\dfrac{직렬개수}{병렬개수} \times 한\ 개의\ 내부저항 + 부하저항}$

$= \dfrac{2 \times 2}{\dfrac{2}{2} \times 0.5 + 1.5} = 2[A]$

18 내부저항이 2[Ω]인 건전지 10개를 병렬로 연결하고, 이것을 다시 직렬로 5개 연결한 전원이 있다. 이 전원의 내부저항은 얼마인가?

① 1[Ω] ② 2[Ω]
③ 3[Ω] ④ 4[Ω]

19 기전력 1.5[V], 내부저항 0.15[Ω]의 전지가 30개 있다. 최대 전류를 흐르게 하려면 어떻게 접속하여야 하는가? (단, 부하저항 = 1[Ω])

① 병렬로 3개씩 접속하여 10조를 직렬로 접속한다.
② 직렬로 2개씩 접속하여 15조를 병렬로 접속한다.
③ 직렬로 10개씩 접속하여 3조를 병렬로 접속한다.
④ 직렬로 15개씩 접속하여 2조를 병렬로 접속한다.

ANSWER | 18.① 19.④

18 병렬접속시 내부저항 = $\dfrac{전지\ 1개의\ 내부저항}{전지의\ 개수} = \dfrac{2}{10} = 0.2[\Omega]$

직렬접속시 내부저항 = 전지개수 × 전지 1개의 내부저항 = $5 \times 0.2 = 1[\Omega]$

합성 내부저항 = $\dfrac{n}{m}r = \dfrac{5}{10} \times 2 = 1[\Omega]$

19 최대전류를 흐르게 하려면 합성저항이 최소가 되어야 한다.
따라서 주어진 예시의 저항을 구하면
㉠ 내부저항 r, 부하저항 R

$\dfrac{r}{3} \times 10 + R = \dfrac{0.15}{3} \times 10 + 1 = 1.5[\Omega]$

기전력은 $10E = 15[V]$, $I = \dfrac{E}{R_o} = \dfrac{15}{1.5} = 10[A]$

㉡ $\dfrac{2r}{15} + R = \dfrac{2 \times 0.15}{15} + 1 = 1.02[\Omega]$

기전력은 $2E = 3[V]$, $I = \dfrac{E}{R_o} = \dfrac{3}{1.02} = 2.94[A]$

㉢ $\dfrac{10r}{3} + 1 = \dfrac{10 \times 0.15}{3} + 1 = 1.5[\Omega]$

기전력은 $10E = 15[V]$, $I = \dfrac{E}{R_o} = \dfrac{15}{1.5} = 10[A]$

㉣ $\dfrac{15r}{2} + 1 = \dfrac{15 \times 0.15}{2} + 1 = 2.125[\Omega]$

기전력은 $15E = 22.5[V]$, $I = \dfrac{E}{R_o} = \dfrac{22.5}{2.125} = 10.58[A]$

20 기전력 E, 내부저항 r인 전지 n개가 직렬로 접속되어 있다. 여기에 외부저항 R을 직렬로 접속했을 때 흐르는 전류는?

① $I = \dfrac{E}{\dfrac{R}{n} + r}$ ② $I = \dfrac{E}{R + \dfrac{r}{n}}$

③ $I = \dfrac{E}{R + nr}$ ④ $I = \dfrac{E}{nR + r}$

21 기전력이 2[V], 용량이 10[Ah]인 축전지를 6개 직렬로 연결하여 사용할 때의 기전력이 12[V]일 경우 용량은?

① 60[Ah]   ② $\dfrac{10}{6}$[Ah]

③ 120[Ah]   ④ 10[Ah]

22 기전력이 E, 내부저항 r인 건전지가 n개 직렬로 연결되었을 때 내부저항과 기전력은?

① $nE, \dfrac{r}{n}$ ② $nr, \dfrac{E}{n}$

③ nE, nr ④ $nE, \dfrac{n}{r}$

ⓥ **ANSWER** | 20.① 21.④ 22.③

20 $I = \dfrac{nE}{nr + R} = \dfrac{E}{r + \dfrac{R}{n}}$

21 $Q = Q_1 = Q_2$ 직렬에서는 Q가 동일하다.

22   합성 기전력 = 직렬개수×한 개의 기전력 = nE
합성 내부저항 = 직렬개수×한 개의 내부저항 = nr

23 다음 중 기전력이 E[V], 내부저항이 r[Ω]인 전지에 부하저항 R[Ω]을 접속했을 때 흐르는 전류 I는 몇 [A]인가?

① $\dfrac{E}{R+r}$　　　　　　　　　② $\dfrac{rE}{R+r}$

③ $\dfrac{RE}{R+r}$　　　　　　　　　④ $\dfrac{E}{R-r}$

24 100[V], 100[W] 전구의 저항은 몇 [Ω]인가?

① 1,000[Ω]　　　　　　　　② 100[Ω]

③ 10[Ω]　　　　　　　　　④ 1[Ω]

25 최대눈금 300[V], 내부저항 30[kΩ], 최대눈금 150[V], 내부저항 18[kΩ]인 두 전압계를 직렬로 접속하면 최대 몇 [V]까지 측정할 수 있는가?

① 450[V]　　　　　　　　② 400[V]

③ 300[V]　　　　　　　　④ 250[V]

✅ **ANSWER** | 23.① 24.② 25.②

23 부하저항에 흐르는 전류 $I = \dfrac{\text{기전력 } E}{\text{전지의 내부저항 } r + \text{부하저항 } R}$

24 전기저항 $R = \dfrac{(\text{전압})^2}{\text{전력}} = \dfrac{100^2}{100} = 100\,[\Omega]$

25 $I_1 = \dfrac{V}{r_{v1}} = \dfrac{300}{30,000} = 1 \times 10^{-2}\,[\text{A}]$

$I_2 = \dfrac{V}{r_{v2}} = \dfrac{150}{18,000} = \dfrac{25}{3} \times 10^{-3}\,[\text{A}]$

$V_m = I_2(r_{v1} + r_{v2}) = \dfrac{25}{3} \times 10^{-3} \times (30,000 + 18,000) \fallingdotseq 400\,[\text{V}]$

26 최대눈금이 150[V], 내부저항이 10[kΩ], 그리고 최대눈금이 150[V], 내부저항이 15[kΩ] 두 전압계가 있다. 두 전압계를 직렬로 접속하여 사용하면 몇 [V]까지 측정할 수 있는가?

① 200[V]
② 250[V]
③ 300[V]
④ 375[V]

27 어떤 부하에 흐르는 전류와 전압강하를 측정하려고 할 때 전류계와 전압계의 접속방법은?

① 전류계와 전압계를 부하에 모두 직렬로 접속한다.
② 전류계와 전압계를 부하에 모두 병렬로 접속한다.
③ 전류계는 부하에 직렬, 전압계는 부하에 병렬로 접속한다.
④ 전류계는 부하에 병렬, 전압계는 부하에 직렬로 접속한다.

28 분류기를 사용하여 전류를 측정하는 경우 전류계의 내부저항이 0.12[Ω], 분류기의 저항이 0.03[Ω]일 때 그 비율은?

① 6
② 5
③ 4
④ 3

26
$$I_1 = \frac{V}{r_{v1}} = \frac{150}{10,000} = 0.015\,[\text{A}]$$
$$I_2 = \frac{V}{r_{v2}} = \frac{150}{15,000} = 0.01\,[\text{A}]$$
$$V_m = I_2(r_{v1} + r_{v2}) = 0.01(10,000 + 15,000) = 250\,[\text{V}]$$

27 전류계와 전압계
ㄱ 전류계 : 전류의 세기를 측정하기 위해 사용하며 회로에 직렬로 연결한다.
ㄴ 전압계 : 회로에 걸리는 전압을 측정하기 위해 사용하며 회로에 병렬로 연결한다.

28
$$배율 = \left(1 + \frac{전류계의\ 내부저항}{분류기\ 저항}\right) = \left(1 + \frac{0.12}{0.03}\right) = 5$$

29 다음 회로에서 I_3을 구하면?

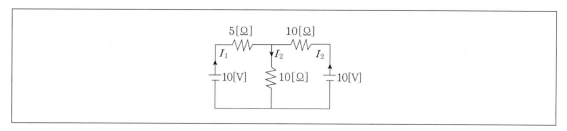

① 0.25[A]

② 0.5[A]

③ 0.75[A]

④ 1[A]

30 10[Ω]의 저항을 가진 10[mA]의 전류계에 5[Ω]의 분류기를 달았을 경우 최대 몇 [mA]까지 측정할 수 있는가?

① 10[mA]

② 20[mA]

③ 30[mA]

④ 40[mA]

29 중첩의 정리를 이용해서 구하면

왼쪽의 전압원만 있는 경우 오른쪽 전압원은 단락시킨다.

따라서 $I_1 = \dfrac{10}{5 + \dfrac{10 \times 10}{10 + 10}} = 1[\text{A}]$ 이고, $I_{3a} = \dfrac{1}{2} = 0.5[\text{A}]$

오른쪽의 전압원만 있는 경우 왼쪽의 전압원은 단락시킨다.

따라서 $I_2 = \dfrac{10}{10 + \dfrac{5 \times 10}{5 + 10}} = 0.75[\text{A}]$, $I_{3b} = \dfrac{5}{5 + 10} \times 0.75 = 0.25[\text{A}]$

$I_3 = I_{3a} + I_{3b} = 0.5 + 0.25 = 0.75[\text{A}]$

30 $I = \left(1 + \dfrac{r_a}{R_s}\right) I_A = \left(1 + \dfrac{10}{5}\right) \times 10 = 30[\text{mA}]$

31 50[V]의 전압계로 150[V]의 전압을 측정하려면 몇 [kΩ]의 저항을 외부에 접속해야 하는가? (단, 전압계의 내부저항은 5[kΩ]이다)

① 5[kΩ]   ② 10[kΩ]

③ 15[kΩ]   ④ 20[kΩ]

32 크기가 모두 50[Ω]인 저항 4개를 병렬로 연결하였을 경우 합성저항의 크기[Ω]는?

〈한국가스기술공사〉

① 12.5   ② 25

③ 50   ④ 100

⑤ 200

ANSWER | 31.② 32.①

31 $R_m = r_v(m-1) =$ 전압계의 내부저항(배율-1)$= 5\left(\dfrac{150}{50}-1\right)= 10\,[\mathrm{k}\Omega]$

32 저항이 병렬이므로 $R_o = \dfrac{r}{4} = \dfrac{50}{4} = 12.5\,[\Omega]$

33 다음 회로에서 I_2에 흐르는 전류는 몇 [A]인가?

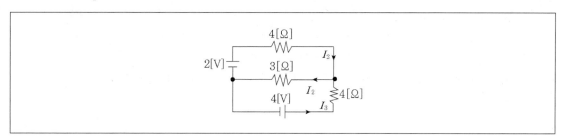

① 0.05[A] ② 0.6[A]

③ 0.55[A] ④ 0.3[A]

34 100[V], 500[W] 전기다리미의 저항의 크기는 얼마인가?

① 0.2[Ω] ② 5[Ω]

③ 20[Ω] ④ 40[Ω]

✓ ANSWER | 33.② 34.③

33 키르히호프의 법칙을 적용한다.

$I_1 = I_2 - I_3$ .... ㉠

$2 = 4I_1 + 3I_2$ .... ㉡

$4 = 3I_2 + 4I_3$ .... ㉢

㉠을 ㉡식에 대입하면

$2 = 4(I_2 - I_3) + 3I_2$

$2 = 7I_2 - 4I_3$ .... ㉣

㉢과 ㉣을 계산하면

$4 = 3I_2 + 4I_3$

$+ \ ) \ 2 = 7I_2 - 4I_3$

$\overline{6 = 10I_2}$

$\therefore I_2 = \dfrac{6}{10} = 0.6\,[A]$

34 $R(\text{전기저항}) = \dfrac{(\text{전압})^2}{\text{전력}} = \dfrac{100^2}{500} = 20\,[\Omega]$

35 키르히호프의 법칙에 관한 설명 중 옳지 않은 것은?

① 폐회로망의 기전력의 대수합과 전압강하의 대수합은 같다.
② 전류의 방향을 잘못 결정하면 정답의 부호가 바뀐다.
③ 임의의 접속점에 출입하는 전류의 대수합은 '0'이다.
④ 임의의 폐회로를 생각할 때 폐회로 중의 전압강하의 대수합은 전압의 총합과 같다.

36 다음과 같은 회로망에 있어서 전류를 산출하는 데 옳은 식은?

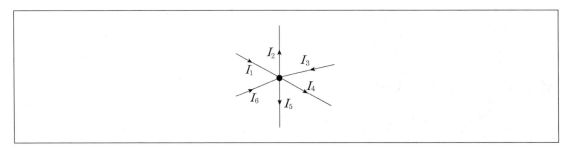

① $I_1 + I_3 + I_6 = I_2 + I_4 + I_5$

② $I_2 + I_3 + I_6 = I_1 + I_4 - I_5 - I_6$

③ $I_1 + I_2 + I_3 = I_4 + I_5 + I_6$

④ $I_2 + I_4 + I_6 = I_1 + I_3 + I_5$

ANSWER | 35.④ 36.①

35 ④ 폐회로 내의 전압강하의 합은 기전력의 합과 동일하다.

36 키르히호프의 제1법칙에서 들어오는 전류의 합과 나가는 전류의 합은 동일하므로
$I_1 + I_3 + I_6 = I_2 + I_4 + I_5$

37 어떤 전지의 외부 회로 저항은 5[Ω]이고 전류는 8[A]가 흐른다. 외부 회로에 5[Ω]대신 15[Ω]의 저항을 접속하면 전류는 4[A]로 떨어진다. 이 때 전지의 기전력은 몇 [V]인가?

〈인천교통공사〉

① 80

② 60

③ 15

④ 30

⑤ 45

38 다음과 같은 저항회로에서 3[Ω]의 저항의 지로에 흐르는 전류가 2[A]이다. 단자 a−b간의 전압강하는 얼마인가?

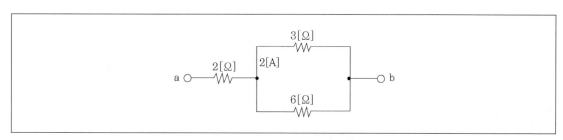

① 8[V]

② 10[V]

③ 12[V]

④ 14[V]

37 전지는 내부저항을 고려한다.
$E = (r+5) \times 8 = (15+r) \times 4 [V]$ 이므로
$2r + 10 = r + 15$ 에서 $r = 5[\Omega]$, 따라서 기전력 $E = 80[V]$

38 3[Ω]에 걸리는 전압 $V_3 = IR = 2 \times 3 = 6[V]$
6[Ω]에 흐르는 전류 $I_6 = \dfrac{V}{R} = \dfrac{6}{6} = 1[A]$
2[Ω]에 흐르는 전류 $I_2 = 2 + 1 = 3[A]$
2[Ω]에 걸리는 전압 $V_2 = IR = 2 \times 3 = 6[V]$
a−b 간 전압 $V_2 + V_3 = 6 + 6 = 12[V]$

39 저항 R_1 [Ω]과 R_2 [Ω]를 직렬로 접속하고, V [V]의 전압을 가할 때 저항 R_1 양단의 전압은?

① $\dfrac{R_1}{R_1 + R_2} V$

② $\dfrac{R_1 R_2}{R_1 + R_2} V$

③ $\dfrac{R_2}{R_1 + R_2} V$

④ $\dfrac{R_1 + R_2}{R_1 R_2} V$

40 저항 R 두 개를 직렬연결한 합성저항은 병렬로 연결한 합성저항의 몇 배인가?

〈대구시설공단〉

① 1배

② 2배

③ 3배

④ 4배

⑤ 8배

41 다음과 같은 직·병렬회로에서 30[Ω]의 저항에 흐르는 전류는 몇 [A]인가?

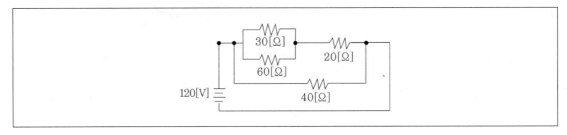

① 4[A]

② 3[A]

③ 2[A]

④ 1[A]

Ⓒ **A N S W E R** | 39.① 40.④ 41.③

39 R_1 양단의 전압 $V_1 = \dfrac{R_1}{R_1 + R_2} V$ [V]

40 직렬 2R, 병렬 R/2이므로 직렬연결은 병렬연결의 4배이다.

41 $R_{윗줄} = \dfrac{30 \times 60}{30 + 60} + 20 = 40[\Omega]$, $R_{아랫줄} = 40[\Omega]$ 이므로 전체 합성저항은 20[Ω]

전전류는 $I = \dfrac{E}{R} = \dfrac{120}{20} = 6[A]$

$R_{윗줄}$에 흐르는 전류 3[A], $R_{아랫줄}$에 흐르는 전류 3[A]

따라서 30[Ω]에 흐르는 전류는 $I_{30} = \dfrac{60}{30 + 60} \times 3 = 2[A]$

42 다음과 같은 회로에서 AB점에 흐르는 전전류는 얼마인가? (단, AB 사이에 가하는 전압 = 50[V])

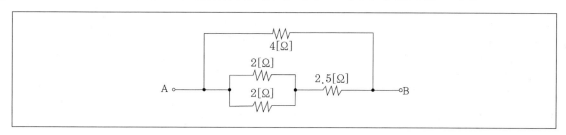

① 10[A]
② 20[A]
③ 25[A]
④ 30[A]

43 다음 회로에 전압 100[V]를 가할 때 10[Ω]의 저항에 흐르는 전류는 얼마인가?

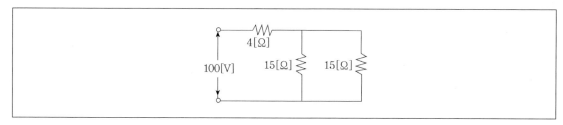

① 4[A]
② 6[A]
③ 8[A]
④ 10[A]

42
$$R = \frac{\left(\frac{2 \times 6}{2+6} \times 2.5\right) \times 4}{\left(\frac{2 \times 6}{2+6} + 2.5\right) + 4} \fallingdotseq 2[\Omega]$$

$$I = \frac{V}{R} = \frac{50}{2} = 25[A]$$

43
10[Ω], 15[Ω]의 합성저항 $R = \frac{10 \times 15}{10 + 15} = 6[\Omega]$

R_T(전체합성저항) $= 4 + 6 = 10[\Omega]$

I(전체전류) $= \frac{100}{10} = 10[A]$

10[Ω]에 흐르는 전류 $I = \frac{15}{10 + 15} \times 10 = 6[A]$

44 10[Ω]과 15[Ω]의 저항을 병렬로 연결하여 50[A]의 전류를 흘렸을 때 저항 15[Ω]에 흐르는 전류는?

① 10[A]

② 20[A]

③ 30[A]

④ 40[A]

45 저항 R_1, R_2가 병렬일 때 전 전류를 I라 하면 R_2에 흐르는 전류는?

① $\dfrac{R_1 R_2}{R_1 + R_2} I$

② $\dfrac{R_1 + R_2}{R_1 R_2} I$

③ $\dfrac{R_2}{R_1 + R_2} I$

④ $\dfrac{R_1}{R_1 + R_2} I$

✅ ANSWER | 44.② 45.④

44 $I_2 = \dfrac{R_1}{R_1 + R_2} I = \dfrac{10}{10 + 15} \times 50 = 20 \,[\text{A}]$

45 병렬회로는 전압이 일정하므로

$V_1 = V_2 = V$

$V_2 = V$, $I_2 R_2 = RI = \dfrac{R_1 R_2}{R_1 + R_2} I$ 이므로

$I_2 = \dfrac{R_1}{R_1 + R_2} I \,[\text{A}]$

46 다음과 같은 회로에서 6[Ω]의 저항에 흐르는 전류 I_2 [A]의 값으로 옳은 것은?

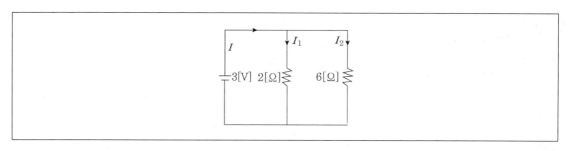

① 2[A]

② 1.5[A]

③ 1[A]

④ 0.5[A]

47 어떤 전압계의 측정범위를 100배로 하려고 할 경우 배율기의 저항은 전압계의 내부저항의 몇 배로 하여야 하는가?

① 10

② 50

③ 100

④ 99

ⓒ ANSWER | 46.④ 47.④

46 병렬에서는 전압이 동일하므로 두 개에 저항에는 각각 3[V]가 걸린다.

$I_2 = \dfrac{V}{R} = \dfrac{3}{6} = 0.5\,[A]$

47 $R_m = r_v(m-1) = 100 - 1 = 99$ 배

01. 직류 **171**

48 R [Ω]인 3개의 저항이 Δ 결선으로 되어 있을 때 Y결선으로 환산하면 1상의 저항 [Ω]은?

① $\dfrac{R}{\sqrt{3}}$

② $\sqrt{3}\,R$

③ $3R$

④ $\dfrac{R}{3}$

49 다음 그림에서 c−d간의 합성저항은 a−b간 합성저항의 몇 배인가?

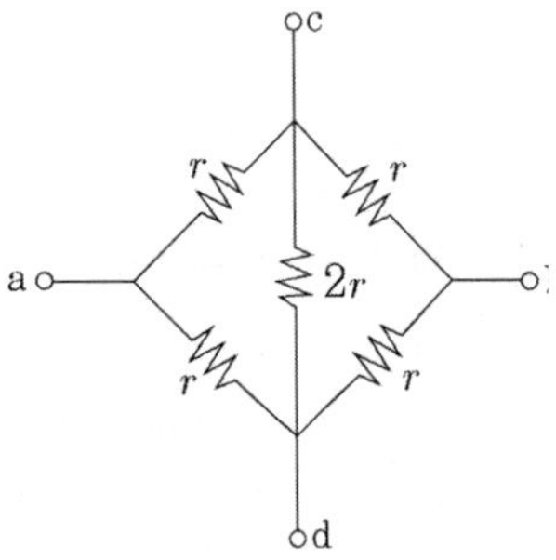

① $\dfrac{1}{2}$

② $\dfrac{2}{3}$

③ $\dfrac{4}{3}$

④ $\dfrac{15}{3}$

ANSWER | 48.④ 49.②

48 Δ 결선과 Y결선

㉠ Δ 결선 : 전원과 부하를 삼각형으로 계속하는 방식이다.

㉡ Y결선 : 전원과 부하를 Y형태로 접속하는 방식이다.

㉢ 변환방식

• Y−Δ : $Z_\Delta = 3Z_Y$

• Δ−Y : $Z_Y = \dfrac{Z_\Delta}{3}$

49 a−b간의 합성저항 $= r$

c−d간의 합성저항 $= \dfrac{2r}{3}$

$$\frac{\text{c−d간의 합성저항}}{\text{a−b간의 합성저항}} = \frac{\dfrac{2r}{3}}{r} = \frac{2}{3}$$

50 다음과 같이 동일한 저항을 삼각형으로 접속하여 100[V]를 소비할 때 1[A]의 전류가 흐른다면 저항 R의 값은?

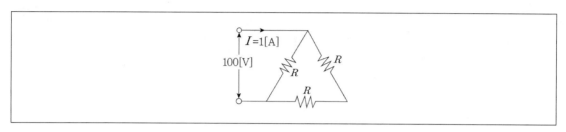

① 100[Ω]
② 150[Ω]
③ 200[Ω]
④ 250[Ω]

51 다음 회로에서 $V_L[V]$ 값을 구하시오.

〈부산환경공단〉

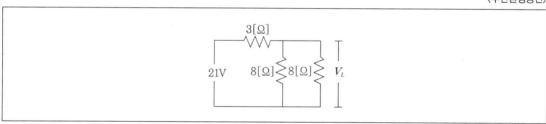

① 1
② 3
③ 9
④ 12
⑤ 21

Ⓥ **A N S W E R** | 50.② 51.④

50 합성저항 $= \dfrac{R \times 2R}{R + 2R} = \dfrac{2R^2}{3R} = \dfrac{2}{3}R$

$\dfrac{2R}{3} = \dfrac{E}{I}$

$R = \dfrac{3}{2} \times \dfrac{E}{I} = \dfrac{3}{2} \times \dfrac{100}{1} = 150[\Omega]$

51 병렬저항의 합성이 4[Ω]이므로

$V_L = \dfrac{4}{3+4} \times 21 = 12[V]$ 전압의 분배법칙

52 다음 브리지회로에서 a – b간의 합성저항은?

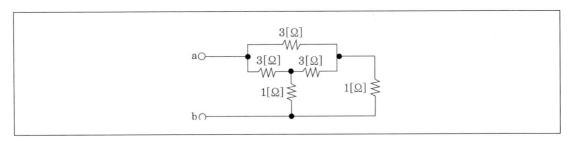

① 2[Ω]

② 4[Ω]

③ 6[Ω]

④ 8[Ω]

53 다음과 같은 회로에서 단자 a – b에서 본 합성저항은?

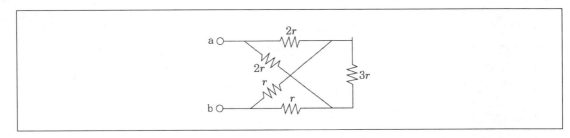

① r

② $\dfrac{3}{2}r$

③ $2r$

④ $3r$

---

52 브리지회로의 평형조건을 이용한다.
$$R = \frac{(3+1) \times (3+1)}{(3+1) + (3+1)} = \frac{16}{8} = 2[\Omega]$$

53 $R_0 = \dfrac{(2r+r) \times (2r+r)}{(2r+r) + (2r+r)} = \dfrac{9r^2}{6r} = \dfrac{3}{2}r$

54 다음의 회로에서 흐르는 전류 I는 몇 [A]인가?

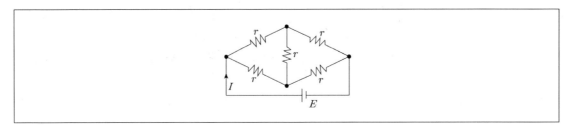

① $\dfrac{E}{r}$

② $\dfrac{E}{2r}$

③ $\dfrac{E}{4r}$

④ $\dfrac{E}{5r}$

55 10[Ω]의 저항 10개를 직렬로 연결한 경우의 합성저항은 병렬로 연결한 경우의 몇 배가 되는가?

① 5배

② 10배

③ 50배

④ 100배

54 $R_0 = \dfrac{(r+r) \times (r+r)}{(r+r) + (r+r)} = \dfrac{4r^2}{4r} = r\ [\Omega]$

$I = \dfrac{V}{R} = \dfrac{E}{r}$

55 직렬 합성저항 $R_s =$ 직렬개수×한 개의 저항 $= 10 \times 10 = 100[\Omega]$

병렬 합성저항 $R_p = \dfrac{\text{한 개의 저항}}{\text{병렬개수}} = \dfrac{10}{10} = 1[\Omega]$

$\dfrac{R_s}{R_p} = \dfrac{100}{1} = 100$배

56 다음 회로에서 a − b 간의 합성저항은?

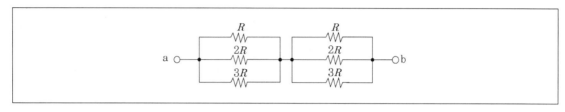

① R ② $2R$

③ $3R$ ④ $6R$

57 최대 눈금이 10[mA], 내부저항 10[Ω]의 전류계로 100[A]까지 측정하려면 몇 [Ω]의 분류기가 필요한가?

① 0.01   ② 0.05

③ 0.001   ④ 0.005

58 기전력이 3[V]이고 내부저항이 0.5[Ω]인 건전지 10개를 직렬로 접속하여 단락시키면 몇 [A]의 전류가 흐르는가?

① 30[A]   ② 6[A]

③ 3[A]   ④ 0.5[A]

✅ **ANSWER** | 56.① 57.③ 58.②

---

56 $R_{ab} = \dfrac{1}{\dfrac{1}{R} + \dfrac{1}{2R} + \dfrac{1}{3R}} + \dfrac{1}{\dfrac{1}{R} + \dfrac{1}{2R} + \dfrac{1}{3R}} = \dfrac{12R}{11} \fallingdotseq R$

57 최대눈금이 10[mA]인 전류계로 100[A]까지 10000배의 전류를 측정하려는 것이므로
분류계에는 전류계의 내부저항의 $\dfrac{1}{9999}$의 저항을 사용하면 된다.
전류계 내부저항이 10[Ω]이므로
$\dfrac{10}{9999} = 0.001[\Omega]$

58 전지의 직렬접속 $V_0 = nE$ (E : 전기 1개의 기전력)
내부저항 $r_0 = nr$ (n : 전지개수)
$I = \dfrac{E_0}{R + r} = \dfrac{nE}{nr} = \dfrac{30}{5} = 6[A]$

59 100[Ω]의 저항에 2[A]의 전류가 3분간 흘렀을 때 발생하는 열량은?

① 172[cal]

② 17.2[cal]

③ 24.4[cal]

④ 120[cal]

60 300[W]의 전열기를 정격상태에서 10분 사용한 경우 발열량은?

① 30.2[kcal]

② 21.6[kcal]

③ 43.2[kcal]

④ 47.9[kcal]

61 저항에 200[V]의 전압을 인가하였더니 5[A]의 전류가 흐르고 열량이 720[cal]가 발생하였을 때 전류가 저항을 흐른 시간은?

① 1[sec]

② 2[sec]

③ 3[sec]

④ 4[sec]

✔ ANSWER | 59.② 60.③ 61.③

59 $H = 0.24 I^2 Rt$
$= 0.24 \times 2^2 \times 100 \times 3 \times 60$
$= 17,280[\text{cal}] = 17.2[\text{kcal}]$

60 $H = 0.24 I^2 Rt$
$= 0.24 Pt$
$= 0.24 \times 300 \times 10 \times 60$
$= 43,200[\text{cal}]$
$= 43.2[\text{kcal}]$

61 $H = 0.24 VIt[\text{cal}]$에서 시간으로 변환하면
$t = \dfrac{H}{0.24 VI} = \dfrac{720}{0.24 \times 200 \times 5} = 3[\text{sec}]$

62 저항이 10[Ω]인 회로에 5[A]의 전류가 흐를 경우 3초 동안 발생하는 줄열은?

① 180[cal]
② 360[cal]
③ 500[cal]
④ 860[cal]

63 150[μF]의 콘덴서에 800[V]의 전압을 인가하였을 때 저항에 발생하는 열량은?

① 6[cal]
② 8[cal]
③ 12[cal]
④ 16[cal]

64 전구에 100[V]의 전압을 인가하면 5[A]의 전류가 흐를 때 전구의 소비전력은?

① 100[W]
② 250[W]
③ 300[W]
④ 500[W]

ANSWER | 62.① 63.③ 64.④

---

62 $Q = 0.24I^2Rt$
$= 0.24 \times 5^2 \times 10 \times 3$
$= 180\,[\text{cal}]$

63 $H = 0.24\dfrac{1}{2}CV^2$
$= 0.24 \times \dfrac{1}{2} \times 150 \times 10^{-6} \times 800^2$
$= 11.52$
$\fallingdotseq 12\,[\text{cal}]$

64 $P = VI = 100 \times 5 = 500\,[\text{W}]$

필수
암기노트

02 교류회로

① 기본 R, L, C의 특성

(1) 저항 R만의 회로

R에서 전압과 전류는 위상이 같다.

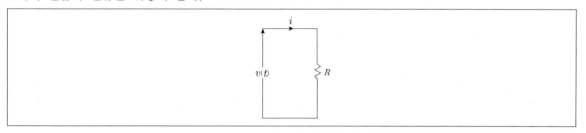

① 임피던스 $Z = R[\Omega]$

② **전류**

$$i = \frac{v}{Z} = \frac{V_m \sin\omega t}{R} = \frac{V_m}{R}\sin\omega t[\text{A}]$$

실효전류 $i = \frac{V}{R}[A]$, 전류의 최대값 $i_m = \frac{V_m}{R}[A]$

전류와 전압 간의 위상의 변화는 없다.

(2) 인덕턴스 L만의 회로

전류가 전압보다 위상이 90도 뒤지므로 L을 지상소자라고 한다.

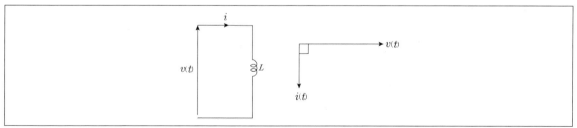

① 임피던스 $Z = j\omega L = jX\ [\Omega]$

리액턴스 $X > 0$(유도성), $X < 0$(용량성)

인덕턴스에 의한 리액턴스를 유도성 리액턴스라고 한다.

② **전류**

$$i = \frac{v}{Z} = \frac{V_m\sin\omega t}{j\omega L} = \frac{V\angle 0\degree}{X\angle 90\degree} = \frac{V}{X}\angle -90\degree\ [A]$$

L회로에서 전류는 인가전압에 대해서 위상이 $90\degree$ 뒤진다.

③ **단자 전압 및 전류**

$v_L = L\dfrac{di}{dt} = j\omega LI[V]$ 이렇게 수식으로 표현되는 것은 매우 중요하다.

$j = 90\degree$의 위상을 나타내는 것이므로 전압은 전류보다 $90\degree$ 앞선다는 뜻이다.

또한 $\omega L = 2\pi fL$ 은 유도성 저항이 되어 유도성 리액턴스라고 한다.

$$i_L = \frac{1}{L}\int v\,dt\ [A]$$

Q 실전문제 _ 01　　　　　　　　　　　　　　　　　서울교통공사

인덕턴스가 40[mH]인 코일에 흐르는 전류가 0.3[s] 동안에 6[A] 변화했다면 코일에 유기되는 기전력의 크기는 몇 [V]인가?

① 0.8　　　　　　　　　　　　　② 1.2

③ 2.4　　　　　　　　　　　　　④ 4.8

✔　$V = L\dfrac{di}{dt} = 40\times 10^{-3}\times\dfrac{6}{0.3} = 0.8[V]$

답 ①

---

④ **L에 축적되는 에너지**

$$\omega_L = \int p\,dt = \int vI\,dt = \int L\frac{di}{dt}I\,dt = \int LI\,di = \frac{1}{2}LI^2[J]$$

$\omega_L = \dfrac{1}{2}LI^2$에서 전르를 최대로 할 경우 $\Rightarrow \dfrac{1}{2}LI_m^2 = \dfrac{1}{2}L(\sqrt{2}\,I)^2 = LI^2[J]$이 된다.

(3) 정전용량 C만의 회로

전류위상이 전압위상보다 90도 앞서게 되므로 C를 진상소자라고 한다.

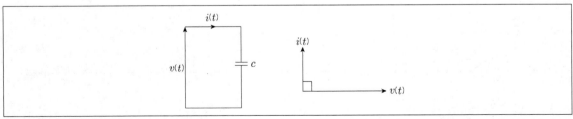

① 임피던스

$$Z = \frac{1}{j\omega C} = -j\frac{1}{\omega C} = -jX[\Omega]$$

② 전류

$$i = \frac{v}{Z} = \frac{V_m \sin \omega t}{\dfrac{1}{j\omega C}} = \frac{V\angle 0°}{\dfrac{1}{\omega C}\angle -90°} = \omega CV \angle 90° \, [A]$$

C에서는 전류가 인가전압보다 $90°$ 앞선 진상전류가 된다.

③ 단자전압 및 전류

$$v_c = \frac{1}{C}\int i\,dt \ \ [V]$$

$$i_c = C\frac{dv}{dt} = j\omega CV[A]$$

이런 수식도 매우 중요하다. 전류가 전압보다 $90°$ 앞서고 있고 $(j = 90°)$ 임피던스는 $\dfrac{1}{\omega C}$ 가된다. 이것을 용량성 라액턴스라고 한다.

L에서의 유도성 리액턴스는 $\omega L = 2\pi fL$ 주파수에 비례한다.

C에서의 용량성 리액턴스는 $\dfrac{1}{\omega C} = \dfrac{1}{2\pi fC}$ 주파수에 반비례한다.

④ 정전용량 C에 축적되는 에너지

$$W_c = \int p\,dt = \int Vi\,dt \ = \int VC\frac{dv}{dt}\,dt = \int VCdv = \frac{1}{2}CV^2[J]$$

$$W_c = \frac{1}{2}CV^2 \Rightarrow \frac{1}{2}CV_m^2 = \frac{1}{2}C(\sqrt{2}\,V)^2 = CV^2[J]$$

2 직렬회로

(1) R–L 직렬회로

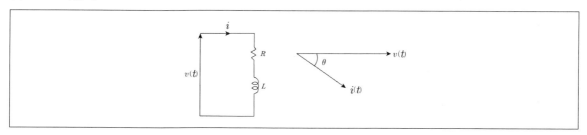

① 임피던스

$$Z = R + j\omega L = R + jX = |Z| \angle \theta \, [\Omega]$$

$$|Z| = \sqrt{R^2 + X^2} \, [\Omega]$$

$$\theta = \tan^{-1} \frac{X}{R}$$

② 전류

$$i(t) = \frac{v}{Z} = \frac{V \angle 0^\circ}{|Z| \angle \theta} = \frac{V}{\sqrt{R^2 + X^2}} \angle -\theta \, [\text{A}]$$

전류가 전압보다 위상이 $\theta = \tan^{-1} \dfrac{\omega L}{R}$

만큼 뒤진다.

③ 역률과 무효율

ⓐ 역률 $\cos\theta = \dfrac{R}{|Z|} = \dfrac{R}{\sqrt{R^2 + X^2}}$

ⓑ 무효율 $\sin\theta = \dfrac{X}{|Z|} = \dfrac{X}{\sqrt{R^2 + X^2}}$

Q 예제문제 _01

RL 직렬회로에 $e = 100\sqrt{2}\sin(120\pi t)\,[\text{V}]$의 전압을 인가 시 $i = 2\sqrt{2}\sin(120\pi t - 45^\circ)\,[\text{A}]$의 전류가 흐르도록 하려면 저항 R과 리액턴스 X_L, 그리고 역률과 무효율은 어떻게 되는가?

✔ $Z = \dfrac{v}{i} = \dfrac{100 \angle 0^\circ}{2 \angle -45^\circ} = 50 \angle 45^\circ$

$\quad = 50(\cos 45^\circ + j\sin 45^\circ)$

$\quad = 25\sqrt{2} + j25\sqrt{2}\,[\Omega]$

따라서 $R = 25\sqrt{2}\,[\Omega]$, $X_L = 25\sqrt{2}\,[\Omega]$ 위상을 구하면, $\tan\theta = \dfrac{X_L}{R} = 1$ 이므로

$\theta = \tan^{-1}1 = 45^\circ$

전압과 전류의 위상차가 45°가 되므로 역률=무효율 즉

$\cos 45^\circ = \sin 45^\circ = \dfrac{1}{\sqrt{2}} = 0.707$

(2) R–C 직렬회로

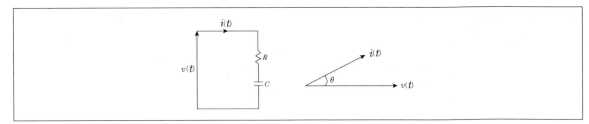

① 임피던스

$$Z = R + \frac{1}{j\omega C} = R - j\frac{1}{\omega C} = R - jX = |Z| \angle -\theta \, [\Omega]$$

단, $|Z| = \sqrt{R^2 + \left(\dfrac{1}{\omega C}\right)^2} \, [\Omega]$

$\theta = \tan^{-1} \dfrac{1}{\omega RC}$

② 전류

$$i(t) = \frac{v}{Z} = \frac{V \angle 0^\circ}{|Z| \angle -\theta} = \frac{V}{\sqrt{R^2 + X^2}} \angle \theta \, [\text{A}]$$

전류가 전압보다 위상이 $\theta = \tan^{-1} \dfrac{1}{\omega RC}$ 만큼 앞선다.

③ 역률과 무효율

㉠ 역률 $\cos\theta = \dfrac{R}{|Z|} = \dfrac{R}{\sqrt{R^2+X^2}}$

㉡ 무효율 $\sin\theta = \dfrac{X}{|Z|} = \dfrac{X}{\sqrt{R^2+X^2}}$

(3) R–L–C 직렬회로

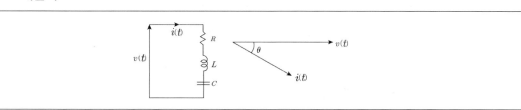

① 임피던스

$$Z = R + j\omega L + \dfrac{1}{j\omega C} = R + j\left(\omega L - \dfrac{1}{\omega C}\right) = R + j(X_L - X_C) = |Z| \angle \pm\theta\,[\Omega]$$

단 $|Z| = \sqrt{R^2 + \left(\omega L - \dfrac{1}{\omega C}\right)^2}\ [\Omega]$

$\theta = \tan^{-1}\dfrac{\omega L - \dfrac{1}{\omega C}}{R}$

② 전류

$$i(t) = \dfrac{v}{Z} = \dfrac{V\angle 0^\circ}{|Z| \angle \pm\theta} = \dfrac{V}{\sqrt{R^2 + \left(\omega L - \dfrac{1}{\omega C}\right)^2}} \angle \mp\theta = \dfrac{V_m}{\sqrt{R^2 + \left(\omega L - \dfrac{1}{\omega C}\right)^2}} \sin(\omega t \mp \theta)\,[\mathrm{A}]$$

PLUS CHECK 전류의 위상

㉠ $\omega L > \dfrac{1}{\omega C}$ 일 때 리액턴스는 유도성이 되므로 전류위상이 전압위상보다 뒤진다.

㉡ $\omega L < \dfrac{1}{\omega C}$ 일 때 리액턴스는 용량성이 되므로 전류위상이 전압위상보다 앞선다.

㉢ $\omega L = \dfrac{1}{\omega C}$ 일 때 리액턴스는 0이므로 전류와 전압위상은 같다.

이때, 회로는 공진상태가 되므로 공진전류는 최대가 되며 역률이 1이다.

---

③ **역률과 무효율**

  ㉠ 역률 $\cos\theta = \dfrac{R}{|Z|} = \dfrac{R}{\sqrt{R^2+(X_L-X_C)^2}}$

  ㉡ 무효율 $\sin\theta = \dfrac{X}{|Z|} = \dfrac{X_L-X_C}{\sqrt{R^2+(X_L-X_C)^2}}$

(4) 공진회로

	직렬공진	병렬공진
조건	$\omega L = \dfrac{1}{\omega C}$	$\omega C = \dfrac{1}{\omega L}$
공진의 의미	• 허수부가 0이다. • 전압과 전류가 동상이다. • 역률이 1이다. • 임피던스가 최소이다. • 흐르는 전류가 최대이다.	• 허수부가 0이다. • 전압과 전류가 동상이다. • 역률이 1이다. • 임피던스가 최대이다. • 흐르는 전류가 최소이다.
전류	$I = \dfrac{V}{R}$	$I = GV$
공진 주파수	$f_0 = \dfrac{1}{2\pi\sqrt{LC}}$	
선택도, 첨예도	$Q = \dfrac{V_R}{V} = \dfrac{V_L}{V}$ $= \dfrac{X}{R} = \dfrac{\omega L}{R}$ $= \dfrac{1}{\omega CR}$ $= \dfrac{1}{R}\sqrt{\dfrac{L}{C}}$	$Q = \dfrac{I_L}{I_R} = \dfrac{I_C}{I_R}$ $= \dfrac{R}{X} = \dfrac{R}{\omega L}$ $= \omega CR$ $= R\sqrt{\dfrac{C}{L}}$

Q 예제문제 _02

그림과 같은 회로에서 회로가 공진상태가 되도록 C의 값을 결정하여라.

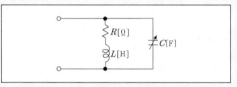

✔ $Y_1 = \dfrac{1}{R+j\omega L}2L^2 = \dfrac{R-j\omega L}{(R+j\omega L)(R-j\omega L)}$

  $= \dfrac{R-j\omega L}{R^2+\omega^2 L^2} = \dfrac{R}{R^2+\omega^2 L^2} - j\dfrac{\omega L}{R^2+\omega}$

$Y_2 = jwC$

병렬이므로

$Y = Y_1 + Y_2$

  $= \dfrac{R}{R^2+\omega^2 L^2} - j(\omega C - \dfrac{\omega L}{R^2+\omega^2 L^2})$

공진상태이면 허수부가 0이므로

$C = \dfrac{L}{R^2+\omega^2 L^2}$ [μF] 이와 같이 되면

어드미턴스 $Y = \dfrac{R}{R^2+(\omega L)^2} = \dfrac{RC}{L}$ 가 된다.

기출예상문제

1 다음 중 파고율 및 파형률이 모두 1인 파형은?

① 삼각파   ② 사인파

③ 구형파   ④ 고조파

2 $V = 141.4\sin\omega t$[V]의 전압에서 실효값 [V]은?

① 100[V]   ② 220[V]

③ 380[V]   ④ 440[V]

3 최대값 10[A]인 정현파 전류의 평균값은 얼마인가?

① 3.75[A]   ② 5.36[A]

③ 6.0[A]   ④ 6.37[A]

✔ **ANSWER** | 1.③   2.①   3.④

1 파고율과 파형률

종류	파형률	파고율
직사각형파(구형파)	1	1
사인파	1.11	1.414
삼각파	1.155	1.732

2 $V = V_m \sin\omega t = \sqrt{2}\, V\sin\omega t$ 이므로 실효값 V는

$$\frac{141.4}{\sqrt{2}} = 100[\text{V}]$$

3 평균값 $I_a = \dfrac{2}{\pi} \times I_m = \dfrac{2}{\pi} \times 10 = 6.366 \fallingdotseq 6.37[\text{A}]$

4 다음 중 $\dfrac{\pi}{6}$[rad]을 도수법으로 옳게 나타낸 것은?

① 15[°]

② 30[°]

③ 45[°]

④ 60[°]

5 주파수 $f = 80$[Hz], 전압의 최대값이 200[V]일 때 각주파수는?

① 100π [rad/s]

② 120π [rad/s]

③ 140π [rad/s]

④ 160π [rad/s]

6 $v = V_m \sin(\omega t + 30°)$[V], $i = I_m \sin\left(\omega t - \dfrac{\pi}{6}\right)$[A]일 때 다음 중 옳은 것은?

① 전압과 전류는 동상이다.

② 전압과 전류는 역위상이다.

③ 전압은 전류보다 $\dfrac{\pi}{3}$[rad] 앞선다.

④ 전류는 전압보다 $\dfrac{\pi}{3}$[rad] 앞선다.

7 사인파 교류전압의 실효값이 125[V]일 때 최대값은?

① 141.40[V]

② 173[V]

③ 176.75[V]

④ 282.8[V]

ⓒ **ANSWER** | 4.② 5.④ 6.③ 7.③

4 $\dfrac{\pi}{6} \times \dfrac{180°}{\pi} = 30[°]$

5 $\omega = 2\pi f = 2 \times \pi \times 80$
$= 160\pi$ [rad/s]

6 전압을 기준으로 하여 위상차 θ 는 $30° - (-30°) = 60° = \dfrac{\pi}{3}$[rad]

전류는 전압보다 $\dfrac{\pi}{3}$[rad] 뒤져 있고, 전압은 전류보다 $\dfrac{\pi}{3}$[rad] 앞선다.

7 $V_m = \sqrt{2}\,V$
$= 125 \times \sqrt{2} = 176.75$[V]

8 복소수 $A_1 = 3+j4$, $A_2 = 1+j2$의 곱은?

① $-4+j7$ ② $-5+j10$

③ $-6+j12$ ④ $-7+j13$

9 $I = 3+j4$[A]인 전류의 크기는?

① 1[A]   ② 3[A]

③ 5[A]   ④ 12[A]

10 사인파 교류 $i = 10\sin(\omega t - 60°)$를 벡터로 바르게 표시한 것은?

① $10\angle -60°$ ② $\dfrac{10}{\sqrt{2}}\angle -60°$

③ $10\angle -30°$ ④ $\dfrac{10}{\sqrt{2}}\angle -30°$

✅ **ANSWER** | 8.② 9.③ 10.②

---

8 $A_1 A_2 = (3+j4)(1+j2)$
$\qquad = 3+j6+j4+8j^2\,(j^2=-1)$
$\qquad = -5+j10$

9 $I = \sqrt{3^2+4^2} = \sqrt{25} = 5$[A]

10 $I = 10\sin(\omega t - 60°)$이므로 실효값이 $\dfrac{10}{\sqrt{2}}$, 위상이 $-60°$이다.

$\qquad \therefore\ \dfrac{10}{\sqrt{2}}\angle -60°$

11 사인파 전류의 최대값이 30[A]일 때 실효값은?

① 14.1[A]   ② 21.2[A]

③ 28.3[A]   ④ 35.5[A]

12 $v_1 = 50\sqrt{2}\,sin\omega t$[V], $v_2 = 60\sqrt{2}\,sin\left(\omega t + \dfrac{\pi}{6}\right)$[V]인 사인파 전압의 실효값의 합은?

① 100[V]   ② 85[V]

③ 106[V]   ④ 424[V]

13 $i = 60\cos 288t$[A]의 주기로 옳은 것은?

① 0.01[sec]   ② 0.02[sec]

③ 0.03[sec]   ④ 0.04[sec]

✅ **ANSWER** | 11.②   12.③   13.②

---

11 $I = \dfrac{1}{\sqrt{2}} \times I_m$

$= \dfrac{1}{\sqrt{2}} \times 30$

$= 21.2$[A]

12 v_1의 실효값 $= 50$[V]

v_2의 실효값 $= 60$[V]

v_1, v_2의 위상차 $= \dfrac{\pi}{6}$[rad]

$V = \sqrt{\left(v_1 + v_2\cos\dfrac{\pi}{6}\right)^2 + \left(v_2\sin\dfrac{\pi}{6}\right)^2}$

$= \sqrt{(50 + 60 \times 0.86)^2 + (60 \times 0.5)^2}$

$= \sqrt{10,322.56 + 900}$

$= 105.93 \fallingdotseq 106$[V]

13 $i = I_m\cos\omega t = 60\cos 288t$ 이므로

$T = \dfrac{2\pi}{\omega} = \dfrac{2\pi}{288} = 0.021 \fallingdotseq 0.02$[sec]

14 $i_1 = 10\sqrt{2}\,sin\omega t$ [A], $i_1 = 8\sqrt{2}\,sin\left(\omega t - \dfrac{\pi}{6}\right)$[A]인 두 전류의 차에 대한 위상각은?

① 42[°]
② 52[°]
③ 62[°]
④ 72[°]

15 교류전압의 실효값이 100[V]일 때 이 교류를 정확히 표시한 것은?

①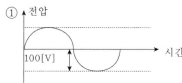
②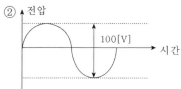
③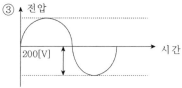
④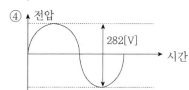

ANSWER | 14.② 15.④

14 두 전류의 실효값의 차를 구하면

$$I = \sqrt{\left(I_1 - I_2\cos\frac{\pi}{6}\right)^2 + \left(I_2\sin\frac{\pi}{6}\right)^2}$$
$$= \sqrt{(10 - 8\times0.86)^2 + (8\times0.5)^2}$$
$$= \sqrt{(3.12)^2 + (4)^2}$$
$$= 5.03[A]$$

위상각 $\theta = \tan^{-1}\dfrac{4}{3.12}$
$$\fallingdotseq 1.28$$
$$\fallingdotseq 52[°]$$

15 실효값이 100[V]이면 최대값은 $100\times\sqrt{2}=141.1$이므로 약 282[V]가 한 주기의 교류값이다.

02. 교류회로 **189**

16 주기 $T = 0.002[\text{sec}]$의 파형에서 주파수 f는?

① 400[Hz]   ② 500[Hz]

③ 600[Hz]   ④ 700[Hz]

17 교류회로에서 순시값 $e = V_m \sin(\omega t + \phi)[\text{V}]$인 교류 기전력의 평균값 $V_{av}[\text{V}]$는?

① $V_{av} = \dfrac{V_m}{3}$ ② $V_{av} = \dfrac{2}{\pi} \cdot V_m$

③ $V_{av} = \dfrac{V_m}{\sqrt{2}}$ ④ $V_{av} = \sqrt{2} \cdot V_m$

18 $v = 141.4\sin 120\pi t \,[\text{V}]$의 평균값은 몇 [V]인가?

① 90   ② 100

③ 141.4   ④ 171

19 주파수 60[Hz], 전류 10[A]의 교류전류의 순시값은?

① $i = 10\sin 60\pi t$ ② $i = 10\sin 120\pi t$

③ $i = 141\sin \pi t$ ④ $i = 14.1\sin 120\pi t$

ANSWER | 16.②   17.②   18.①   19.④

16 $f = \dfrac{1}{T} = \dfrac{1}{0.002} = 500[\text{Hz}]$

17 $V_{av} = \dfrac{2}{\pi} V_m [\text{V}]$

18 $V_a = \dfrac{2}{\pi} V_m = \dfrac{2}{\pi} \times 141.4 \fallingdotseq 90[\text{V}]$

19 $\omega = 2\pi f = 2\pi \times 60 = 120\pi [\text{rad/sec}]$

      $I_m = \sqrt{2}\,I = \sqrt{2} \times 10 \fallingdotseq 14.1[\text{A}]$

      $\therefore i = I_m \sin \omega t$ 에서

      $i = 14.1\sin 120\pi t \,[\text{A}]$

20 최대값 10[A]인 교류전류의 평균값은 얼마인가?

① 12[A]

② 6.37[A]

③ 3.77[A]

④ 3.14[A]

21 $I_m \sin\omega t$ 의 실효값은?

① $\dfrac{I_m}{2}$

② $\dfrac{I_m}{\sqrt{3}}$

③ $\dfrac{I_m}{\sqrt{2}}$

④ $\sqrt{3}\,I_m$

22 1[rad]는 몇 [°]인가?

① 180[°]

② 120[°]

③ 57.3[°]

④ 32.5[°]

23 1[Hz]의 전기각은 몇 도인가?

① 90[°]

② 180[°]

③ 270[°]

④ 360[°]

ⓒ **ANSWER** | 20.② 21.③ 22.③ 23.④

20 $V_a = \dfrac{2}{\pi} V_m = \dfrac{2}{\pi} \times 10 \fallingdotseq 6.37[A]$

21 $I = \dfrac{1}{\sqrt{2}} I_m = \dfrac{I_m}{\sqrt{2}}[A]$

22 $\pi[\text{rad}] = 180[°]$에서

$1[\text{rad}] = \dfrac{180}{\pi} \fallingdotseq 57.3[°]$

23 $\omega = 2\pi f = 2\pi \times \dfrac{180°}{\pi} = 360[°]$

24 사인파 교류의 평균값은?

① $\frac{2}{\pi}\sqrt{2}\times$실효값

② $\frac{2}{\pi}\sqrt{2}\times$최댓값

③ $\frac{2}{\pi}\times$실효값

④ $\frac{\pi}{2\sqrt{2}}\times$최댓값

25 가정용 전등선의 전압은 실효값으로 220[V]이다. 이 교류의 최댓값은 몇 [V]인가?

① 155.6

② 311.1

③ 381.1

④ 127.1

26 평균값 100[V]인 교류전압의 최댓값은 얼마인가?

① 220[V]

② 175[V]

③ 157[V]

④ 141[V]

27 $V=141\sin377t$ [V]되는 사인파 전압의 실효값은?

① 100[V]

② 110[V]

③ 150[V]

④ 180[V]

✅ ANSWER | 24.① 25.② 26.③ 27.①

24 최댓값 $\fallingdotseq \sqrt{2}\times$실효값이고, 평균값은 $\sqrt{2}\times\frac{2}{\pi}\times$실효값이다.

25 최댓값 $V_m=\sqrt{2}\times$실효값
$V_m=\sqrt{2}\times220\fallingdotseq311.1[\mathrm{V}]$

26 $V_a=\frac{2}{\pi}V_m[\mathrm{V}]$
$V_m=\frac{\pi}{2}V_a=\frac{\pi}{2}\times100\fallingdotseq157[\mathrm{V}]$

27 $V=\frac{1}{\sqrt{2}}V_m=\frac{1}{\sqrt{2}}\times141\fallingdotseq100[\mathrm{V}]$

28 $e = V_m \sin\left(\omega t + \dfrac{\pi}{3}\right)$[V]인 교류의 파고율은?

① 1.010
② 1.11
③ 1.414
④ 1.732

29 파고율을 구하고자 할 때 사용하는 공식으로 옳은 것은?

① $\dfrac{실효값}{평균값}$
② $\dfrac{최대값}{실효값}$
③ $\dfrac{평균값}{실효값}$
④ $\dfrac{실효값}{최대값}$

30 $e = A\sin\omega t + B\cos\omega t$[V]인 교류전압의 주파수 [Hz]는?

① π
② $\dfrac{\omega}{2\pi}$
③ $2\pi r$
④ $\dfrac{2\pi}{\omega}$

ANSWER | 28.③ 29.② 30.②

28 파고율$= \dfrac{최대값}{실효값} = \dfrac{V_m}{V} = \dfrac{\sqrt{2}\ V}{V} = \sqrt{2} = 1.414$

29 파고율과 파형률
  ㉠ 파고율 $= \dfrac{최대값}{실효값}$
  ㉡ 파형률 $= \dfrac{실효값}{평균값}$

30 동일 주파수인 2개의 사인파 교류를 더하면 최대치와 위상은 다르지만 같은 주파수의 사인파 교류가 된다.
  $\omega = 2\pi f$ 에서 $f = \dfrac{\omega}{2\pi}$[Hz]이다.

31 $e = 156\sin 377t$ [V]의 정현파 전압의 실효값은?

① 100[A]　　　　　　　　　② 110[V]

③ 120[V]　　　　　　　　　④ 156[V]

32 $V = 141\sin\left(120\pi t - \dfrac{\pi}{3}\right)$인 파형의 주파수는 몇 [Hz]인가?

① 120[Hz]　　　　　　　　② 60[Hz]

③ 30[Hz]　　　　　　　　　④ 15[Hz]

33 $v = 100\sin 100\pi t$ [V]의 교류에서 실효치 전압 V와 주파수 f를 옳게 표시한 것은?

① $V = 70.7$[V], $f = 60$[Hz]
② $V = 70.7$[V], $f = 50$[Hz]
③ $V = 100$[V], $f = 60$[Hz]
④ $V = 100$[V], $f = 50$[Hz]

✅ ANSWER │31.② 32.② 33.②

31 $V = \dfrac{1}{\sqrt{2}} V_m = \dfrac{1}{\sqrt{2}} \times 156 \fallingdotseq 110$ [V]

32 $f = \dfrac{\omega}{2\pi} = \dfrac{120\pi}{2\pi} = 60$[Hz]

33 $V = \dfrac{1}{\sqrt{2}} \times 100 \fallingdotseq 70.7$[V]

$\omega = 2\pi f$ [rad/sec]에서 $f = \dfrac{\omega}{2\pi} = \dfrac{100\pi}{2\pi} = 50$[Hz]

34 다음 중 정현파에 비해 일그러짐 정도를 나타내는 파형률, 파고율의 값이 모두 1인 것은?

① 구형파   ② 반원파

③ 정현파   ④ 삼각파

35 위상차가 $\dfrac{\pi}{3}$[rad]인 60[Hz]의 2개의 교류 발전기가 있다. 이 위상차를 시간으로 표시하면 몇 초인가?

① $\dfrac{1}{120}$ ② $\dfrac{1}{240}$

③ $\dfrac{1}{360}$ ④ $\dfrac{1}{720}$

ANSWER | 34.①   35.③

---

34 여러가지 파형의 파형률과 파고율

파형	파형률	파고율
구형파	1	1
사인파	1.11	1.414
전파 정류과	1.11	1.414
삼각파	1.155	1.732

※ 파형률과 파고율

㉠ 파형률 $= \dfrac{\text{실효값}}{\text{평균값}} = \dfrac{\dfrac{V_m}{\sqrt{2}}}{\dfrac{2V_m}{\pi}} = \dfrac{\pi V_m}{2\sqrt{2}\,V_m} = 1.11$

㉡ 파고율 $= \dfrac{\text{최대값}}{\text{실효값}} = \dfrac{V_m}{\dfrac{V_m}{\sqrt{2}}} = \sqrt{2} = 1.414$

35 $\theta = \omega t$ 에서

$t = \dfrac{\theta}{\omega} = \dfrac{\dfrac{\pi}{3}}{2\pi f} = \dfrac{\dfrac{\pi}{3}}{2\pi \times 60} = \dfrac{1}{360}$ [sec]

36 비사인파 교류의 크기를 표시하는 데 있어 사인파에 가까운 파형의 비사인파 교류에서 사용하는 값은?

① 최댓값   ② 평균값

③ 실효값   ④ 첨두값

37 다음과 같은 파형의 전류가 흐르고 있는 회로에 연결한 직류 전류계의 지시는 얼마인가? (단, 각 파형은 정현파(+)의 반주파이다)

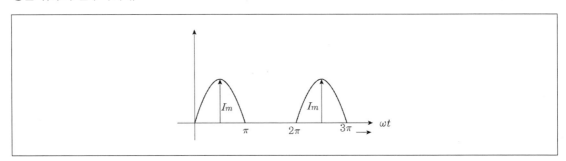

① $\dfrac{\sqrt{3}\,I_m}{\pi}$ ② $I_m \pi$

③ $\dfrac{2I_m}{\pi}$ ④ $\dfrac{I_m}{\pi}$

38 최댓값이 I_m 인 반파 정류 정현파의 실효값은?

① $\dfrac{I_m}{2}$ ② $\dfrac{I_m}{\sqrt{2}}$

③ $\dfrac{2I_m}{\pi}$ ④ $\dfrac{\pi I_m}{2}$

✅ **ANSWER** | 36.③ 37.④ 38.①

36 비사인파 교류의 크기를 표시하는 데 있어 펄스와 같은 경우에는 최대값을 사용하나, 사인파에 가까운 파형의 비사인파 교류에서는 사인파 교류와 마찬가지로 실효값을 사용한다.

37 정현파의 평균값은 $\dfrac{2I_m}{\pi}$ 인데, 반파정류이므로 평균전류는 $\dfrac{I_m}{\pi}$ 이다.

38 반파 정류회로의 실효값 $I_{rms} = \dfrac{I_m}{2}$

39 최댓값이 346[V], 파고율이 1.73인 반원파의 실효값 [V]은 얼마인가?

① 160

② 180

③ 200

④ 220

40 20[Ω]의 저항을 가진 전구에 $V = 100\sqrt{2}\,sin\omega t$[V]의 교류전압을 가할 때 전류의 순시값 [A]은?

① $5sin\omega t$

② $5\sqrt{2}\,sin\omega t$

③ $800sin\omega t$

④ $800\sqrt{2}\,sin\omega t$

41 $A = 1 + j\sqrt{3}$ 으로 표시되는 벡터의 편각은?

① $30[°]$

② $45[°]$

③ $60[°]$

④ $90[°]$

✅ **ANSWER** | 39.③ 40.② 41.③

39
파고율 $= \dfrac{최댓값}{실효값}$에서

$$실효값 = \dfrac{최댓값}{파고율} = \dfrac{346}{1.73} = 200[V]$$

40
$$I = \dfrac{V}{R} = \dfrac{100\sqrt{2}\,sin\omega t}{20} = 5\sqrt{2}\,sin\omega t\ [A]$$

41
$$\phi = \tan^{-1}\dfrac{b}{a} = \tan^{-1}\dfrac{\sqrt{3}}{1} = 60[°]$$

42 저항 R과 인덕턴스 L과의 직렬회로가 있다. 이 회로에 교류전압을 가하면 회로에 흐르는 전류의 위상은 교류전압의 위상보다 어떠한가?

① $\tan\theta = \dfrac{\omega L}{R}$ 인 θ 만큼 뒤진다.

② $\tan\theta = \dfrac{\omega L}{R}$ 인 θ 만큼 앞선다.

③ $\tan\theta = \dfrac{R}{L\omega}$ 인 θ 만큼 뒤진다.

④ $\tan\theta = \dfrac{R}{\omega L}$ 인 θ 만큼 앞선다.

43 RL 직렬회로에서 전압과 전류의 위상각은?

① $\theta = \tan^{-1}\dfrac{R}{\omega L}$

② $\theta = \tan^{-1}\dfrac{\omega L}{R}$

③ $\theta = \tan^{-1}\dfrac{R}{\sqrt{R^2+\omega^2 L^2}}$

④ $\theta = \tan^{-1}\omega LR$

44 $v = V_m\cos\omega t$ 와 $I = I_m\sin\omega t$ 의 위상차는?

① $1\,[\text{rad}]$

② $0\,[\text{rad}]$

③ $\pi\,[\text{rad}]$

④ $\dfrac{\pi}{2}\,[\text{rad}]$

✓ ANSWER | 42.① 43.② 44.④

42 RL 직렬회로는 전압보다 θ 만큼 뒤진 전류가 흐른다.

$\tan\theta = \dfrac{\omega L}{R}$, 위상차 $\theta = \tan^{-1}\dfrac{2\pi f L}{R}\,[\text{rad}]$

43 $\phi = \tan^{-1}\dfrac{X_L}{R} = \tan^{-1}\dfrac{\omega L}{R}$

44 $\cos\omega t = \sin(\omega t + 90°)$ 이므로

$\phi = 90° - 0° = 90° = \dfrac{\pi}{2}\,[\text{rad}]$

45 다음의 교류전압과 전류의 위상차로 옳은 것은?

$$V = \sqrt{2} \sin\left(\omega t + \frac{\pi}{4}\right)[\text{V}], \quad I = \sqrt{2} I \sin\left(\omega t + \frac{\pi}{2}\right)[\text{A}]$$

① $\frac{\pi}{2}$ [rad]

② $\frac{\pi}{4}$ [rad]

③ $\frac{\pi}{3}$ [rad]

④ $\frac{2\pi}{3}$ [rad]

46 사인파 교류의 평균값은 실효값의 약 몇 [%]인가?

① 60

② 90

③ 110

④ 140

47 $120\sin(\omega t + \alpha)$, $60\sin(\omega t + \beta)$의 위상차는?

① α

② β

③ $\alpha + \beta$

④ $\alpha - \beta$

45 위상차 $\phi = \phi_1 - \phi_2 = \frac{\pi}{4} - \frac{\pi}{2} = \frac{\pi}{4}$ [rad]

46 실효값 $= \frac{V_m}{\sqrt{2}} = 0.707$

평균값 $= \frac{2V_m}{\pi} = 0.636$

$0.707 : 0.636 = 100 : x$

$0.707x = 63.6$

$x = 89.9 \fallingdotseq 90\,[\%]$

47 $(\omega t + \alpha) - (\omega t + \beta) = \omega t + \alpha - \omega t - \beta = \alpha - \beta$

48 다음 설명 중 옳지 않은 것은?

① 인덕턴스의 리액턴스는 주파수에 비례한다.

② 저항을 병렬 연결하면 직렬 연결시보다 합성저항이 작아진다.

③ 인덕턴스를 병렬 연결하면 직렬 연결시 보다 리액턴스가 작아진다.

④ 콘덴서는 직렬 연결하면 병렬 연결시보다 용량이 커진다.

49 리액턴스 값이 200[Ω], 주파수가 2[MHz]인 회로의 인덕턴스는?

① 4×10^{-6}[H]
② 8×10^{-6}[H]
③ 12×10^{-6}[H]
④ 16×10^{-6}[H]

50 주기가 0.006초일 때 주파수는 얼마인가?

① 111[Hz]
② 167[Hz]
③ 200[Hz]
④ 300[Hz]

51 정현파의 최대값이 20[A]일 경우 평균값은?

① 6.37[A]
② 12.7[A]
③ 8.47[A]
④ 16.9[A]

ⓒ ANSWER | 48.④ 49.④ 50.② 51.②

---

48 ④ 콘덴서는 직렬 연결시 병렬 연결보다 용량이 작아진다.

49 $X_L = 2\pi f L = \omega L$

$L = \dfrac{X_L}{2\pi f} = \dfrac{200}{2\pi \times 2 \times 10^6} = 15.9 \times 10^{-6} \fallingdotseq 16 \times 10^{-6}$ [H]

50 $f = \dfrac{1}{T} = \dfrac{1}{0.006} = 166.6 \fallingdotseq 167$[Hz]

51 $I_{av} = \dfrac{2}{\pi} I_m$이므로

$= \dfrac{2}{\pi} \times 20 = 12.7$[A]

52 다음과 같은 회로에서 100[V]의 전압을 가할 때 흐르는 전류 I[A]의 값은?

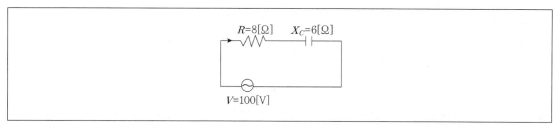

① 6[A]
② 8[A]
③ 10[A]
④ 15[A]

53 저항 R, 인덕턱스 L, 정전용량 C를 직렬로 연결한 RLC 직렬회로에 교류를 가해 직렬공진이 일어났을 경우 나타나는 현상과 관계가 없는 것은?

① 역률이 1이다.
② 무효전력이 0이다.
③ 전류와 전압이 동상이다.
④ L와 C의 직렬회로와 같다.

54 인덕턴스 L이 0.2[H]인 코일과 정전용량 C가 0.1[μF]인 콘덴서를 직렬접속한 RLC직렬회로에 20[V]의 교류전압을 가하여 공진상태가 되었을 때 공진전류 [A]는? (단, R= 100[Ω])

① 0.1
② 0.2
③ 0.4
④ 0.8

---

52 $I = \dfrac{V}{Z} = \dfrac{V}{\sqrt{R^2 + X_c^2}} = \dfrac{100}{\sqrt{8^2 + 6^2}} = \dfrac{100}{10} = 10[\text{A}]$

53 직렬공진
　ⓐ 임피던스 $Z = R$이 되어 임피던스는 최소, 전류는 최대가 된다.
　ⓑ 전압과 전류가 동상이다.
　ⓒ 역률은 1이다.
　ⓓ 무효전력은 0이다($VI\sin\theta$에서 $\sin\theta$가 0이므로).

54 회로가 공진상태이므로 $X_L - X_C = 0$
　$I = \dfrac{V}{Z} = \dfrac{V}{\sqrt{R^2 + (X_L - X_c)^2}} = \dfrac{V}{R} = \dfrac{20}{100} = 0.2[\text{A}]$

55 $L = 3$[H], $\omega = 30\pi$[rad/s], $I = 5$[A]에서 인덕턴스에 인가되는 전압의 최대치는?

① 1[kV] ② 2[kV]
③ 100[V] ④ 200[V]

56 50[mH]의 인덕턴스에 각주파수가 30[Hz]일 때 100[V]의 전압을 인가하면 인덕턴스에 흐르는 전류는?

① 3[A] ② 7[A]
③ 11[A] ④ 14[A]

57 $Z = 20$[Ω]인 RL 직렬회로에 저항과 리액턴스 양단의 전압이 각각 100[V], 80[V]였다면 리액턴스는?

① 12.5[Ω] ② 30[Ω]
③ 25.2[Ω] ④ 50[Ω]

⊘ ANSWER | 55.② 56.③ 57.①

55 $X_L = \omega L = 30\pi \times 3 = 90\pi = 282.6$[Ω]
$V_m = \sqrt{2}\,V = \sqrt{2}\,X_L I = \sqrt{2} \times 282.6 \times 5$
$= 1,997.9$
$\fallingdotseq 2,000$[V] $\fallingdotseq 2$[kV]

56 $X_L = 2\pi f L = 2\pi \times 30 \times 50 \times 10^{-3} = 9.42$[Ω]
$I = \dfrac{V}{X_L} = \dfrac{100}{9.42} = 10.61 \fallingdotseq 11$[A]

57 $I = \dfrac{V}{Z} = \dfrac{\sqrt{V_R^2 + V_L^2}}{Z} = \dfrac{\sqrt{100^2 + 80^2}}{20} = 6.4$[A]
$X_L = \dfrac{V_L}{I} = \dfrac{80}{6.4} = 12.5$[Ω]

58 저항과 유도 리액턴스가 직렬로 연결된 회로에 역률이 60[Hz]의 교류에서 0.6일 때 유도 리액턴스의 크기는? (단, 저항 = 6[Ω])

① 2[Ω]   ② 4[Ω]
③ 6[Ω]   ④ 8[Ω]

59 저항과 리액턴스의 크기가 같은 경우의 위상차는? (단, 저항과 리액턴스는 직렬로 연결되어 있다)

① 0[°]   ② 30[°]
③ 45[°]   ④ 60[°]

60 $R = 6[\Omega]$, $X_C = 8[\Omega]$이 직렬접속된 회로에 10[A]의 전류를 흘릴 경우 회로에 인가되는 전압은?

① $20 - j\,40[V]$ ② $6 - j\,8[V]$
③ $60 - j\,80[V]$ ④ $30 - j\,40[V]$

✅ **ANSWER** | 58.④ 59.③ 60.③

58 역률 $\cos\theta = \dfrac{R}{Z}$

$Z = \dfrac{R}{\cos\theta} = \dfrac{6}{0.6} = 10[\Omega]$

$Z = \sqrt{R^2 + X_L^{\,2}}$ 이므로

$X_L = \sqrt{Z^2 - R^2} = \sqrt{10^2 - 6^2} = 8[\Omega]$

59 위상차 $\theta = \tan^{-1}\dfrac{X}{R} = \tan^{-1}1 = 45[°]$

60 $V = ZI = (R - jX_C)I = (6 - j8) \cdot 10 = 60 - j80[V]$

61 $R = 6[\Omega]$, $X_L = 15[\Omega]$, $X_C = 7[\Omega]$인 직렬회로의 임피던스 Z는?

① $1[\Omega]$　　　　　　　　　　② $8[\Omega]$

③ $10[\Omega]$　　　　　　　　　④ $15[\Omega]$

62 다음 회로의 역률은?

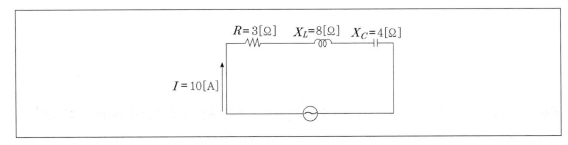

① 0.3　　　　　　　　　　② 0.6

③ 0.8　　　　　　　　　　④ 0.9

⊘ A N S W E R ｜ 61.③　62.②

61　$Z = \sqrt{R^2 + (X_L - X_C)^2}$
$= \sqrt{6^2 + (15 - 7)^2}$
$= \sqrt{36 + 64} = \sqrt{100}$
$= 10[\Omega]$

62　$Z = \sqrt{R^2 + (X_L - X_C)^2}$
$= \sqrt{3^2 + (8 - 4)^2}$
$= \sqrt{9 + 16}$
$= 5[\Omega]$
역률 $\cos\theta = \dfrac{R}{Z} = \dfrac{3}{5} = 0.6$

63 $Z = 3 + j\,4[\Omega]$에 80[V]의 전압을 가할 경우 흐르는 전류는?

① $3.2 - j\,4.2[A]$ 　　　　　② $4.8 - j\,6.4[A]$

③ $6.4 - j\,8.5[A]$ 　　　　　④ $9.6 - j\,12.8[A]$

64 다음과 같은 병렬회로가 공진되었다면 a, b간의 임피던스 Z는 몇 [Ω]일까?

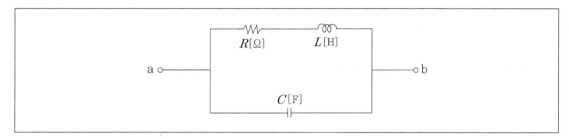

① $Z = R\,[\Omega]$ 　　　　　② $Z = CR\,[\Omega]$

③ $Z = \dfrac{\omega CR}{R}\,[\Omega]$ 　　　　　④ $Z = \dfrac{L}{CR}\,[\Omega]$

63 $I = \dfrac{V}{Z} = \dfrac{80}{3 + j4} = \dfrac{80(3 - j4)}{(3 + j4)(3 - j4)} = \dfrac{240 - j320}{9 + 16}$

$= \dfrac{240 - j320}{25}$

$= 9.6 - j12.8[A]$

64 $Y = \dfrac{1}{R + j\omega L} + j\omega C = \dfrac{R - j\omega L}{(R + j\omega L)(R - j\omega L)} + j\omega C$

$= \dfrac{R - j\omega L}{R^2 + (\omega L)^2} + j\omega C = \dfrac{R}{R^2 + (\omega L)^2} + j\omega \left(C - \dfrac{L}{R^2 + (\omega L)^2} \right)$

공진회로이므로 허수부가 0

$C = \dfrac{L}{R^2 + (\omega L)^2}$, $R^2 + (\omega L)^2 = \dfrac{L}{C}$

$Y = \dfrac{R}{R^2 + (\omega L)^2} = \dfrac{RC}{L}$

따라서 임피던스는 $Z = \dfrac{1}{Y} = \dfrac{L}{RC}[\Omega]$

65 "2개 이상의 기전력을 포함한 회로망 중 임의의 점의 전위 또는 전류는 각 기전력이 단독으로 존재하는 경우 그 점의 전위 또는 전류의 합과 같다."는 법칙은?

① 테브냉의 정리
② 중첩의 정리
③ 노튼의 정리
④ 가우스의 정리

66 다음의 회로에서 저항 20[Ω]에 흐르는 전류는?

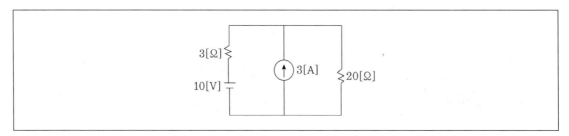

① 1[A]
② 5[A]
③ 10[A]
④ 20[A]

ⓒ **ANSWER** | 65.② 66.①

65 중첩의 정리(Principle of Superposition)는 2개 이상의 기전력을 포함한 회로망의 정리 해석에 적용된다.

66 전압원에 의하여 $I_1 = \dfrac{10}{5+20} = 0.4$[A]

전류원에 의하여 $I_2 = \dfrac{5}{5+20} \times 3 = 0.6$[A]

$\therefore I = I_1 + I_2 = 0.4 + 0.6 = 1$[A]

67 다음과 같은 파형의 파고율은 얼마인가?

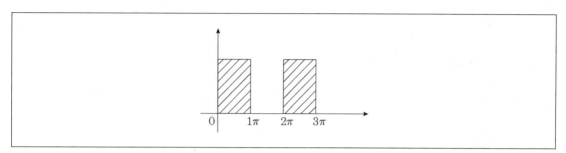

① 1.0

② 1.414

③ 1.732

④ 2.0

68 다음의 회로에서 공진시의 어드미턴스는?

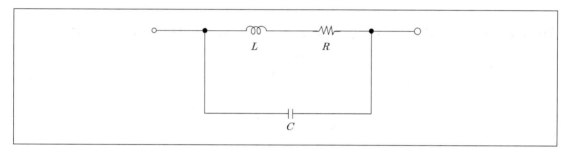

① $\dfrac{L}{CR}$

② $\dfrac{R}{CL}$

③ $\dfrac{LR}{C}$

④ $\dfrac{CR}{L}$

ⓒ ANSWER | 67.② 68.④

67 $\dfrac{최대값}{실효값} = \dfrac{A}{\dfrac{A}{\sqrt{2}}} = \sqrt{2} = 1.414$

68 $Y = \dfrac{1}{R+j\omega L} + j\omega C = \dfrac{R-j\omega L}{(R+j\omega L)(R-j\omega L)} + j\omega C$

$\quad = \dfrac{R-j\omega L}{R^2+(\omega L)^2} + j\omega C = \dfrac{R}{R^2+(\omega L)^2} + j\omega\left(C - \dfrac{L}{R^2+(\omega L)^2}\right)$

공진회로이므로 허수부가 0

$C = \dfrac{L}{R^2+(\omega L)^2}, \quad R^2+(\omega L)^2 = \dfrac{L}{C}$

$Y = \dfrac{R}{R^2+(\omega L)^2} = \dfrac{RC}{L}$

69 이상적인 정전류전원의 단자전압 V와 출력 전류 I의 관계를 나타내는 그래프는?

①

②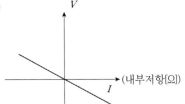

③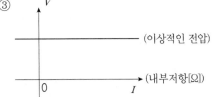

④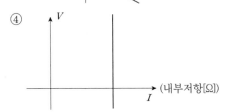

70 회로에서 $V_1 = 110[V]$, $V_2 = 130[V]$, $Z_1 = 1[\Omega]$, $Z_2 = 2[\Omega]$, $Z_3 = 4[\Omega]$일 때 전류 I_2 [A]는?

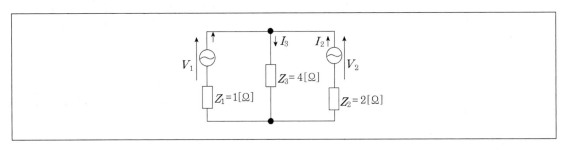

① 10

② 15

③ 25

④ 30

⊘ ANSWER | 69.④ 70.②

69 정전류원(constant current source)은 내부저항이 무한대이므로 정전류원을 개방하면 양단전압은 무한대가 된다. 그러므로 부하의 크기에 상관없이 전류가 일정해진다. 정전압원은 전류가 무한대이므로 전압이 일정하다.

70 $I_2 = \dfrac{(Z_1 + Z_3)\,V_2 - Z_3 V_1}{Z_1 Z_2 + Z_2 Z_3 + Z_3 Z_1} = \dfrac{(1+4) \times 130 - 4 \times 110}{1 \times 2 + 2 \times 4 + 4 \times 1} = 15[\text{A}]$

71 다음에서 설명하고 있는 회로망 해석의 정리로 옳은 것은?

> 일정한 저항과 전원으로 구성된 회로망에서 저항 $R[\Omega]$을 통과하는 전류 $I[A]$는 R을 제거하였을 경우 a, b 단자간에 나타나는 기전력을 E_0, 회로망의 전기전력을 제거·단락 후 단자 a, b에서 본 회로망의 등가저항을 R_0 라 하면 $I = \dfrac{E_0}{R_0 + R}[A]$이다.

① 중첩의 정리   ② 테브냉의 정리
③ 노튼 정리   ④ 밀만의 정리

72 $R = 10[\Omega]$, $X_L = 6[\Omega]$, $X_C = 16[\Omega]$이 병렬로 연결된 회로에 100[V]의 교류전압을 인가할 경우 전원에 흐르는 전류는?

① 10[A]   ② 12[A]
③ 14[A]   ④ 16[A]

ANSWER | 71.② 72.③

71 ① 2개 이상의 기전력을 가진 회로망에서 임의의 한 점의 전위 및 전류는 각 기전력이 존재할 경우 그 점 위의 전위 및 전류의 합과 동일하다.
③ 2개의 독립된 회로망을 접속할 경우 전원회로를 하나의 전류원과 병렬저항으로 대치할 수 있다.
④ 회로망 내에 다수의 전압원회로가 연결되어 있을 경우 회로들을 하나의 전류원과 하나의 병렬 어드미턴스 전류원 회로로 등가변환 시킬 수 있다.

72 $I = YV [A]$
$= (\dfrac{1}{R} - j[\dfrac{1}{X_L} - \dfrac{1}{X_c}]) \times V$
$= (\dfrac{1}{10} - j[\dfrac{1}{6} - \dfrac{1}{16}]) \times 100 = 10 - j10.4 = \sqrt{10^2 + 10.4^2} = 14$

73 다음과 같은 파형의 전류에 대한 실효값은?

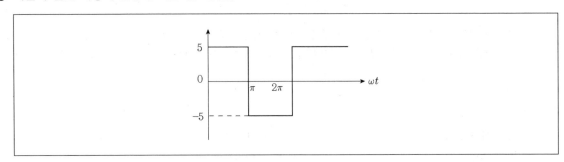

① $\dfrac{5}{3}$[A]

② $\dfrac{5}{2}$[A]

③ 5[A]

④ $5\sqrt{2}$[A]

74 다음 회로에서 영구자석 사이에 구형코일이 회전하고 있을 때 코일에 유도되는 기전력이 가장 큰 코일 위치로 옳은 것은?

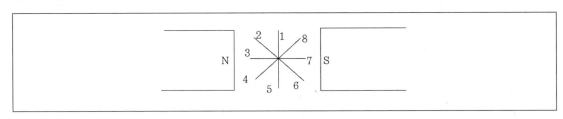

① 1 - 5

② 2 - 6

③ 3 - 7

④ 4 - 8

73 실효값 $I = \sqrt{i^2 \text{의 평균값}}$

$$I = \sqrt{\dfrac{(5^2 \times \pi) \times 2}{2\pi}} = 5[\text{A}]$$

74 자속이 가장 많이 끊기는 지점이 유기기전력이 가장 크다.
그러므로 3-7에서 최대, 1-5에서 최소가 된다.

75 다음과 같은 회로에서 I_1 및 I_2는 각각 몇 [A]인가?

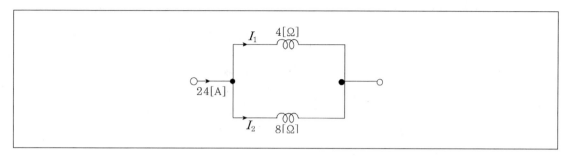

① $I_1 = 4$, $I_2 = 8$

② $I_1 = 8$, $I_2 = 4$

③ $I_1 = 16$, $I_2 = 8$

④ $I_1 = 8$, $I_2 = 16$

76 다음과 같은 회로에서 전전류 I의 크기로 옳은 것은?

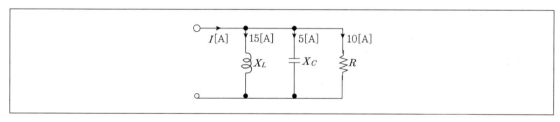

① $10\sqrt{2}$ [A]

② $10\sqrt{3}$ [A]

③ 20[A]

④ 35[A]

ⓒ **ANSWER** | 75.③ 76.①

75 $I_1 = 24 \times \dfrac{8}{4+8} = 16[A]$, $I_2 = 24 \times \dfrac{4}{4+8} = 8[A]$

76 $I = \sqrt{I_R^2 + (I_L - I_C)^2}$
$= \sqrt{10^2 + (15-5)^2} = 10\sqrt{2}$ [A]

77 다음에서 회로에 흐르는 전류는?

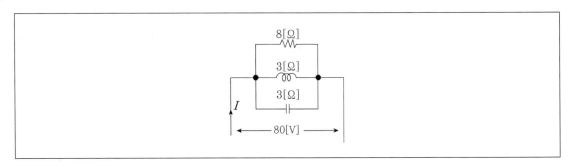

① 6[A]

② 8[A]

③ 10[A]

④ 12[A]

78 30[Ω]의 저항과 40[Ω]의 유도 리액턴스의 병렬회로에 120[V]의 교류전압을 인가할 경우 이 회로에 흐르는 전전류 [A]는?

① 2

② 3

③ 5

④ 6

---

77 $X_L = X_C$이므로 저항 R에 흐르는 전류가 전 전류이다.

$$\therefore I = \frac{V}{R} = \frac{80}{8} = 10[A]$$

78 $I_R = \frac{V}{R} = \frac{120}{30} = 4[A]$

$I_L = \frac{V}{X_L} = \frac{120}{40} = 3[A]$

$$\therefore I = \sqrt{I_R^2 + I_L^2} = \sqrt{4^2 + 3^2} = 5[A]$$

79 RC 병렬회로의 위상각은?

① $\phi = \tan^{-1}\dfrac{R}{\omega C}$

② $\phi = \tan^{-1}\dfrac{\omega C}{R}$

③ $\phi = \tan^{-1}\omega CR$

④ $\phi = \tan^{-1}\dfrac{1}{\omega CR}$

80 RLC 병렬회로에서 유도성 회로가 되기 위한 조건은?

① $X_L > X_C$

② $X_L + X_C = 0$

③ $X_L < X_C$

④ $X_L = X_C$

81 $i = I_m \sin\omega t$[A]로 나타내는 사인파 전류의 최대값이 I_m일 때 ωt 는 어떤 값에서 최댓값을 갖는가?

① π

② $\dfrac{\pi}{2}$

③ $\dfrac{2}{\pi}$

④ $\dfrac{\pi}{4}$

ANSWER | 79.③ 80.① 81.②

79 $\phi = \tan^{-1}\dfrac{I_C}{I_R} = \tan^{-1}\dfrac{\omega CV}{\dfrac{V}{R}} = \tan^{-1}\omega CR$ [rad]

80 병렬회로에서 유도성 회로가 되려면 $I_L > I_C$이어야 하므로 $X_L < X_C$이다. 용량성 회로가 되려면 $X_L > X_C$이어야 한다.

81 $\sin\omega t = 1 = 90° = \dfrac{\pi}{2}$ [rad]일 때 최대값을 갖는다.

82 $i = I_m \sin\omega t$인 정현파에 있어서 순시값이 실효값과 같을 때 ωt의 값은 얼마인가?

① $\dfrac{\pi}{2}$ ② $\dfrac{\pi}{3}$

③ $\dfrac{\pi}{4}$ ④ $\dfrac{\pi}{6}$

83 $i = \sqrt{2}\,I\sin\omega t$인 전류에서 $\omega t = \dfrac{\pi}{4}$인 순간의 크기는 얼마인가?

① $I[\text{A}]$ ② $\sqrt{2}\,I[\text{A}]$

③ $\dfrac{I}{\sqrt{2}}[\text{A}]$ ④ $\dfrac{I}{2}[\text{A}]$

84 RLC 병렬회로에서 용량성 회로가 되기 위한 조건은?

① $X_L = X_C$ ② $X_L > X_C$

③ $X_L < X_C$ ④ $X_L + X_C = 0$

ANSWER | 82.③   83.①   84.②

82 실효값은 순시값의 $\dfrac{1}{\sqrt{2}}$ 배이므로

$\sin\omega t = \dfrac{1}{\sqrt{2}} = 45° = \dfrac{\pi}{4}[\text{rad}]$

83 $i = \sqrt{2}\,I\sin 45° = \sqrt{2}\,I \times \dfrac{1}{\sqrt{2}} = I\ [\text{A}]$

84 RLC 병렬회로의 유도성과 용량성
  ㉠ 유도성
    • 조건 : $X_L < X_C$
    • 전압보다 θ 만큼 뒤진 전류가 흐른다.
  ㉡ 용량성
    • 조건 : $X_L > X_C$
    • 전압보다 θ 만큼 앞선 전류가 흐른다.

85 정현파 교류의 최대값이 I_m일 때 플러스의 반주기만 흐르는 맥류파형의 평균값은?

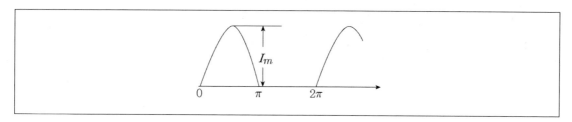

① $\dfrac{1}{\pi} \times I_m$

② $\pi \times I_m$

③ $\dfrac{2}{\pi} \times I_m$

④ $\dfrac{1}{2\pi} \times I_m$

86 $V = 100\sqrt{2}\, sin\left(\omega t + \dfrac{\pi}{3}\right)$로 표시되는 교류를 벡터로 바르게 고친 것은?

① $V = 100 \angle \dfrac{\pi}{3}$

② $V = 100 \angle -\dfrac{\pi}{3}$

③ $V = 100\sqrt{2} \angle -\dfrac{\pi}{3}$

④ $V = 100\,\omega t$

87 다음 설명 중 옳지 않은 것은?

① 코일은 직렬로 연결할수록 인덕턴스가 커진다.

② 콘덴서는 직렬로 연결할수록 용량이 커진다.

③ 저항은 병렬로 연결할수록 저항이 작아진다.

④ 리액턴스는 주파수의 함수이다.

ANSWER | 85.① 86.① 87.②

85 평균값 $I_a = \dfrac{2}{\pi} I_m$[A]에서 반파이므로 평균 전류는 $\dfrac{1}{\pi} I_m$[A]이다.

86 벡터(Vector)의 크기는 실횻값을 취한다.
벡터의 크기 = 사인파교류의 실횻값
벡터의 편각 = 사인파 교류의 위상각
따라서, $V = 100 \angle \dfrac{\pi}{3}$로 표시된다.

87 ② 콘덴서는 직렬로 연결할수록 용량이 작아진다.

88 콘덴서의 정전용량을 3배로 늘리면 용량 리액턴스의 값은? (단, 주파수는 일정하다)

① 3배
② 9배
③ $\frac{1}{3}$배
④ $\frac{1}{9}$배

89 다음 중 콘덴서의 용량 리액턴스 X_C와 주파수 f의 특성으로 옳은 것은?

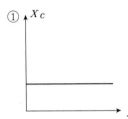
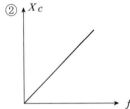
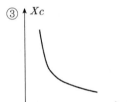
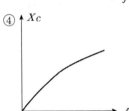

90 주파수 10[kHz]에 대하여 16[Ω]의 용량 리액턴스로 작용하는 콘덴서의 정전용량은 몇 [μF]인가?

① 0.01[μF]
② 0.1[μF]
③ 1[μF]
④ 5[μF]

✅ **ANSWER** | 88.③ 89.③ 90.③

88 용량성 리액턴스는 정전용량에 반비례한다.

89 콘덴서의 리액턴스 X_C는 주파수 f에 반비례한다.

90 $X_C = \dfrac{1}{2\pi f C}[\Omega]$에서

$C = \dfrac{1}{2\pi f X_C} = \dfrac{1}{2\pi \times 10 \times 10^3 \times 16} \risingdotseq 1[\mu F]$

91 200[μF]의 정전용량을 가진 콘덴서에 100[V], 60[Hz]의 교류전압을 가할 때 흐르는 전류는 얼마인가?

① 2.5[A]

② 5[A]

③ 7.5[A]

④ 15[A]

92 콘덴서만의 회로에 교류전압을 가할 때 전류는 전압보다 위상이 어떻게 되는가?

① 동상이다.

② 180° 앞선다.

③ 90° 앞선다.

④ 45° 앞선다.

93 100[mH]의 인덕턴스를 가진 회로에 60[Hz], 100[V]의 교류전압을 가할 때 흐르는 전류와 위상은?

① 3.14[A], 90° 앞선다.

② 31.4[A], 90° 뒤진다.

③ 2.7[A], 90° 뒤진다.

④ 2.7[A], 90° 앞선다.

ANSWER | 91.③ 92.③ 93.③

91
$$I = \frac{V}{X_C} = \frac{V}{\frac{1}{2\pi f C}} = 2\pi f\, C V$$
$$= 2\pi \times 60 \times 200 \times 10^{-6} \times 100 \fallingdotseq 7.5[A]$$

92
콘덴서만의 회로에서 전류 i는 전압 v보다 $\frac{\pi}{2}$[rad]만큼 위상이 앞선다.

93
$$i = \frac{v}{X_L} = \frac{v}{2\pi f L} = \frac{100}{2\pi \times 60 \times 100 \times 10^{-3}} \fallingdotseq 2.7[A]$$
인덕턴스 회로이므로 전류의 위상이 90° 뒤진다.

94 다음 중 병렬공진시 최소가 되는 것은?

① 전압   ② 전류

③ 임피던스   ④ 저항

95 저항 R과 유도 리액턴스 X_L을 직렬접속할 때 임피던스는 얼마인가?

① $R + X_L$ ② $\sqrt{R + X_L}$

③ $R^2 + X_L{}^2$ ④ $\sqrt{R^2 + X_L{}^2}$

96 100[V], 60[Hz]의 교류전원에 50[Ω]의 저항과 100[mH]의 자기 인덕턴스를 직렬로 연결한 회로가 있다. 이 회로의 리액턴스는?

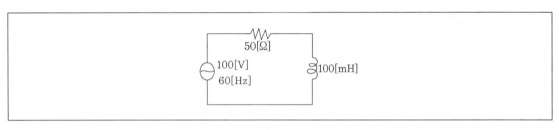

① 30.7[Ω]   ② 36.7[Ω]

③ 37.7[Ω]   ④ 38.7[Ω]

✅ ANSWER | 94.② 95.④ 96.③

94 병렬공진 … 전류가 전압과 동위상이 되고 그 크기가 최소가 되는 현상으로 병렬공진시 임피던스는 최대, 전류는 최소가 된다.

95 $Z = \sqrt{R^2 + X_L{}^2} = \sqrt{R^2 + (\omega L)^2}$ [Ω]

96 $X_L = 2\pi f L = 2\pi \times 60 \times 100 \times 10^{-3}$
$\fallingdotseq 37.7[\Omega]$

97 L만의 회로에서 전압, 전류의 위상 관계는?

① 동상이다.　　　　　　　　　　② 전압이 전류보다 90° 앞선다.
③ 전압이 전류보다 30° 앞선다.　　④ 전압이 전류보다 90° 뒤진다.

98 직렬 공진회로에서 회로의 리액턴스는 공진 주파수 f_r 보다 낮은 주파수에서는 어떻게 변화하는가?

① 유도성이다.　　　　　　　　　　② 용량성이다.
③ 무유도성이다.　　　　　　　　　④ 저항성이다.

99 RL 직렬회로에 $v = V_m \sin(\omega t - \theta)$인 전압을 가했을 때 회로에 흐르는 전류의 순시값은?　(단, $\phi = \tan^{-1}\dfrac{\omega L}{R}$)

① $i = V_m \sqrt{R^2 + \omega^2 L^2}\, sin(\omega t - \theta + \phi)$

② $i = \dfrac{V_m}{\sqrt{R^2 + \omega^2 L^2}}\, sin(\omega t - \theta - \phi)$

③ $i = \dfrac{V}{\sqrt{R^2 + (\omega L)^2}}\, sin(\omega t - \theta - \phi)$

④ $i = \dfrac{V}{\sqrt{R^2 + (\omega L)^2}}\, sin(\omega t - \theta + \phi)$

⊘ **ANSWER** | 97.② 98.② 99.③

97　인덕턴스 L만의 회로에서 전압 v는 전류 i보다 $\dfrac{\pi}{2}$[rad]만큼 위상이 앞선다.

98　공진 주파수보다 낮은 주파수에서는 용량성$\left(\dfrac{1}{\omega C} < \omega L\right)$, 공진 주파수보다 높은 주파수에서는 유도성$\left(\dfrac{1}{\omega C} < \omega L\right)$이 된다.

99　$V_m \sin(\omega t - \theta)$를 인가했으므로 전류 $i = I \sin(\omega t - \theta - \phi) = \dfrac{V}{\sqrt{R^2 + (\omega L)^2}}\, sin(\omega t - \theta - \phi)$

100 어느 회로에 교류전압을 가하면 유입전류가 0이 되고, 직류전압을 가하면 단락전류가 흐르는 회로의 구성으로 옳은 것은?

① RC 직렬회로

② LC 직렬회로

③ LC 병렬회로

④ RC 병렬회로

101 1[MHz]에서 150[Ω]의 리액턴스를 갖는 코일의 인덕턴스 [μH]는?

① 24

② 2.4

③ 0.24

④ 0.48

102 어떤 회로 소자에 v=141sin377t [V]의 전압을 가했더니 i=47sin377t [A]의 전류가 흘렀다. 이 회로 소자는?

① 순저항 소자

② 리액턴스 소자

③ 용량 리액턴스

④ 유도 리액턴스

✔ ANSWER | 100.③ 101.① 102.①

100 교류전압을 가하여 유입전류가 0인 경우는 LC 병렬회로가 공진한 때이며, 이 회로에 직류전압을 가하면 L에 의해 단락전류가 흐른다.

101 $L = \dfrac{X_L}{2\pi f} = \dfrac{150}{2\pi \times 1 \times 10^6} \fallingdotseq 24[\mu H]$

102 전압과 전류의 위상차가 없으므로 순저항 소자를 나타내는 것이다.

103 어떤 코일에 60[Hz], 10[V]의 교류전압을 가했더니 1[A]의 전류가 흐른다면 이 코일의 인덕턴스 [mH]는?

① 13.3
② 15.9
③ 26.5
④ 62.8

104 유도성 리액턴스가 100[Ω]인 코일에 1[A]의 전류를 흘릴 때의 전압강하는?

① 10[V]
② 100[V]
③ 50[V]
④ 500[V]

105 다음 중 "위상이 동상이다."라는 설명으로 옳은 것은?

① 전류가 전압보다 앞선다.
② 전류가 전압보다 뒤진다.
③ 전압과 전류가 동시에 변동이 일어난다.
④ 전압은 전류보다 합이 크다.

ANSWER | 103.③ 104.② 105.③

103 $X_L = \dfrac{v}{i} = \dfrac{10}{1} = 10[\Omega]$

$X_L = 2\pi f L[\Omega]$에서

$L = \dfrac{X_L}{2\pi f} = \dfrac{10}{2\pi \times 60} \fallingdotseq 26.5[\text{mH}]$

104 $V = I \cdot X_L = 1 \times 100 = 100[\text{V}]$

105 2개의 교류의 일치함을 뜻하므로 위상차가 없고 전류와 전압이 동시에 변하는 것을 말한다.

106 실효값이 5[A]이고 위상이 $\frac{\pi}{2}$[rad], 실효값이 $5\sqrt{3}$ [A]이고 위상이 0인 두 사인파 교류의 합성전류와 위상각은?

    ① 6.85[A], 45[°]   ② 10[A], 30[°]

    ③ $5\sqrt{3}$ [A], 45[°]   ④ 5[A], 90[°]

107 다음과 같은 병렬 공진회로의 주파수 대 전류 특성 곡선으로 옳은 것은?

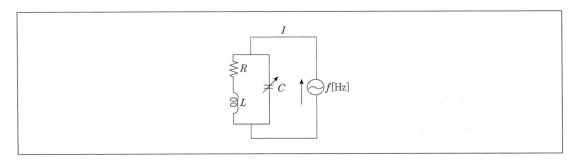

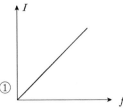

①   ②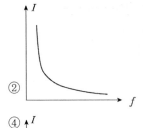

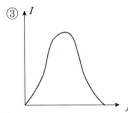

③   ④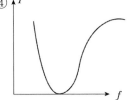

ⓥ ANSWER | 106.② 107.④

    106 $I_0 = \sqrt{I_1^2 + I_2^2} = \sqrt{5^2 + (5\sqrt{3})^2} \fallingdotseq 10$[A]

        위상각 $\phi = \tan^{-1}\dfrac{I_1}{I_2} = \tan^{-1}\dfrac{5}{5\sqrt{3}} \fallingdotseq 30$[°]

    107 병렬 공진시의 임피던스는 최대($\fallingdotseq \infty$)이므로 공진 주파수에서의 전류는 최소가 되는 ④의 특성을 갖는다.

108 $v_1 = \sqrt{2}\,V_1 \sin(\omega t + \phi_1)$, $v_2 = \sqrt{2}\,V_2 \sin(\omega t + \phi_2)$인 두 파가 동상이 될 수 있는 조건은?

① $\phi_1 = \phi_2$

② $\phi_1 > \phi_2$

③ $\phi_1 < \phi_2$

④ $\phi_1 = \phi_2 + \dfrac{\pi}{2}$

109 $V_m \sin(\omega t + 30°)$와 $V_m \cos(\omega t - 60°)$와의 위상차는?

① $30°$

② $60°$

③ $90°$

④ 동위상

110 정격전압이 100[V], 100[W]인 전구에 교류전압을 인가할 때 전압과 전류의 위상 관계로 옳은 것은?

① 전압이 전류보다 $90°$ 앞선다.

② 전압과 전류는 동상이다.

③ 전류가 $90°$ 앞선다.

④ 전압이 전류보다 $90°$ 뒤진다.

111 삼각파의 최댓값이 1이라면 실횻값, 평균값은 각각 얼마인가?

① $\dfrac{1}{\sqrt{2}}$, $\dfrac{1}{\sqrt{3}}$

② $\dfrac{1}{\sqrt{3}}$, $\dfrac{1}{2}$

③ $\dfrac{1}{\sqrt{2}}$, $\dfrac{1}{2}$

④ $\dfrac{1}{\sqrt{2}}$, $\dfrac{1}{3}$

ANSWER | 108.① 109.④ 110.② 111.②

108 동상 … 동일한 주파수에서 위상차(시간적인 차이)가 없는 것을 의미하며 $\phi_1 = \phi_2$가 되어야 한다.

109 $E_m \cos(\omega t - 60°) = E_m \sin(\omega t - 60° + 90°) = E_m \sin(\omega t + 30°)$이므로 동위상이다.

110 일반 전구는 순수한 저항 요소로 볼 수 있으므로 위상차가 없다.

111 삼각파의 실횻값 $\dfrac{V_m}{\sqrt{3}} = \dfrac{1}{\sqrt{3}}$, 평균값은 $\dfrac{V_m}{2} = \dfrac{1}{2}$

112 60[Hz]의 2개의 교류전압 위상차가 $\dfrac{\pi}{6}$[rad]이었다면 이 위상차를 시간으로 표시하면 몇 초인가?

① $\dfrac{1}{20}$[초]

② $\dfrac{1}{120}$[초]

③ $\dfrac{1}{180}$[초]

④ $\dfrac{1}{720}$[초]

113 $v = V_m \sin(\omega t + \phi)$의 식에 대한 설명으로 옳지 않은 것은?

① 위상차는 0이다.

② v는 순시값이다.

③ 주파수는 $\dfrac{\omega}{2\pi}$이다.

④ V_m은 최대값이다.

114 $I_m \sin(\omega t + 30°)$[A]인 전류와 $E_m \cos(\omega t - 30°)$[V]인 전압 사이의 위상차는 몇 [°]인가?

① 30[°]

② 60[°]

③ 0[°]

④ 90[°]

ANSWER |112.④ 113.① 114.①

112

$\omega = 2\pi f$ 에서 $2\pi \times 60 = \dfrac{\theta}{t}$ 이므로 $120\pi = \dfrac{\dfrac{\pi}{6}}{t}$

$t = \dfrac{\dfrac{\pi}{6}}{120\pi} = \dfrac{\pi}{720\pi} = \dfrac{1}{720}$(초)

113 위상각 $\theta = (\omega t + \phi)$이므로 $+\phi$만큼 앞선다.

114 $e = E_m \cos(\omega t - 30° + 90°) = E_m \sin(\omega t + 60°)$

$\therefore \phi = 30° - 60° = 30[°]$

224 PART Ⅱ. 회로

115 $R=5[\Omega]$, $L=10[\mathrm{mH}]$, $C=1[\mu\mathrm{F}]$가 직렬로 접속된 회로에 10[V]의 교류전압이 가해져서 공진상태가 될 때의 공진 주파수는?

① 1,600[Hz] ② 1,200[Hz]

③ 800[Hz] ④ 400[Hz]

116 다음과 같은 공진특성곡선에서 $f_1=980[\mathrm{kHz}]$, $f_2=1{,}020[\mathrm{kHz}]$, $f_r=1{,}000[\mathrm{kHz}]$일 때 Q의 크기로 옳은 것은?

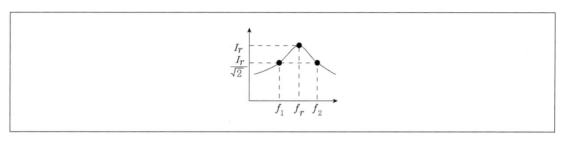

① 25 ② 50

③ 10 ④ 100

ANSWER | 115.① 116.①

115 $f=\dfrac{1}{2\pi\sqrt{LC}}$

$=\dfrac{1}{2\pi\sqrt{10\times10^{-3}\times1\times10^{-6}}}\fallingdotseq 1{,}600[\mathrm{Hz}]$

116 $Q=\dfrac{f_\gamma}{f_2-f_1}=\dfrac{1{,}000}{1{,}020-980}=25$

117 다음 회로에서 임피던스는?

① $\sqrt{\dfrac{1}{R^2}+(\omega C)^2}$

② $\dfrac{1}{\sqrt{\dfrac{1}{R^2}+\dfrac{1}{\omega C^2}}}$

③ $\sqrt{R^2+\left(\dfrac{1}{\omega C}\right)^2}$

④ $\dfrac{1}{\sqrt{\dfrac{1}{R^2}+(\omega C)^2}}$

118 직렬 공진회로에서 Q를 표시한 것 중 옳은 것은?

① $\dfrac{1}{R}\sqrt{\dfrac{L}{C}}$

② $\dfrac{1}{R}\sqrt{\dfrac{C}{L}}$

③ $\dfrac{1}{L}\sqrt{\dfrac{C}{R}}$

④ $\dfrac{1}{L}\sqrt{\dfrac{R}{C}}$

🗸 ANSWER | 117.④ 118.①

117 $Z=\dfrac{V}{I}=\dfrac{1}{\sqrt{\dfrac{1}{R^2}+(\omega C)^2}}\,[\Omega]$

118 $Q=\dfrac{\omega L}{R}=\dfrac{1}{\omega CR}=\dfrac{1}{R}\sqrt{\dfrac{L}{C}}$

119 다음과 같은 병렬회로의 전체 임피던스는?

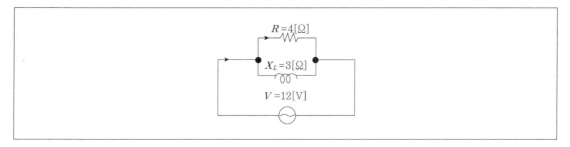

① 2.4[Ω]

② 3.5[Ω]

③ 4.6[Ω]

④ 7[Ω]

120 RL 병렬회로의 임피던스는?

① $\dfrac{R}{\sqrt{R^2 + {X_L}^2}}$

② $\dfrac{1}{\sqrt{R^2 + {X_L}^2}}$

③ $\dfrac{RX_L}{\sqrt{R^2 + {X_L}^2}}$

④ $\dfrac{L}{\sqrt{R^2 + {X_L}^2}}$

121 다음 중 직렬 공진시 최대가 되는 것은?

① 전류

② 임피던스

③ 리액턴스

④ 저항

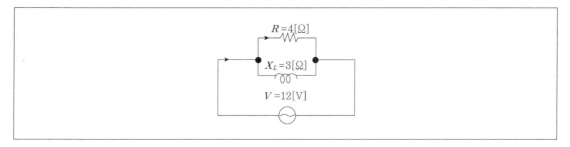 **ANSWER** | 119.① 120.③ 121.①

119 $Z = \dfrac{RX_L}{\sqrt{R^2 + {X_L}^2}} = \dfrac{4 \times 3}{\sqrt{4^2 + 3^2}} = 2.4[\Omega]$

120 $I = V \cdot \dfrac{\sqrt{R^2 + {X_L}^2}}{RX_L}$[A]에서 $Z = \dfrac{R \cdot jX_L}{R + jX_L} = \dfrac{RX_L}{\sqrt{R^2 + {X_L}^2}}$

121 직렬 공진시 회로의 임피던스는 최소가 되며, 전류는 최대가 된다.

122 $R = 4[\Omega]$, $X_L = 8[\Omega]$, $X_C = 5[\Omega]$의 직렬회로에 100[V]의 교류전압을 가할 때 이 회로에 흐르는 전류 [A]는?

① 5   ② 10

③ 20   ④ 40

123 다음 중 RL 병렬회로의 임피던스는?

① $Z = \sqrt{R^2 + (\omega L)^2}$ ② $Z = \dfrac{1}{\sqrt{R^2 + (\omega L)^2}}$

③ $Z = \sqrt{\left(\dfrac{1}{R}\right)^2 + \left(\dfrac{1}{\omega L}\right)^2}$ ④ $Z = \dfrac{1}{\sqrt{\left(\dfrac{1}{R}\right)^2 + \left(\dfrac{1}{\omega L}\right)^2}}$

124 RLC 직렬회로에서 전류가 전압보다 위상이 앞서기 위해서 만족해야 할 조건으로 옳은 것은?

① $X_L > X_C$ ② $X_L < X_C$

③ $X_L = \dfrac{1}{X_C}$ ④ $X_L = X_C$

✔ **ANSWER** | 122.③ 123.④ 124.②

122 $Z = \sqrt{R^2 + (X_L - X_C)^2} = \sqrt{4^2 + (8-5)^2} = 5[\Omega]$

$I = \dfrac{V}{Z} = \dfrac{100}{5} = 20[A]$

123 $Z = \dfrac{1}{\sqrt{\left(\dfrac{1}{R}\right)^2 + \left(\dfrac{1}{X_L}\right)^2}} = \dfrac{1}{\sqrt{\left(\dfrac{1}{R}\right)^2 + \left(\dfrac{1}{\omega L}\right)^2}}[\Omega]$

124 용량성 회로가 되어야 하므로 $X_L < X_C$이어야 한다.

125 다음과 같은 회로에서 E의 전압은?

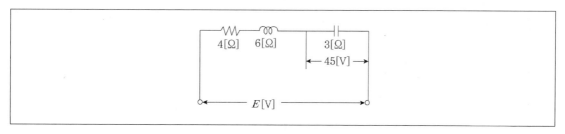

① 58[V]
② 60[V]
③ 75[V]
④ 90[V]

126 저항 R과 인덕턴스 L 및 커패시턴스 C를 직렬로 접속한 회로에서 최대 전류를 흐르게 하는 조건은?

① $\omega L + \dfrac{1}{\omega C} = 1$

② $\omega L - \dfrac{1}{\omega C} = 0$

③ $\omega L + \dfrac{1}{\omega C} = 0$

④ $\dfrac{1}{\omega C} = 1$

---

125 회로의 전류 $I = \dfrac{V_C}{X_C} = \dfrac{45}{3} = 15[\text{A}]$

$V = ZI = \sqrt{R^2 + (X_L - X_C)^2} \cdot I$

$= \sqrt{4^2 + (6-3)^2} \times 15 = 75[\text{V}]$

126 최대 전류의 조건은 공진 때, 즉 $X_L = X_C$인 때이므로

$\omega L = \dfrac{1}{\omega C}, \ \ \omega L - \dfrac{1}{\omega C} = 0$

127 다음과 같이 a − b 단자의 전압과 전류가 동상이 되려면 어떤 식이 성립되어야 하는가?

① $\omega L^2 C^2 = 1$ ② $\omega^2 LC = 1$
③ $\omega LC = 1$ ④ $\omega = LC$

128 다음과 같은 RLC 직렬회로의 각 소자의 양단전압을 측정한 결과 $V_R = 30[V]$, $V_L = 50[V]$, $V_C = 10[V]$이었다. a − b 사이의 전압 V는 몇 [V]인가?

① 20[V]   ② 50[V]
③ 70[V]   ④ 90[V]

127 $\omega L = \dfrac{1}{\omega C}$ 에서 $\omega^2 LC = 1$

128 $V = \sqrt{V_R^2 + (V_L - V_C)^2}$
$= \sqrt{30^2 + (50-10)^2} = 50[V]$

129 저항 6[Ω], 유도 리액턴스 10[Ω], 용량 리액턴스 2[Ω]인 직렬회로의 임피던스는 얼마인가?

① 6[Ω]

② 8[Ω]

③ 10[Ω]

④ 12[Ω]

130 다음과 같은 회로에 10[A]의 전류가 흐르게 하려면 a, b 양단에 가해야 할 전압은 몇 [V]인가?

① 60

② 80

③ 100

④ 120

129 $Z = \sqrt{R^2 + (X_L - X_C)^2} = \sqrt{6^2 + (10-2)^2} = 10[\Omega]$

130 $Z = \sqrt{R^2 + X_C^2} = \sqrt{8^2 + 6^2} = 10[\Omega]$

$V = IZ = 10 \times 10 = 100[V]$

필수
암기노트

03 교류전력

① 교류전력

(1) 피상전력[VA]

전압과 전류의 실효값을 곱해서 얻는다.

교류의 부하 또는 전원의 용량을 표시하는 전력

$$P= VI[VA] \quad P_a = VI = I^2|Z| = \frac{V^2Z}{R^2+X^2} = \sqrt{P^2+P_r^2}\,[VA]$$

(2) 유효전력 [W]

① 피상전력에 역률을 곱해서 얻는다.

② **전원에서 부하로 실제 소비되는 전력**

 ㉠ 저항R만의 회로에서

$$P= VI\cos\theta = I^2R = \frac{V^2}{R}[W]$$

 ㉡ R−L, R−C회로에서

$$P= VI\cos\theta = I^2R = (\frac{V}{Z})^2R[W]$$
$$= \frac{V^2R}{R^2+X^2}$$

Q 예제문제 _01

$V = 100\angle\frac{\pi}{3}$[V]의 전압을 가하니 $I = 10\sqrt{3}+j10$[A]
의 전류가 흘렀다. 이 회로의 무효전력, 유효전력, 피
상전력은 얼마인가?

✔ $\dot{V} = 100\angle\frac{\pi}{3}$

$\dot{I} = 10\sqrt{3}+j10 = 20\angle 30° = 20\angle\frac{\pi}{6}$

따라서 전압과 전류의 위상차는 $\frac{\pi}{6}=30°$ 이다

피상전력은 $P_a = VI = 100\times 20 = 2000[VA]$

유효전력은 $P = VI\cos\theta = 100\times 20\times\cos 30°$
$= 1000\sqrt{3} = 1732[W]$

무효전력은 $P_r = VI\sin\theta = 100\times 20\times\sin 30°$
$= 1000[Var]$

전류의 위상 $\theta = \tan^{-1}\frac{10}{10\sqrt{3}}$
$= \tan^{-1}\frac{1}{\sqrt{3}} = 30°$

---

(3) 무효전력 [Var]

① 피상전력에 무효율을 곱해서 얻는다.

② 실제로는 아무런 일을 하지 않아 부하에서는 이용할 수 없는 전력이다.

    ㉠ X 만의 회로에서

$$P_r = VI\sin\theta = I^2 X = \frac{V^2}{X}[\text{Var}]$$

    ㉡ R–L, R–C회로에서

$$P_r = VI\sin\theta = I^2 X = (\frac{V}{Z})^2 X$$
$$= \frac{V^2 X}{R^2 + X^2}[\text{Var}]$$

Q 예제문제 _02

R–L–C병렬회로에서 L에 흐르는 전류 $I_1 = 2e^{-j\frac{\pi}{3}}$[A], C에 흐르는 전류 $I_2 = 5e^{j\frac{\pi}{3}}$[A], 저항 R에 흐르는 전류 $I_3 = 1$[A]이다. 이 단상 회로에서의 평균전력 및 무효전력은? (단 저항은 10[Ω]이다)

✔ $V_3 = I_3 R = 1 \times 10 = 10$[V] : 병렬회로이므로 전원 전압이 10[V]임을 알 수가 있다.

$\dot{P}_3 = I_3^2 \cdot R = 1^2 \times 10 = 10$[W]

I_1에 의한 전력

$\dot{P}_1 = \dot{V} \cdot \dot{I}_1 = 10 \cdot 2 \cdot e^{-j\frac{\pi}{3}}$

$= 20\left(\cos\frac{\pi}{3} - j\sin\frac{\pi}{3}\right) = 10 - j10\sqrt{3}$

I_2에 의한 전력 $\dot{P}_2 = \dot{V} \cdot \dot{I}_2 = 10 \cdot 5e^{j\frac{\pi}{3}}$

$= 50 \cdot \left(\cos\frac{\pi}{3} + j\sin\frac{\pi}{3}\right) = 25 + j25\sqrt{3}$

따라서 부하전력의 합은

$P = P_1 + P_2 + P_3 = 10 + 25 + 45$[W]

무효전력은

$P_r = P_{r_1} + P_{r_2} = -j10\sqrt{3} + j25\sqrt{3}$

$= j15\sqrt{3}$ [VAR]

Q 실전문제 _01   한국중부발전

피상전력의 크기가 A[VA]이고, 역률이 0.8인 경우 무효전력의 크기[Var]는 얼마인가?

① 0.5A   ② 0.6A

③ 0.7A   ④ 0.8A

✔ 역률($\cos\theta$)이 0.80이면 무효율($\sin\theta$)은 0.60이므로

$\cos^2\theta + \sin^2\theta = 1$, $\sin\theta = \sqrt{1-\cos^2\theta} = \sqrt{1-0.8^2} = 0.6$

무효전력 = 피상전력 × 무효율 = $0.6A$

답 ②

---

(4) 역률

피상전력에 대한 유효전력의 비율을 역률이라 한다. 이는 전기기기에 실제로 걸리는 전압과 전류가 얼마나 유효하게 일을 하는가 하는 비율을 의미한다.

$$\cos\theta = \frac{\text{유효전력}}{\text{피상전력}} = \frac{P}{P_a} = \frac{P}{VI} = \frac{R}{|Z|}$$

회로에서 유효전력이 50[W]이고, 무효전력이 120[Var]이다. 이때의 역률은 약 얼마인가?

① 24[%]

② 38[%]

③ 48[%]

④ 62[%]

✔ 피상전력 $P_a = P + jP_r [VA]$이므로 $P_a = \sqrt{50^2 + 120^2} = 130[VA]$

따라서 역률은 $\cos\theta = \dfrac{P}{P_a} = \dfrac{50}{130} = 0.38$

답 ②

(5) 무효율

$$\sin\theta = \frac{무효전력}{피상전력} = \frac{P_r}{P_a} = \frac{P_r}{VI} = \frac{X}{|Z|}$$

(6) 복소전력

전압과 전류가 복소수일 때 전력을 구하는 방법이다. 이때 전압과 전류의 위상이 작아지도록 하나를 켤레복소수로 곱해서 구한다. 구해서 얻은 값에서는 실수부가 유효전력이되고 허수부가 무효전력이 되는 것이다.

$V = V_1 + jV_2$ $I = I_1 + jI_2$일 때

$P_a = \overline{V}I = (V_1 - jV_2)(I_1 + jI_2) = (V_1I_1 + V_2I_2) + j(V_1I_2 - V_2I_1) = P + jP_r$

여기서 P는 유효전력, P_r은 무효전력이다.

$P_r > 0$: 진상전류에 의한 진상무효전력(용량성)

$P_r < 0$: 지상전류에 의한 지상무효전력(유도성)

기출예상문제

1 다음 중 유효전력을 나타내는 것은?

① $P = VI$

② $P = VI\sin\theta$

③ $P = I^2 X$

④ $P = VI\cos\theta$

2 전력을 $Q = VI\sin\theta$ 로 나타내는 전력의 단위로 적당한 것은?

① [W]

② [VA]

③ [Wh]

④ [Var]

3 회로에서 전압과 전류의 실효값이 각각 20[V], 4[A]이고 역률이 0.6인 경우 소비전력의 크기[W]는?

〈한국중부발전〉

① 16

② 24

③ 32

④ 48

⊘ ANSWER | 1.④ 2.④ 3.④

1 유효전력 $P = VI\cos\theta = I^2 R$
(P : 유효전력[W], I : 전류[A], V : 전압[V], θ : 이루는 각[rad], R : 저항[Ω])

2 $Q = VI\sin\theta$ 는 무효전력을 나타내는 표현식이다.
부하에서 전력으로 사용될 수 없는 전력으로 단위는 [Var] 혹은 [kVar]를 사용한다.

3 소비전력은 유효전력이다.
$P = VI\cos\theta = 20 \times 4 \times 0.6 = 48[W]$

4 저항 20[Ω]에 실효값이 100인 사인파 전압을 인가할 때 저항에서 소비되는 유효전력은?

① 100[W]
② 200[W]
③ 300[W]
④ 500[W]

5 전압 $V = 100 + j50$[V], 전류 $I = 6 + j8$[A]일 때 유효전력 및 무효전력은?

① 1,000[W], 500[Var]
② 200[W], 1,100[Var]
③ 500[W], 1,000[Var]
④ 1,100[W], 200[Var]

6 역률 60[%]인 부하의 유효전력이 120[KW]일 때 무효전력은 몇 [KVar]인가?

〈대전시설관리공단〉

① 80
② 100
③ 120
④ 160

⊘ ANSWER | 4.④ 5.① 6.④

4 $P = \dfrac{V^2}{R} = \dfrac{100^2}{20} = 500[\text{W}]$

5 $P = \overline{V}I$
$= (100 - j50)(6 + j8)$
$= 600 + j800 - j300 - j^2400$
$= 600 + j500 + 400$
$= 1,000 + j500$
유효전력은 1,000[W], 무효전력은 500[Var]이다.

6 역률이 60[%]인 유효전력이 120[KW]이면 피상전력은 $\dfrac{120}{0.6} = 200[VA]$
따라서 무효전력 $P_r = P_a \sin\theta = 200 \times 0.8 = 160[KVar]$

7 전원전압이 100[V]에 역률이 80[%]인 소형 전동기를 연결하였더니 5[A]의 전류가 흘렀다면 전동기 소비 전력은?

① 100[W]　　　　　　　　　　② 200[W]
③ 400[W]　　　　　　　　　　④ 500[W]

8 출력이 100[kW], 역률이 80[%]인 전동기의 피상전력은?

① 100[kVA]　　　　　　　　　② 125[kVA]
③ 150[kVA]　　　　　　　　　④ 200[kVA]

9 역률 0.6인 300[kW]의 단상부하를 1시간 동안 사용할 경우 무효전력은?

① 200[Kvar]　　　　　　　　② 300[Kvar]
③ 400[Kvar]　　　　　　　　④ 500[Kvar]

✅ ANSWER | 7.③ 8.② 9.③

7　$P = VI\cos\theta = 100 \times 5 \times 0.8 = 400\,[\mathrm{W}]$

8　$P_a = \dfrac{P}{\cos\theta} = \dfrac{100}{0.8} = 125\,[\mathrm{kVA}]$

9　$P = VI\cos\theta = P_a\cos\theta$
　　$P_a = \dfrac{P}{\cos\theta} = \dfrac{300}{0.6} = 500\,[\mathrm{kVA}]$
　　$P_a = \sqrt{P^2 + P_r{}^2}$
　　무효전력 $P_r = \sqrt{P_a{}^2 - P^2} = \sqrt{500^2 - 300^2}$
　　　　　　$= 400\,[\mathrm{Kvar}]$

10 임피던스가 $4+j5[\Omega]$인 RL 직렬회로에 $100[V]$의 교류전압을 인가할 때 유효전력은?

① $980[W]$ ② $1,290[W]$

③ $1,610[W]$ ④ $1,800[W]$

11 저항만인 부하에 $V=\sqrt{2}\,V\sin\omega t[V]$의 교류전압을 가할 때 $I[A]$의 전류가 흐른다면, 저항에서 소비되는 전력 $[W]$은?

① $VI\cos\theta$ ② VI

③ $VI\sin\theta$ ④ $\dfrac{VI}{2}$

12 RX 직렬회로에 $I[A]$의 전류가 흐르는 경우 유효전력 P와 무효전력 P_r은?

① $P=I^2\sqrt{R^2+X^2}$, $P_r=I^2R$ ② $P=I^2R$, $P_r=I^2X$

③ $P=I^2\sqrt{R^2+X^2}$, $P_r=I^2R$ ④ $P=I^2X$, $P_r=I^2R$

✅ **ANSWER** | 10.①   11.②   12.②

10 $I=\dfrac{V}{Z}=\dfrac{100}{4+j5}=\dfrac{100(4-j5)}{(4+j5)(4-j5)}=\dfrac{400-j500}{16+25}=\dfrac{400-j500}{41}=9.8-j12.2$

복소전력 $P_a=VI=100(9.8-j12.2)=980+j1,220[VA]$

실수부는 유효전력, 허수부는 무효전력을 나타낸다.

11   저항만의 회로이므로 $\cos\theta=1$이 되어

$P=VI\cos\theta=VI[W]$

12   유효전력 $P=I^2R[W]$, 무효전력 $P_r=I^2X[Var]$

13 $Z = 4 + j3$의 회로에 120[V]의 교류전압을 인가할 경우 무효전력 및 피상전력은 얼마인가?

① 576[Var], 960[VA]

② 1,152[Var], 1,920[VA]

③ 1,296[Var], 2,160[VA]

④ 1,728[Var], 2,880[VA]

14 저항 10[Ω], 리액턴스 10[Ω]의 직렬회로에 200[V]의 교류전압을 인가할 경우 전압과 전류의 유효분은 얼마인가?

전압	전류
① 93[V]	65[A]
② 112[V]	7.8[A]
③ 140[V]	9.8[A]
④ 210[V]	15[A]

ANSWER | 13.④ 14.③

13 $I = \dfrac{V}{Z} = \dfrac{120}{\sqrt{4^2 + 3^2}} = \dfrac{120}{5} = 24\,[\mathrm{A}]$

무효전력 $P_r = I^2 X = 24^2 \times 3 = 1,728\,[\mathrm{Var}]$

피상전력 $P_a = I^2 Z = 24^2 \times 5 = 2,880\,[\mathrm{VA}]$

14 역률 $\cos\theta = \dfrac{R}{\sqrt{R^2 + X^2}} = \dfrac{10}{\sqrt{10^2 + 10^2}} = 0.7$

$I = \dfrac{V}{Z} = \dfrac{V}{\sqrt{R^2 + X^2}} = \dfrac{200}{\sqrt{10^2 + 10^2}} \fallingdotseq 14\,[\mathrm{A}]$

전류의 유효분을 구하는 것이므로 역률을 이용하여 구하면 된다.

전압의 유효분 $V_e = V\cos\theta = 200 \times 0.7 = 140\,[\mathrm{V}]$

전류의 유효분 $I_e = I\cos\theta = 14 \times 0.7 = 9.8\,[\mathrm{A}]$

15 다음 회로에서 최대전력 전달조건으로 저항 R을 변화시킬 경우 저항에서 소비되는 최대전력은?

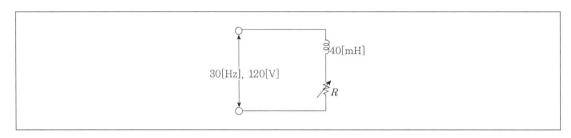

① 670[W]

② 960[W]

③ 1,240[W]

④ 1,730[W]

16 출력이 5[kW], 효율이 60[%]인 전동기를 1시간 사용했을 때 소비되는 전력량은?

① 1[kWh]

② 2[kWh]

③ 3[kWh]

④ 4[kWh]

17 10[Ω]인 저항의 허용전류를 4[A]라고 할 때 허용전력은?

① 40[W]

② 80[W]

③ 120[W]

④ 160[W]

ANSWER | 15.② 16.③ 17.④

---

15 $R = \omega L$일 경우 최대전력 전달조건이므로

$R = \omega L = 2\pi \times 30 \times 40 \times 10^{-3} = 7.5\,[\Omega]$

$I = \dfrac{V}{Z} = \dfrac{V}{\sqrt{R^2 + (\omega L)^2}} = \dfrac{V}{\sqrt{2}\,R}$

$P = I^2 R = \left(\dfrac{V}{\sqrt{2}\,R}\right)^2 \times R = \dfrac{V^2}{2R} = \dfrac{120^2}{2 \times 7.5} = 960\,[\text{W}]$

16 $W = Pt\eta = 5,000 \times 1 \times 0.6 = 3,000 = 3\,[\text{kWh}]$

17 $P = I^2 R = 4^2 \times 10 = 160\,[\text{W}]$

18 20[Ω]의 저항에 $V = 120\sin\omega t$[V]의 전압을 인가하였을 때 순시전력은 얼마인가?

① $210\sin^2\omega t$ [W]　　　　　　　　　② $360\sin^2\omega t$ [W]
③ $570\sin^2\omega t$ [W]　　　　　　　　　④ $720\sin^2\omega t$ [W]

19 다음과 같은 회로의 단자 a, c에 120[V]를 인가할 경우 최대전력이 소모되는 저항은?

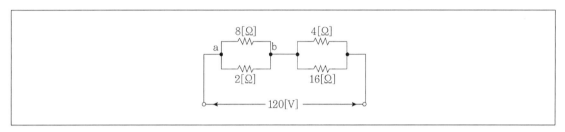

① 2[Ω]　　　　　　　　　　　② 4[Ω]
③ 8[Ω]　　　　　　　　　　　④ 16[Ω]

18　$I = \dfrac{V}{R} = \dfrac{120}{20}\sin\omega t = 6\sin\omega t$ [A]

$P = VI = 120\sin\omega t \times 6\sin\omega t = 720\sin^2\omega t$ [W]

19

$E_{ab} = \dfrac{R_{ab}}{R_{ab} + R_{bc}} \times 120 = \dfrac{\dfrac{8\times2}{8+2}}{\dfrac{8\times2}{8+2} + \dfrac{4\times16}{4+16}} \times 100 = \dfrac{1.6}{1.6+3.2} \times 100 = 33.3 \fallingdotseq 33$ [V]

$E_{bc} = 120 - E_{ab} = 120 - 33 = 87$ [V]

$P = \dfrac{E^2}{R}$ 에서

2[Ω]에서 소모되는 전력 $P_2 = \dfrac{33^2}{2} = 544.5$ [W]

4[Ω]에서 소모되는 전력 $P_4 = \dfrac{87^2}{4} = 1,892.3$ [W]

8[Ω]에서 소모되는 전력 $P_8 = \dfrac{33^2}{8} = 136.13$ [W]

16[Ω]에서 소모되는 전력 $P_{16} = \dfrac{87^2}{16} = 473.1$ [W]

20 저항이 5[Ω], 유도 리액턴스가 4[Ω]이 직렬연결된 회로에 $v = 210\sqrt{2}\ sin\omega t$[V]의 전압을 인가하였을 때 회로에 소비되는 전력은?

① 1.6[kW]
② 2.7[kW]
③ 5.4[kW]
④ 6.4[kW]

21 저항 $R = 20$[Ω], 리액턴스 $L = 100$[mH]인 코일에 120[V], 40[Hz]의 전압을 인가하였을 때 소비되는 전력은?

① 112[W]
② 169[W]
③ 281[W]
④ 364[W]

22 한 회로의 유효전력이 600[W], 무효전력이 800[Var]일 때 피상전력은?

① 1[kVA]
② 600[kVA]
③ 800[kVA]
④ 1.4[kVA]

ANSWER | 20.③ 21.③ 22.①

20 $I = \dfrac{V}{Z} = \dfrac{V}{\sqrt{R^2 + X_L^2}} = \dfrac{210}{\sqrt{5^2 + 4^2}} = 32.8$ [A]

$P = I^2 R = 32.8^2 \times 5$
$= 5,379.2 \fallingdotseq 5.4$ [kW]

21 $X_L = 2\pi f L = 2\pi \times 40 \times 100 \times 10^{-3} = 25.12$ [Ω]

$I = \dfrac{V}{Z} = \dfrac{V}{\sqrt{R^2 + X_L^2}} = \dfrac{120}{\sqrt{20^2 + 25.12^2}} = 3.75$ [A]

$P = I^2 R = 3.75^2 \times 20 = 281.25 \fallingdotseq 281$ [W]

22 $P_a = \sqrt{P^2 + P_r^2} = \sqrt{600^2 + 800^2}$
$= 1000$[VA] $= 1$ [kVA]

23 $R = 5[\Omega]$, $X_C = 6[\Omega]$이 직렬연결된 회로에 12[A]의 전류를 흘릴 경우 교류전력은?

① $720 + j\,864[\text{VA}]$ ② $864 + j\,720[\text{VA}]$

③ $720 - j\,864[\text{VA}]$ ④ $864 - j\,720[\text{VA}]$

24 $R = 6[\Omega]$과 $X_L = 12[\Omega]$ 그리고 $X_C = -4[\Omega]$가 직렬로 연결된 회로에 220 [V]의 교류전압을 인가할 때, 흐르는 전류[A] 및 역률은?

	전류[A]	역률
①	10	0.6
②	$10\sqrt{2}$	0.8
③	22	0.6
④	$22\sqrt{2}$	0.8

23 $P = I^2 R = 12^2 \times 5 = 720[\text{W}]$
$P_r = I^2 X_C = 12^2 \times 6 = 864[\text{Var}]$
$\therefore 720 + j\,864[\text{VA}]$

24   R–L–C 직렬 회로의 임피던스는 $Z = \sqrt{R^2 + (X_L - X_C)^2}$ 이므로
$Z = \sqrt{6^2 + (12 - 4)^2} = 10[\Omega]$이므로 $I = \dfrac{V}{Z} = \dfrac{220}{10} = 22[A]$
역률 $\cos\theta = \dfrac{R}{Z} = \dfrac{6}{10} = 0.6$

04 다상교류

① 결선의 종류

(1) Y결선

중성점 접지를 해서 선로 사고 시에 전위상승을 방지할 수가 있다. 주요 3상 전력의 송전방식으로 이용된다. 선전류가 상전류와 같고 선간전압은 상전압의 $\sqrt{3}$ 배가 된다.

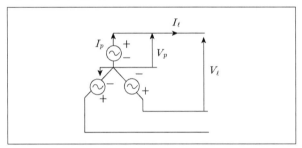

$I_\ell = I_p$ 선전류와 상전류가 같다.

$V_\ell = \sqrt{3}\, V_p \angle 30°$

$P = 3\,V_p I_p \cos\theta = 3\dfrac{V_\ell}{\sqrt{3}} I_\ell \cos\theta = \sqrt{3}\, VI\cos\theta\,[\mathrm{W}]$

Q 예제문제 _01

그림과 같은 대칭 3상 회로가 있다. I_a의 크기 및 I_c위 위상각은? (단, $E_a = 120\angle 0°$, $Z_l = 4 + j6[\Omega]$, $Z = 20 + j12[\Omega]$이다.)

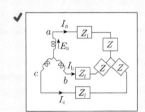

전원과 부하가 모두 Y이므로

$Z' = Z_l + Z = 4 + j6 + 20 + j12 = 24 + j18$

$\dot{Z}' = \sqrt{24^2 + 18^2} \angle \tan^{-1}\dfrac{18}{24} = 30\angle \tan^{-1}\dfrac{3}{4}$

① I_a의 크기 … $|I_a| = \dfrac{|E_a|}{|Z'|} = \dfrac{120}{30} = 4[\mathrm{A}]$

② I_c의 위상각 … $\tan^{-1}\dfrac{3}{4} + 120°$

Q 실전문제 _01   한국중부발전

Y결선에서 상전압이 $20\sqrt{3}\,[V]$일 경우 선간전압의 크기[V]는?

① $10\sqrt{3}$ ② 30

③ $30\sqrt{3}$ ④ 60

✔ Y결선에서는 선간전압이 상전압보다 $\sqrt{3}$ 배 크게 되므로

$V_l = \sqrt{3}\, V_p = \sqrt{3} \times 20\sqrt{3} = 60[V]$

답 ④

⑵ △ 결선

상전압과 선간전압이 같으며 선전류는 상전류보다 $\sqrt{3}$ 배가 크다. 이 결선법은 3고조파를 제거할 수가 있으며 1상이 고장나면 V결선으로 3상전원을 공급할 수가 있는 장점이 있다.

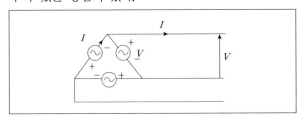

$I_\ell = \sqrt{3}\,I_p \angle -30^\circ$

$V_\ell = V_p$ 선간전압과 상전압은 같다

$P = 3\,V_p I_p \cos\theta = 3\,V_\ell \dfrac{I_\ell}{\sqrt{3}} \cos\theta = \sqrt{3}\,VI\cos\theta\,[W]$

Y결선, △결선 모두 3상 전력식은 $\sqrt{3}\,VI\cos\theta$이며 이때 V, I는 선간전압, 선전류, θ는 전압과 전류의 위상차이다.

Q 예제문제 _ 02

△ 결선의 상전류가 각각 $I_{ab} = 4\angle -36^\circ$, $I_{bc} = 4\angle -156^\circ$, $I_{ca} = 4\angle -276^\circ$ 이다. 선전류 I_c는 약 얼마인가?

✔ 델타결선에서는 선전류가 상전류보다 $\sqrt{3}$ 배만큼 크고 위상이 30° 늦는다.

$I_c = \sqrt{3} \cdot I_{ca} \angle -30^\circ$
$\quad = \sqrt{3} \times 4 \angle -276 -30^\circ$
$\quad = 6.93 \angle -306^\circ$

	PLUS CHECK 3상교류	
항목	Y결선	△결선
전압	$V_l = \sqrt{3}\,V_P \angle 30^o$	$V_l = V_p$
전류	$I_l = I_p$	$I_l = \sqrt{3}\,I_P \angle -30^o$
전력	$P_a = 3\,V_p I_p = \sqrt{3}\,V_l I_l = 3\dfrac{V_p^2 Z}{R^2 + X^2}\ [VA]$ $P = 3\,V_p I_p \cos\theta = \sqrt{3}\,V_l I_l \cos\theta = 3\dfrac{V_p^2 R}{R^2 + X^2}\ [W]$ $P_r = 3\,V_p I_p \sin\theta = \sqrt{3}\,V_l I_l \sin\theta = 3\dfrac{V_p^2 X}{R^2 + X^2}\ [Var]$	

선간전압이 일정한 경우 평형3상회로 임피던스를 △ 결선에서 Y결선으로 변경하였을 경우 소비전력은 어떻게 되는가?

① 3배   ② 6배

③ 9배   ④ 1/3배

⑤ 1/9배

> ✔ 평형3상에서 임피던스가 △ 결선에서 Y결선으로 변경하면 1/3으로 감소한다.
>
> $$P_\triangle = 3\frac{V_p^2}{R} = 3\frac{V_l^2}{R}\,[W], \quad P_Y = 3\frac{V_p^2}{R} = 3\frac{(\frac{V_l}{\sqrt{3}})^2}{R} = \frac{V_l^2}{R}\,[W]$$
>
> 따라서 소비전력은 1/3으로 감소한다.
>
> 답 ④

② n상교류

결선	Y(성형결선)	△(환상결선)
전압	$V_l = 2\sin\dfrac{\pi}{n}V_p$	$V_l = V_p$
전류	$I_l = I_p$	$I_l = 2\sin\dfrac{\pi}{n}I_p$
위상	$\theta = \dfrac{\pi}{2} - \dfrac{\pi}{n}$ 만큼 선간전압이 앞선다.	$\theta = \dfrac{\pi}{2} - \dfrac{\pi}{n}$ 만큼 선전류가 뒤진다.
전력	$P = nV_pI_p\cos\theta = \dfrac{n}{2\sin\dfrac{\pi}{n}}V_lI_l\cos\theta \ [\text{W}]$	

3 $Y-\triangle$ 임피던스 등가 변환

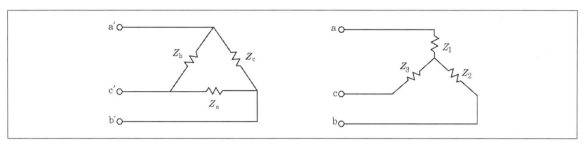

(1) $\triangle - Y$ 변환

$$Z_1 = \frac{Z_b \times Z_c}{Z_a + Z_b + Z_c} [\Omega]$$

$$Z_2 = \frac{Z_a \times Z_c}{Z_a + Z_b + Z_c} [\Omega]$$

$$Z_3 = \frac{Z_b \times Z_a}{Z_a + Z_b + Z_c} [\Omega]$$

Q 예제문제 _03

각 상의 임피던스가 $Z = 16 + j12 [\Omega]$인 평형 3상 Y 부하가 정현파 상전류가 10[A]가 흐를 때, 이 부하의 선간 전압의 크기는?

✔ $V_P = I_P \cdot Z_P \ |Z_p| = \sqrt{16^2 + 12^2} = 20$
$= 10 \times 20 = 200[V]$
$V_l = \sqrt{3} \times 200 = 346[V]$

만약 부하가 $Z_1 = Z_2 = Z_3 = Z$ 인 대칭 부하라면, $Y-\triangle$ 변환에서 $Z_a = Z_b = Z_c = 3Z$가 된다.

(2) $Y-\triangle$ 변환

$$Z_a = \frac{Z_1 Z_2 + Z_2 Z_3 + Z_3 Z_1}{Z_1} [\Omega]$$

$$Z_b = \frac{Z_1 Z_2 + Z_2 Z_3 + Z_3 Z_1}{Z_2} [\Omega]$$

$$Z_c = \frac{Z_1 Z_2 + Z_2 Z_3 + Z_3 Z_1}{Z_3} [\Omega]$$

❹ 다상회로의 전력

(1) 3상 회로의 전력

① 유효전력
$$P = 3P_1 = 3V_PI_P\cos\theta = \sqrt{3}\ VI\cos\theta = 3I_P^2R[\text{W}]$$

② 무효전력
$$P_r = 3P_{r1} = 3V_PI_P\sin\theta = \sqrt{3}\ VI\sin\theta = 3I_P^2X[\text{Var}]$$

③ 피상전력
$$P_a = 3P_{a1} = 3V_PI_P = \sqrt{3}\ VI = 3I_P^2|Z|[\text{VA}]$$

④ 역률 $\cos\theta = \dfrac{P}{P_a}$

(2) n상 회로의 전력

유효전력

$$P = nP_1 = nV_PI_P\cos\theta = \frac{n}{2\sin\dfrac{\pi}{n}}\ VI\cos\theta = nI_P^2R$$

Q 예제문제 _04

$Z = 8 + j6[\Omega]$인 평형 Y부하에 선간전압 200[V]인 대칭 선간전압을 인가할 때 3상전력[kW]은?

✔ $P = 3P_1 = 3I_P^2R$ [W]

$\quad = 3 \times (\dfrac{\frac{200}{\sqrt{3}}}{\sqrt{8^2 + 6^2}})^2 \times 8 = 3200 = 3.2[\text{kW}]$

❺ V결선 : 변압기 두 대로 공급하는 전력

(1) 출력

$P = \sqrt{3}\ P_1 = \sqrt{3}\ V_1I_1\cos\theta$ 상전류와 선전류가 같다. 상전압의 극성이 바뀐다.

(2) 출력비

3상으로 공급되다가 1상이 고장나면 공급되는 전력의 비율이다.

$$\frac{P_V}{P_\triangle} = \frac{\text{고장후출력}}{\text{고장전출력}} = \frac{\sqrt{3}\ P_1}{3P_1} = \frac{1}{\sqrt{3}} = 0.577$$

(3) 변압기 이용율

두 대의 변압기를 이용하지만 전력은 87%밖에 이용할 수가 없다.

$$\frac{\sqrt{3}\,P_1}{2P_1} = \frac{\sqrt{3}}{2} = 0.866$$

Q 예제문제 _05

10[kVA]의 변압기 2대로 공급할 수 있는 최대 3상 전력은?

✔ $P_r = \sqrt{3}\,P_1 = \sqrt{3} \times 10$ [KVA]

1 평형 3상 교류회로의 △와 Y결선에서 전압과 전류의 관계에 대한 설명으로 옳지 않은 것은?

① △결선의 상전압의 위상은 Y결선의 상전압의 위상보다 30°앞선다.

② 선전류의 크기는 Y결선에서 상전류의 크기와 같으나, △결선에서는 상전류 크기의 $\sqrt{3}$ 배이다.

③ △결선의 부하임피던스의 위상은 Y결선의 부하임피던스의 위상보다 30° 앞선다.

④ △결선의 선전류의 위상은 Y결선의 선전류의 위상과 같다.

2 부하 한 상의 임피던스가 6 + j8Ω인 3상 △결선회로에 100V의 전압을 인가할 때, 선전류[A]는?

① 5

② $5\sqrt{3}$

③ 10

④ $10\sqrt{3}$

3 2전력계법으로 3상전력을 측정할 때의 지시가 $P_1 = 300[W]$, $P_2 = 300[W]$라면 부하전력은 몇 [W]인가?

① 300[W]

② $300\sqrt{3}$ [W]

③ 600[W]

④ $600\sqrt{3}$ [W]

✅ ANSWER | 1.③ 2.④ 3.③

1 △결선의 부하임피던스의 위상은 Y결선의 부하임피던스의 위상보다 30° 뒤진다.

2 임피던스 Z는 $Z = \sqrt{6^2 + 8^2} = 10\,[\Omega]$, $I = \dfrac{V}{Z} = \dfrac{100}{10} = 10[A]$

선전류 $I_l = \sqrt{3}\,I_p = 10\sqrt{3}$

3 $P = P_1 + P_2 = 300 + 300 = 600[\text{W}]$

4 변압기의 V 결선시 이용률은 몇 [%]인가?

① 57.7

② 70.7

③ 86.6

④ 100

5 대칭 3상전압을 공급한 유도 전동기가 있다. 전동기에 다음과 같이 2개의 전력계 W_1 및 W_2 전압계 V, 전류계 A를 접속하니 각 계기의 지시가 다음과 같다. W_1 =5.96[kW], W_2 =1.31 [kW], V= 200[V], A= 30[A], 이 전동기의 역률은 몇 [%]인가?

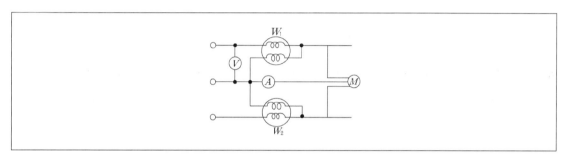

① 60

② 70

③ 80

④ 90

4 V 결선시 변압기 1대의 이용률은

$$\frac{P_v}{P} = \frac{\sqrt{3}\ V_P I_P \cos\theta}{2 V_P I_P \cos\theta} = \frac{\sqrt{3}}{2} = 0.8660 ≒ 0.866$$

$0.866 \times 100 = 86.6\,[\%]$

5 역률 $\cos\theta = \dfrac{P_1 + P_2}{2\sqrt{P_1^2 + P_2^2 - P_1 P_2}} = \dfrac{P_1 + P_2}{\sqrt{3}\ VI} = \dfrac{5.96 + 1.31}{\sqrt{3} \times 6} = 0.7$

∴ 70%

6 다음 중 비대칭 다상 교류회로가 만드는 회전자계는?

① 교번자계   ② 타원형 회전자계

③ 원형 회전자계   ④ 포물선 회전자계

7 대칭 3상 Y 결선의 상전압이 220[V]이다. a상의 전원이 단선될 때 부하의 선간전압 [V]은?

① 0   ② 110

③ 220   ④ 381

8 불평형 3상 4선식의 3상전류가 $I_a = 18+j4$[A], $I_b = -28+j24$[A], $I_c = -8-j22$[A]일 때 중성선 전류 I_n [A]는 얼마인가?

① $18+j6$ ② $-18+j6$

③ $54+j50$ ④ $-54-j50$

---

6 회전자계의 종류
    ㉠ 원형 회전자계 : 대칭 다상 교류회로
    ㉡ 타원형 회전자계 : 비대칭 다상 교류회로
    ※ 단상 교류회로는 회전자계를 형성하지 않는다.

7 대칭 3상 Y결선

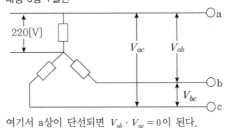

    여기서 a상이 단선되면 $V_{ab} \cdot V_{ac} = 0$이 된다.

8 $I_n = I_a + I_b + I_c$
      $= 18 + j4 + (-28) + j24 + (-8) - j22$
      $= -18 + j6$

9 1상의 임피던스가 $Z=14+j48[\Omega]$인 평형 $\triangle$부하에 대칭 3상전압 200[V]가 인가되어 있다. 이 회로의 피상전력 [VA]은 얼마인가?

① 800

② 1,200

③ 1,384

④ 2,400

10 부하 단자전압이 220[V], 15[kW]의 3상 대칭부하에 3상전력을 공급하는 선로 임피던스가 $3+j2[\Omega]$일 때 부하가 뒤진 역률 80[%]이면 선전류 [A]는?

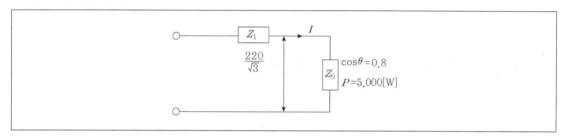

① $26.2-j19.7$

② $39.36-j52.48$

③ $39.37-j29.53$

④ $19.7+j26.4$

---

9 피상전력

$$P_a = 3I^2Z = 3\left(\frac{V_p}{Z}\right)^2 Z = 3\frac{V_p^2 Z}{R^2+X^2} = \frac{3 \times 200^2 \times \sqrt{14^2+48^2}}{14^2+48^2} = 2400\,[\mathrm{VA}]$$

10 그림과 같은 1상 등가회로에서 선전류 I는

$$I = \frac{P}{V\cos\theta} = \frac{5,000}{\frac{220}{\sqrt{3}} \times 0.8} \fallingdotseq 49.21\,[\mathrm{A}]$$

$$\therefore I = I(\cos\theta - j\sin\theta) = 49.21(0.8-j0.6) \fallingdotseq 39.37-j29.53\,[\mathrm{A}]$$

11 한 상의 임피던스가 $8+j6[\Omega]$인 Δ 부하에 200[V]를 인가할 때 3상전력 [kW]은?

① 3.2　　　　　　　　　　　　　② 4.3

③ 9.6　　　　　　　　　　　　　④ 0.5

12 $Z = 8+j6[\Omega]$인 평형 Y 부하에 선간전압 200[V]인 대칭 3상전압을 인가할 때 선전류 [A]는?

① 11.5　　　　　　　　　　　　② 10.5

③ 7.5　　　　　　　　　　　　　④ 5.5

13 다음과 같이 회로의 단자 a, b, c에 대칭 3상전압을 가하여 각 선전류를 같게 하려면 R은 몇 $[\Omega]$이어야 하는가?

① 2　　　　　　　　　　　　　　② 8

③ 16　　　　　　　　　　　　　④ 26

✅ **ANSWER** | 11.③　12.①　13.②

11　$I_P = \dfrac{V_P}{Z} = \dfrac{V_l}{\sqrt{R^2+X^2}} = \dfrac{200}{\sqrt{8^2+6^2}} = 20[\text{A}]$

$P = 3I_P^2 R = 3 \times 20^2 \times 8 = 9,600[\text{W}] = 9.6[\text{kW}]$

12　$I_P = \dfrac{V_P}{Z} = \dfrac{\dfrac{V_l}{\sqrt{3}}}{\sqrt{8^2+6^2}} = \dfrac{200}{10\sqrt{3}} = 11.5[\text{A}]$

13　Δ 저항을 Y로 변환을 하면

$R_a = \dfrac{20 \times 20}{20+20+60} = 4[\Omega]$

$R_b = R_c = \dfrac{20 \times 60}{20+20+60} = 12[\Omega]$ 이므로 각 선전류를 같게 하려면 저항의 크기를 같도록 한다.

따라서 $R = 8[\Omega]$

14 R [Ω]인 3개의 저항을 전압 V [V]의 3상교류 선간에 다음과 같이 접속할 때 선전류는 얼마인가?

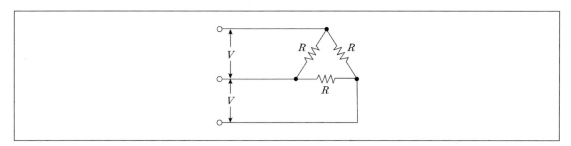

① $\dfrac{V}{\sqrt{3}\,R}$

② $\dfrac{\sqrt{3}\,V}{R}$

③ $\dfrac{V}{3R}$

④ $\dfrac{3\,V}{R}$

15 △ 결선의 상전류가 각각 $I_{ab} = 4\underline{/-36}^\circ$, $I_{bc} = 4\underline{/-156}^\circ$, $I_{ca} = 4\underline{/-276}^\circ$일 때 선전류 I_c는 얼마인가?

① $4\ \underline{/-306}^\circ$

② $6.93\ \underline{/-306}^\circ$

③ $6.93\ \underline{/-276}^\circ$

④ $4\ \underline{/-276}^\circ$

14
선전류 $I_l = \sqrt{3}\,I_P = \sqrt{3}\,\dfrac{V_P}{R} = \dfrac{\sqrt{3}\,V_l}{R}$

15
$I_{ab} = 4\ -36^\circ$, $I_{bc} = 4\ -156^\circ$, $I_{ca} = 4\ -276^\circ$
선전류는 상전류의 $\sqrt{3}$ 배, 위상은 30° 뒤진다.
$\therefore\ I_a = 4\sqrt{3}\underline{/(-36-30)}^\circ = 6.928\ \underline{/66}^\circ$
$I_b = 4\sqrt{3}\underline{/(-156-30)}^\circ = 6.928\ \underline{/186}^\circ$
$I_c = 4\sqrt{3}\underline{/(-276-30)}^\circ = 6.928\ \underline{/306}^\circ$

16 3상 4선식에서 중성선이 필요하지 않아서 중성선을 제거하여 3상 3선식을 만들기 위한 중성선에서의 조건식은 어떻게 되는가? (단, I_a, I_b, I_c는 각 상의 전류이다)

① 불평형 3상 $I_a + I_b + I_c = 1$ ② 불평형 3상 $I_a + I_b + I_c = \sqrt{3}$

③ 불평형 3상 $I_a + I_b + I_c = 3$ ④ 평형 3상 $I_a + I_b + I_c = 0$

17 12상 Y 결선 상전압이 100[V]일 때 단자전압 [V]은?

① 75.88   ② 25.88

③ 100   ④ 51.76

18 대칭 6상 전원이 있다. 환상결선으로 권선에 120[A]의 전류를 흘린다고 하면 선전류는 몇 [A]인가?

① 60   ② 90

③ 120   ④ 150

19 대칭 6상식의 성형결선의 전원이 있다. 상전압이 100[V]이면 선간전압은?

① 600[V]   ② 300[V]

③ 220[V]   ④ 100[V]

ANSWER | 16.④   17.④   18.③   19.④

---

16 평형 3상으로 $I_a + I_b + I_c = \dfrac{V_a + V_b + V_c}{Z} = 0$ [A]이 되어야 한다.

17 $V_l = 2V_P \sin\dfrac{\pi}{n} = 2 \times 100 \times \sin\dfrac{\pi}{12} = 51.76$ [V]

18 $I_l = 2I_P \sin\dfrac{\pi}{n} = 2 \times 120 \times \sin\dfrac{\pi}{6} = 120$ [A]

19 $V_l = 2V_P \sin\dfrac{\pi}{n} = 2 \times 100 \times \sin\dfrac{\pi}{6} = 200 \times \sin 30° = 100$ [V]

20 용량 30[kVA]의 단상변압기 2대를 V 결선하여 역률 0.8, 전력 20[kW]의 평형 3상부하에 전력을 공급할 때 변압기 1대가 분담하는 피상전력 [kVA]은?

① 14.4

② 15

③ 20

④ 30

21 용량이 50[kVA]인 단상변압기 3대를 △ 결선으로 운전하던 중 한 대가 고장이 생겨 V 결선으로 변형한 경우 출력은 몇 [kVA]인가?

① $30\sqrt{3}$

② $50\sqrt{3}$

③ $100\sqrt{3}$

④ $200\sqrt{3}$

22 단상 변압기 3개를 △결선하여 부하에 전력을 공급하고 있다. 변압기 1개의 고장으로 V 결선으로 한 경우 공급할 수 있는 전력과 고장 전 전력과의 비율 [%]은?

① 57.7

② 66.7

③ 75.0

④ 86.6

✅ ANSWER | 20.① 21.② 22.①

20 변압기 1대가 분담할 피상전력을 P_a, 부하의 피상전력을 $P_a{}'$ 이라면 $\sqrt{3}\,P_a = P_a{}'$

$$\therefore P_a = \frac{P_a{}'}{\sqrt{3}} = \frac{P}{\sqrt{3}\,cos\theta} = \frac{20}{\sqrt{3}\times 0.8} = 14.4[\text{kVA}]$$

21 △ 결선을 V 결선으로 바꿀 때 출력감소는 $\dfrac{1}{\sqrt{3}}$ 이므로 V 결선시 출력 P_o 는

$$P_o = \frac{1}{\sqrt{3}}\times 50 \times 3 = 50\sqrt{3}\ [\text{kVA}]$$

22 변압기 1대의 출력을 P 라 하면

$$\frac{P_V}{P_\Delta} = \frac{\sqrt{3}\,P}{3P} = \frac{\sqrt{3}}{3} \fallingdotseq 0.577$$

$$0.577 \times 100 = 57.7[\%]$$

23 10[kVA]의 변압기가 2대로 공급할 수 있는 최대 3상전력 [kVA]은?

① 20

② 17.3

③ 14.1

④ 10

24 3상 평형부하에 선간전압 200[V]의 평형 3상 정현파 전압을 인가했을 경우 선전류는 8.6[A]가 흐르고 무효전력이 1,788[Var]이었다면 역률은 얼마인가?

① 0.6

② 0.7

③ 0.8

④ 0.9

25 V 결선의 출력은 $P = \sqrt{3} \, VI\cos\theta$ 로 표시된다. 여기서 V, I가 나타내는 것은?

① 선간전압, 상전류

② 상전압, 선간전류

③ 선간전압, 선전류

④ 상전압, 상전류

✅ **ANSWER** | 23.② 24.③ 25.③

23 V결선이므로 출력은 $P_a = \sqrt{3} \, P_1 = 10\sqrt{3} = 17.3[KVA]$

24 피상전력을 P_a, 무효전력을 P_r 이라면

$P_a = \sqrt{3} \, VI = \sqrt{3} \times 200 \times 8.6 = 2,980[VA]$

$P_r = P_a \sin\theta$ 에서

$\sin\theta = \dfrac{P_r}{P_a} = \dfrac{1,788}{2,980} = 0.6$

$\therefore \cos\theta = \sqrt{1 - \sin^2\theta} = \sqrt{1 - 0.6^2} = 0.8$

25 V 결선에서 출력(전력) $P = \sqrt{3} \, VI\cos\theta$ 에서 V는 선간전압, I는 선전류를 나타낸다.

26 대칭 3상 Y 부하에서 각 상의 임피던스가 $Z = 3 + j4[\Omega]$이고, 부하전류가 20[A]일 때 이 부하의 무효전력 [Var]은?

① 1,600

② 2,400

③ 3,600

④ 4,800

27 다음에서 전력계 W의 지시값은 얼마인가? (단, 부하의 역률은 $\cos\theta$ 이다)

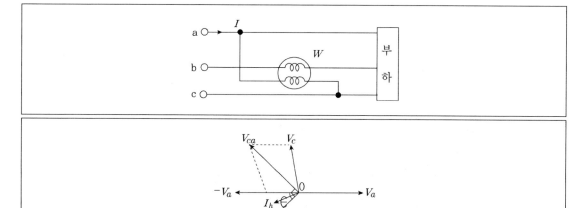

① $VI\sin\theta$

② $\sqrt{3}\ VI\cos\theta$

③ $VI\cos\theta$

④ $\sqrt{3}\ VI\sin\theta$

✔ ANSWER | 26.④ 27.①

26 무효전력 $P_r = 3I^2 X = 3 \times 20^2 \times 4 = 4800[\mathrm{Var}]$

27 전원과 부하가 모두 평형이라면 그림의 백터도에서
$W = |V_{ca}|\,|I_b|\cos(90° - \theta)$
$\quad = VI\cos(90° - \theta) = VI\sin\theta$

28 $Z = 5\sqrt{3} + j5[\Omega]$인 3개의 임피던스를 Y결선하여 250[V]의 대칭 3상전원에 연결하였다. 소비전력 [W]은?

① 3,125

② 5,412

③ 6,250

④ 7,120

29 단상 전력계로 3상전력을 측정하고자 한다. 전력계의 지시가 각각 200[W], 100[W]를 가리킬 때 부하의 역률은 몇 [%]인가?

① 94.8

② 86.6

③ 50.0

④ 31.6

30 2개의 단상 전력계로 3상 유도 전동기의 전력을 측정하였더니 한 전력계가 다른 전력계의 2배의 지시를 나타냈다고 한다. 전동기의 역률 [%]은? (단, 전압과 전류는 순정현파라고 한다)

① 70

② 76.4

③ 86.6

④ 90

28

소비전력 $P = 3\dfrac{V_p^2 R}{R^2 + X^2} = 3\dfrac{(\dfrac{250}{\sqrt{3}})^2 \times 5\sqrt{3}}{(5\sqrt{3})^2 + 5^2} = 5,412[\text{W}]$

29

역률 $\cos\theta = \dfrac{P_1 + P_2}{2\sqrt{P_1^2 + P_2^2 - P_1 P_2}} \times 100$

$= \dfrac{200 + 100}{2\sqrt{200^2 + 100^2 - 100 \times 200}} \times 100$

$= 0.866 \times 100 = 86.6[\%]$

30 2전력계법 역률

역률 $\cos\theta = \dfrac{P_1 + P_2}{2\sqrt{P_1^2 + P_2^2 - P_1 P_2}} = \dfrac{P + 2P}{2\sqrt{P^2 + (2P)^2 - 2P^2}} = \dfrac{3}{2\sqrt{3}} = 0.866$

31 2개의 전력계에 의한 3상전력 측정시 전 3상전력 W는?

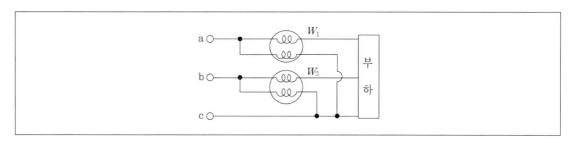

① $\sqrt{3}\,(W_1 + W_2)$

② $3(W_1 + W_2)$

③ $W_1 + W_2$

④ $\sqrt{W_1^2 + W_2^2}$

32 선간전압 V[V]의 3상 평형 전원에 대칭 3상 부하저항 R[Ω]이 그림과 같이 접속되었을 때 a, b 두 상 간에 접속된 전력계의 지시값이 W[W]라 하면 c상의 전류 [A]는?

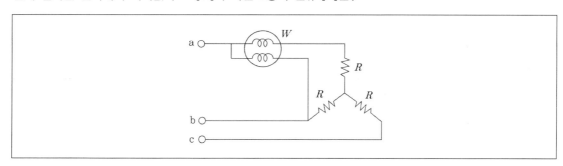

① $\dfrac{\sqrt{3}\,W}{V}$

② $\dfrac{3W}{V}$

③ $\dfrac{W}{\sqrt{3}\,V}$

④ $\dfrac{2W}{\sqrt{3}\,V}$

<hr>

Ⓒ A N S W E R ｜ 31.③ 32.④

31 단상 전력계 2개를 접속하여 전력을 측정할 때 지시값을 각각 W_1, W_2라 하면 3상전력
$W = W_1 + W_2$이다.

32 전원 및 부하가 모두 대칭이므로 $V_{ab} = V_{bc} = V_{ca} = V$, $I_a = I_b = I_c = I$라 하면
소비전력 P는 $P = 2W = \sqrt{3}\,VI$
$\therefore I = \dfrac{2W}{\sqrt{3}\,V}$

33 두 대의 전력계를 사용하여 평형부하의 3상회로의 역률을 측정하려고 한다. 전력계의 지시가 각각 P_1, P_2 라 할 때 이 회로의 역률은?

① $\dfrac{\sqrt{P_1+P_2}}{P_1+P_2}$

② $\dfrac{P_1+P_2}{{P_1}^2+{P_2}^2-2P_1P_2}$

③ $\dfrac{P_1+P_2}{2\sqrt{{P_1}^2+{P_2}^2-P_1P_2}}$

④ $\dfrac{2P_1P_2}{\sqrt{{P_1}^2+{P_2}^2-P_1P_2}}$

34 $Z=24+j7[\Omega]$의 임피던스 3개를 다음과 같이 성형으로 접속하여 a, b, c 단자에 200[V]의 대칭 3상전압을 가했을 때 흐르는 전류 [A]와 전력 [W]은?

① $I=4.6$, $P=1,524$

② $I=6.4$, $P=1,636$

③ $I=5.0$, $P=1,500$

④ $I=6.4$, $P=1,346$

ANSWER │ 33.③ 34.①

33 $P=P_1+P_2$, $P_r=\sqrt{3}\,(P_1-P_2)$ 이므로

$$\cos\theta=\frac{P_1+P_2}{\sqrt{(P_1+P_2)^2+3(P_1-P_2)^2}}=\frac{P_1+P_2}{\sqrt{4{P_1}^2+4{P_2}^2-4P_1P_2}}=\frac{P_1+P_2}{2\sqrt{{P_1}^2+{P_2}^2-P_1P_2}}$$

34 상전류 $I_P=\dfrac{V_P}{Z}=\dfrac{\frac{200}{\sqrt{3}}}{\sqrt{R^2+X^2}}=\dfrac{\frac{200}{\sqrt{3}}}{\sqrt{24^2+7^2}}=\dfrac{115}{25}=4.6\,[\mathrm{A}]$

  3상전력 $P=3I_P^2R=3\times(4.6)^2\times24$
    $=1,523.52 = 1,524\,[\mathrm{W}]$

35 한 상의 임피던스가 $Z = 20 + j10[\Omega]$인 Y 결선 부하에 대칭 3상 선간전압 200[V]를 가할 때 유효전력 [W]은?

① 1,600
② 1,700
③ 1,800
④ 1,900

36 다음의 3상 Y 결선회로에서 소비하는 전력 [W]은? (단, $Z = 24 + j7$)

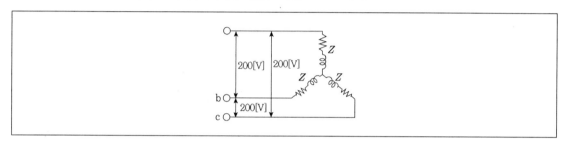

① 3,072
② 1,536
③ 7,68
④ 512

✅ ANSWER | 35.① 36.②

35 유효전력

$$P = 3 \frac{V_p^2 R}{R^2 + X^2} = 3 \frac{(\frac{200}{\sqrt{3}})^2 \times 20}{20^2 + 10^2} = 1,600[\text{W}]$$

36 유효전력

$$P = 3 \frac{V_p^2 R}{R^2 + X^2} = 3 \frac{(\frac{200}{\sqrt{3}})^2 \times 24}{24^2 + 7^2} = 1,536[\text{W}]$$

37 다음 회로에서 평형부하에 평형 3상전압이 인가되어 있을 때 부하가 취할 수 있는 3상전력은?

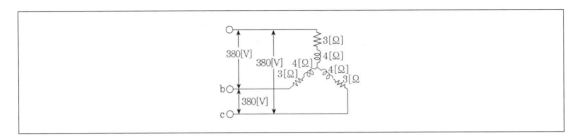

① 10,059[W]

② 17,328[W]

③ 29,040[W]

④ 52,258[W]

38 △ 결선된 부하를 Y 결선으로 바꾸면 소비전력은 어떻게 되겠는가? (단, 선간전압은 일정하다)

① 3배

② 9배

③ $\frac{1}{9}$ 배

④ $\frac{1}{3}$ 배

---

37 유효전력

$$P = 3\frac{V_p^2 R}{R^2 + X^2} = 3\frac{(\frac{380}{\sqrt{3}})^2 \times 3}{3^2 + 4^2} = 17,328[\text{W}]$$

38 $P_\Delta = 3I^2 R = 3\left(\frac{V}{R}\right)^2 R = 3 \cdot \frac{V^2}{R}$

Y 결선시 상전의 $\frac{1}{\sqrt{3}}$ 이므로 $P_Y = 3 \cdot \frac{\left(\frac{V}{\sqrt{3}}\right)^2}{R} = \frac{V^2}{R}$

$\therefore P_Y = \frac{1}{3} P_\Delta$

39 다음 회로에서 저항 R이 접속되고, 여기에 3상 평형전압 V가 가해져 있다. X표한 곳에서 1선이 단선되었다고 하면 소비전력은 몇 배로 되는가?

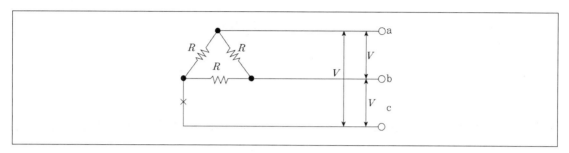

① 1

② $\dfrac{1}{2}$

③ $\dfrac{1}{4}$

④ $\dfrac{1}{\sqrt{2}}$

39 Δ 결선 1상의 전류 $I_\Delta = \dfrac{V}{R}$

$\therefore \ P_\Delta = 3I_\Delta^{\,2} \cdot R = 3\left(\dfrac{V}{R}\right)^2 \cdot R = \dfrac{3V^2}{R}$

다음, c선이 단선되었을 때 a, b 간에는 두 개의 직렬부분이 병렬로 되었으므로 a, b간의 전류를 I_1, 소비전력을 P_1, a, b, c간의 전류를 I_2, 소비전력을 P_2라 하면,

$P_1 = I_1^{\,2}R = \left(\dfrac{V}{R}\right)^2 \cdot R = \dfrac{V^2}{R}$

$P_2 = I_2^{\,2} \cdot 2R = \left(\dfrac{V}{2R}\right)^2 \cdot 2R = \dfrac{V^2}{2R}$

그러므로, 병렬부분의 소비전력 P는

$P = P_1 + P_2 = \dfrac{V^2}{R} + \dfrac{V^2}{2R} = \dfrac{3V^2}{2R}$

$\therefore \ \dfrac{P}{P_\Delta} = \dfrac{\dfrac{3V^2}{2R}}{\dfrac{3V^2}{R}} = \dfrac{1}{2}$

40 한 상의 임피던스가 $6+j8[\Omega]$인 Δ부하에 대칭 선간전압 200[V]를 가한 경우의 3상전력은 몇 [W]인가?

① 2,400

② 4,157

③ 7,200

④ 12,470

41 1상의 임피던스가 $14+j48[\Omega]$인 Δ부하에 대칭 선간전압 200[V]를 가한 경우의 3상전력은 몇 [W]인가?

① 672

② 692

③ 712

④ 732

42 3상 유도 전동기의 출력이 3[HP], 전압이 200[V], 효율 80[%], 역률 90[%]일 때 전동기에 유입되는 선전류의 값은 몇 [A]인가?

① 7.1

② 9.1

③ 6.8

④ 8.9

ANSWER | 40.③ 41.① 42.④

40
$$I_l = \frac{V_P}{Z} = \frac{200}{\sqrt{6^2+8^2}} = 20[\mathrm{A}]$$
$$P = 3I^2R = 3 \times 20^2 \times 6$$
$$= 7,200[\mathrm{W}]$$

41
$$Z = \sqrt{14^2+48^2} = 50$$
$$I_l = \frac{V_P}{Z} = \frac{200}{50} = 4[\mathrm{A}]$$
$$P = 3I^2R = 3 \times 4^2 \times 14 = 224 \times 3 = 672[\mathrm{W}]$$

42
$$P_i = \frac{P_o}{\eta} = \sqrt{3}\, VI\cos\theta$$
$$I = \frac{P_o}{\eta\sqrt{3}\, V\cos\theta} = \frac{3 \times 746}{0.8 \times \sqrt{3} \times 200 \times 0.9} \fallingdotseq 8.9[\mathrm{A}]$$

43 3상 유도 전동기의 출력이 5[HP], 전압 200[V], 효율 90[%], 역률 85[%]일 때 이 전동기에 유입되는 선 전류는 몇 [A]인가?

① 4

② 6

③ 8

④ 14

44 3상 평형부하의 전압이 100[V]이고, 전류가 10[A]일 때 소비전력 [W]은? (단, 역률=0.8)

① 1,385

② 1,732

③ 2,405

④ 2,800

45 평형 다상 교류회로에서 대칭 평형부하에 공급되는 총전력의 순시값에 대한 설명으로 옳은 것은?

① 시간에 관계없이 모든 다상 부하회로에서 항상 일정하다.

② 시간에 따라 불규칙적으로 변한다.

③ 3상 부하회로에 한해서 일정하다.

④ 시간에 따라 정현적으로 변화한다.

✔ ANSWER | 43.④ 44.① 45.①

43 $P_i = \dfrac{P_o}{\eta} = \sqrt{3}\, VI\cos\theta$

$I = \dfrac{P_o}{\eta\sqrt{3}\, V\cos\theta} = \dfrac{5\times746}{0.9\sqrt{3}\times200\times0.85} = 14\,[A]$

44 $P = \sqrt{3}\, VI\cos\theta = \sqrt{3}\times100\times10\times0.8 ≒ 1,385\,[W]$

45 평형 다상회로에 공급되는 순시전력의 총합은 시간에 관계없이 일정하고 그 회로의 평균전력과 같다.

46 다상 교류회로의 설명 중 옳지 않은 것은? (단, n = 상수)

① 평형 3상교류에서 Δ 결선의 상전류는 선전류의 $\dfrac{1}{\sqrt{3}}$ 과 같다.

② n 상 전력 $P = \dfrac{1}{2\sin\dfrac{\pi}{n}} V_l \, I_l \cos\theta$ 이다.

③ 성형 결선에서 선간전압과 상전압과의 위상차는 $\dfrac{\pi}{2}\left(1 - \dfrac{2}{n}\right)$ [rad]이다.

④ 비대칭 다상 교류가 만드는 회전자계는 타원형 회전자계이다.

47 대칭 다상 교류에 의한 회전자계에 대한 설명으로 옳지 않은 것은?

① 대칭 3상 교류에 의한 회전자계는 원형 회전자계이다.
② 대칭 2상 교류에 의한 회전자계는 타원형 회전자계이다.
③ 3상 교류에서 어느 두 코일의 전류의 상순을 바꾸면 회전자계의 방향도 바뀐다.
④ 회전자계의 회전속도는 일정 가속도 w 이다.

48 대칭 10상 기전력의 선간전압과 상전압의 위상차는?

① 24[˚]   ② 48[˚]
③ 72[˚]   ④ 96[˚]

ANSWER | 46.② 47.② 48.③

46 $P = \dfrac{n}{2\sin\dfrac{\pi}{n}} V_l \, I_l \cos\theta$ [W]

47 ② 대칭 2상 교류는 존재의 의미가 없으므로 회전자계는 없다.

48 $\theta = \dfrac{\pi}{2}\left(1 - \dfrac{2}{n}\right) = \dfrac{\pi}{2}\left(1 - \dfrac{2}{10}\right) = 72°$

49 대칭 10상식 환상전압이 200[V]일 때 성형전압은?   (단, $\sin 18° = 0.3$)

① 111[V]
② 222.1[V]
③ 333.3[V]
④ 377.6[V]

ANSWER | 49.③

49 $V = \dfrac{V_l}{2\sin\dfrac{\pi}{n}} = \dfrac{200}{2\sin\dfrac{\pi}{10}} = \dfrac{200}{2 \times \sin 18°} = \dfrac{200}{0.6} = 333.3\,[\mathrm{V}]$

필수 암기노트

05 2단자망, 4단자망

① 2단자망

(1) 구동점 임피던스

회로망 내의 임피던스는 다음과 같이 복소함수로 표현이 될 수가 있다. 이때 분자를 0으로 하는 근을 영점이라고 하고 분모를 0으로 하는 근을 극점이라고 한다.

$$Z(s) = \frac{b_0 + b_1 s + b_2 s^2 + \cdots + b_m s^m}{a_1 s + a_2 s^2 + a_3 s^3 + \cdots + a_n s^n}$$

단 $j\omega = s$

① **영점**(zero) $\cdots$ $Z(s) = 0$이 되는 s의 근(분자가 0이 되는 근으로 회로의 단락을 의미)

② **극점**(pole) $\cdots$ $Z(s) = \infty$가 되는 s의 근(분모가 0이 되는 근으로 회로의 개방을 의미)

> **Q 예제문제 _01**
>
> $Z(s) = \dfrac{s+3}{(s+1)(s+2)}$ 의 영점과 극점을 구하여라.
>
> ✔ 영점 : 분자 $s+3 = 0 \Rightarrow s = -3$ 영점에서는 임피던스가 0이 되므로 회로가 단락상태가 된다.
> 극점 : 분모 $(s+1)(s+2) = 0 \Rightarrow s = -1, -2$ 극점에서는 임피던스가 무한대가 되므로 회로는 개방상태가 된다.

(2) 정저항회로

주파수에 관계없이 2단자 임피던스의 허수부가 항상 0이고 실수부도 항상 일정한 회로

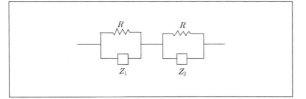

2단자 회로의 구동점 임피던스가 정저항 회로가 되기 위한 Z_1과 Z_2의 조건을 구하면

$$Z = \frac{RZ_1}{R+Z_1} + \frac{RZ_2}{R+Z_2} = R\frac{Z_1(R+Z_2) + Z_2(R+Z_1)}{(R+Z_1)(R+Z_2)}$$

$$= R\frac{(Z_1+Z_2)R + 2Z_1 Z_2}{(R+Z_1)(R+Z_2)}$$

> **Q 예제문제 _02**
>
> 그림과 같은 회로가 정저항 회로가 되기 위한 L의 값은? (단, $R = 10[\Omega]$, $C = 100[\mu F]$이다.
>
>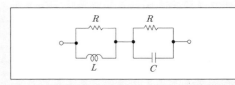
>
> ✔ $R^2 = \dfrac{L}{C}$ 에서
> $L = R^2 \cdot C = 10^2 \times 100 \times 10^{-6} = 10^{-2}[\text{H}]$
> $= 0.01[\text{H}]$

오른쪽 항의 분자, 분모가 같아야 주파수에 관계없이 허수부는 0이 되고 실수부가 R로 일정하게 된다.

따라서 $Z_1 R + Z_2 R + 2 Z_1 Z_2 = R^2 + Z_1 R + Z_2 R + Z_1 Z_2$

$Z_1 Z_2 = R^2$

$Z_1 Z_2 = R^2 = \dfrac{L}{C}$ 이조건을 따르면 주파수와 무관한 저항만의 회로가 된다.

(3) 역회로

어느 1단자쌍망의 임피던스가 Z로 표시될 때, 규격화 저항 R에 대하여 R_2/Z 임피던스를 갖는 1단자쌍망을 원래 회로에 대해 일컫는 말이다.

구동점 임피던스가 Z_1, Z_2인 2단자 회로망에서 $Z_1 Z_2 = K^2$의 관계가 성립할 때 Z_1, Z_2는 K에 대해 역회로라고 한다.

저항(R)	⇔ 콘덕턴스(G)
인덕턴스(L)	⇔ 정전용량(C)
임피던스(Z)	⇔ 어드미턴스 (Y)
전류	⇔ 전압
직렬	⇔ 병렬

Q 예제문제 _03

그림과 같은 (a), (b)의 회로가 서로 역회로의 관계가 있으려면 L의 값은?

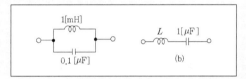

✔ 역회로 관계이므로 왼쪽의 병렬회로가 오른쪽의 직렬회로로 등가 변환되었다.
왼쪽 병렬회로의 L은 오른쪽 직렬회로의 C로 변환되었고 왼쪽 회로의 C는 오른쪽 회로의 L로 변환된 것이다.

$R^2 = \dfrac{L_1}{C_1} = \dfrac{L_2}{C_2}$

$\dfrac{10^{-3}}{10^{-6}} = \dfrac{L_2}{0.1 \times 10^{-6}}$ ∴ $L_2 = 0.1 \times 10^{-3}$

❷ 4단자망

4단자회로망이라는 것은 입력측단자의 전압과 전류, 출력측 단자의 전압과 전류값만 알면 여러 가지 범위 안에 있는 회로망의 알고 싶은 변수들을 파악하기에 용이한 방법이다.

(1) 임피던스 파라미터

파라미터란 매개변수를 말한다. 회로망 내의 전압과 전류를 알고 있을 때 임피던스 관계를 구하는 함수를 말한다. 주로 임피던스 파라미터는 선로의 임피던스를 직렬로 표현하는 T형 회로로 그림과 같이 표현할 수가 있다.

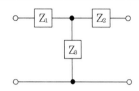

$$\begin{bmatrix} V_1 \\ V_2 \end{bmatrix} = \begin{bmatrix} Z_{11} & Z_{12} \\ Z_{21} & Z_{22} \end{bmatrix} \begin{bmatrix} I_1 \\ I_2 \end{bmatrix}$$

$$V_1 = Z_{11}I_1 + Z_{12}I_2 \cdots\cdots ㉠$$

$$V_2 = Z_{21}I_1 + Z_{22}I_2 \cdots\cdots ㉡$$

① Z_{11}의 의미 … 2차 측을 개방했을 때의 1차측에서 본 전체 임피던스

㉠식에서 $I_2=0$이면(2차 측에 전류가 흐르지 않는 것이므로 무부하상태) $V_1 = Z_{11}I_1$이므로

$$Z_{11} = \frac{V_1}{I_1} \Big|_{I_2=0} = \frac{Z_1 I_1 + Z_3 I_1}{I_1} = Z_1 + Z_3$$

② Z_{12}의 의미 … 1차측이 개방되었을 때 1차측 전압이 걸리는 임피던스 즉 개방 전달 임피던스

이번에는 ㉠식에서 I_1을 0으로 한다면 $V_1 = Z_{12}I_2$가 된다.

$$Z_{12} = \frac{V_1}{I_2} \Big|_{I_1=0} = \frac{Z_3 I_2}{I_2} = Z_3$$

③ Z_{21}의 의미 … 2차측이 개방되었을 때 2차측 전압이 걸리는 전달 임피던스

똑같이 ㉡식에서 $I_2=0$으로 하면 $V_2 = Z_{21}I_1$이 된다.

$$Z_{21} = \frac{V_2}{I_1} \Big|_{I_2=0} = \frac{Z_3 I_1}{I_1} = Z_3$$

④ Z_{22}의 의미 … 1차측개방되고 2차측에서 바라보는 회로의 전체 임피던스

㉡식에서 $I_1=0$이면 $V_2 = Z_{22}I_2$가 되므로

$$Z_{22} = \frac{V_2}{I_2} \Big|_{I_1=0} = \frac{Z_2 I_2 + Z_3 I_2}{I_2} = Z_2 + Z_3$$

$$Z \text{ 파라미터} = \begin{bmatrix} Z_{11} & Z_{12} \\ Z_{21} & Z_{22} \end{bmatrix} = \begin{bmatrix} Z_1 + Z_3 & Z_3 \\ Z_3 & Z_2 + Z_3 \end{bmatrix}$$

Q 예제문제 _04

그림과 같은 $Z-$파라미터로 표시되는 4단자망의 $1-1'$단자 간에 4[A], $2-2'$단자 간에 1[A]의 정전류원을 연결하였을 때의 $1-1'$단자 간의 전압 V_1과 $2-2'$단자 간의 전압 V_2가 바르게 구하여진 것은? (단, $Z-$파라미터는 [Ω]단위이다.)

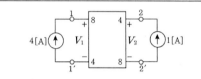

✔ $\begin{bmatrix} V_1 \\ V_2 \end{bmatrix} = \begin{bmatrix} Z_{11} & Z_{12} \\ Z_{21} & Z_{22} \end{bmatrix} \begin{bmatrix} I_1 \\ I_2 \end{bmatrix}$ 에서

$\begin{bmatrix} V_1 \\ V_2 \end{bmatrix} = \begin{bmatrix} 8 & 4 \\ 4 & 8 \end{bmatrix} \begin{bmatrix} 4 \\ 1 \end{bmatrix}$

$V_1 = 8 \times 4 + 4 \times 1 = 36[V]$

$V_2 = 4 \times 4 + 8 \times 1 = 24[V]$

Q 예제문제 _05

그그림에서 본 구동점 임피던스 Z_{11}의 값은?

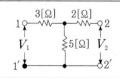

✔ $Z_{11} = \frac{V_1}{I_1}\Big|_{I_2=0}$ $Z_{11} = 3 + 5 = 8$

구동점 임피던스란 전압과 전류의 관계로 정의되는 임피던스를 말한다.

(2) 어드미턴스 파라미터

주로 π형 회로로 표현되며 임피던스 파라미터가 직렬 임피던스를 주로 강조한 것이라면 어드미턴스 파라미터는 병렬 어드미턴스를 강조한 것이라고 하겠다.

$$\begin{bmatrix} I_1 \\ I_2 \end{bmatrix} = \begin{bmatrix} Y_{11} & Y_{12} \\ Y_{21} & Y_{22} \end{bmatrix} \begin{bmatrix} V_1 \\ V_2 \end{bmatrix}$$

$$I_1 = Y_{11}V_1 + Y_{12}V_2 \cdots\cdots ㉠$$

$$I_2 = Y_{21}V_1 + Y_{22}V_2 \cdots\cdots ㉡$$

어드미턴스 파라미터는 항상 $\dfrac{I}{V}$의 꼴이므로 차원이 $[\mho]$이다.

① Y_{11}**의 의미** ··· 2차측을 단락시켰을 때 회로의 전체 어드미턴스

㉠식에서 $V_2=0$ 이면(단락상태이다) $I_1 = Y_{11}V_1$

$$Y_{11} = \frac{I_1}{V_1} \Big|_{V_2=0} = \frac{Y_a V_1 + Y_b V_1}{V_1} = Y_a + Y_b$$

② Y_{12}**의 의미** ··· 1차측 단락 시에 1차 전류가 흐르는 어드미턴스

두 번째 ㉠식에서 $V_1=0$이면 $I_1 = Y_{12}V_2$

$$Y_{12} = \frac{I_1}{V_2} \Big|_{V_1=0} = \frac{-Y_b V_2}{V_2} = -Y_b$$

따라서 $Y_{12} = -Y_b$

③ Y_{21}**의 의미** ··· 2차측 단락 시에 2차 전류가 흐르는 어드미턴스

㉡식에서 $V_2=0$ 이면 $I_2 = Y_{21}V_1$

$$Y_{21} = \frac{I_2}{V_1} \Big|_{V_2=0} = \frac{-Y_b V_1}{V_1} = -Y_b$$

④ Y_{22}**의 의미** ··· 1차측 단락 시에 2차측에서 본 전체 어드미턴스

$$Y_{22} = \frac{I_2}{V_2} \Big|_{V_1=0} = \frac{Y_b V_2 + Y_c V_2}{V_2} = Y_b + Y_c$$

$$Y파라미터 = \begin{vmatrix} Y_{11} & Y_{12} \\ Y_{21} & Y_{22} \end{vmatrix} = \begin{vmatrix} Y_a + Y_b & -Y_b \\ -Y_b & Y_b + Y_c \end{vmatrix}$$

Q 예제문제 _ 06

그림과 같은 4단자 회로의 어드미턴스 파라미터 중 Y_{11}은 어느 것인가?

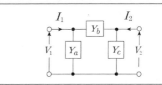

✔ $Y_{11} = \dfrac{I_1}{V_1}\big|_{V_2=0}$에서 2차측을 단락시키면 그림에서 Y_c로는 전류가 흐르지 않는다.

이회로의 V_1과 I_1에 의한 어드미턴스는 $Y_a + Y_b$가 된다.

(3) F 파라미터

송전단의 전압 V_1과 I_1, 그리고 수전단의 전압 V_2와 I_2를 각각 양단에 나누고 A, B, C, D 4개의 인자를 구해서 의미를 알아본다.

$$\begin{bmatrix} V_1 \\ I_1 \end{bmatrix} = \begin{bmatrix} A & B \\ C & D \end{bmatrix} \begin{bmatrix} V_2 \\ I_2 \end{bmatrix}$$ 전개하면

$V_1 = AV_2 + BI_2$ ······ ㉠

$I_1 = CV_2 + DI_2$ ······ ㉡

단, AD − BC = 1

㉠식에서 $I_2 = 0$이면 즉 무부하라고하면 $V_1 = AV_2$

$A = \dfrac{V_1}{V_2} |_{I_2=0}$ 그러므로 A는 1차측과 2차측간의 전압의 비율이 된다.

㉠식에서 $V_2 = 0$이면 즉 2차측을 단락한경우라면 $V_1 = BI_2$

$B = \dfrac{V_1}{I_2} |_{V_2=0}$ 는 송, 수전단간 전달 임피던스[Ω] 차원이 된다.

㉡식에서 $I_2 = 0$이면 $I_1 = CV_2$

$C = \dfrac{I_1}{V_2} |_{I_2=0}$ 즉 송, 수전단간 전달 어드미턴스 [℧] 차원이 된다.

㉡식에서 $V_2 = 0$이면 $I_1 = DI_2$

$D = \dfrac{I_1}{I_2} |_{V_2=0}$ 송, 수전단간 전류비가 된다.

대칭회로의 경우에는 A = D이다.

이것을 조금 더 확장해서 T회로와 π회로에 적용해보면

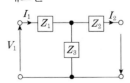

Q 예제문제 _07

그림과 같은 4단자망의 4단자 정수(선로정수) A, B, C, D를 접속법에 의하여 구하면 어떻게 표현이 되는가?

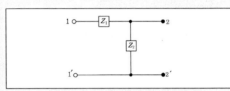

✔

$$\begin{bmatrix} A & B \\ C & D \end{bmatrix} = \begin{bmatrix} 1 & Z_1 \\ 0 & 1 \end{bmatrix} \begin{bmatrix} 1 & 0 \\ \dfrac{1}{Z_2} & 1 \end{bmatrix} = \begin{bmatrix} 1+\dfrac{Z_1}{Z_2} & Z_1 \\ \dfrac{1}{Z_2} & 1 \end{bmatrix}$$

즉 $A = 1 + \dfrac{Z_1}{Z_2}$

선로 임피던스인 B는 그림에서 보는 바와 같이 Z_1 어드미턴스 C는 $\dfrac{1}{Z_2}$ 전류비는 2차측이 단락일 때 1인 것이다.

Q 예제문제 _08

그림과 같은 회로의 4단자 정수 A, B, C, D를 구하면?

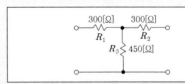

✔ $A = 1 + \dfrac{300}{450} = 1 + \dfrac{2}{3} = \dfrac{5}{3}$

$D = 1 + \dfrac{300}{450} = \dfrac{5}{3}$

$B = 300 + 300 + \dfrac{300 \times 300}{450} = 800[\Omega]$

$C = \dfrac{1}{450}$

그림과 같은 T형 회로에서는

$$A = \frac{V_1}{V_2} \Big|_{I_2=0} = \frac{Z_1 I_1 + Z_3 I_1}{Z_3 I_1} = \frac{Z_1 + Z_3}{Z_3} = 1 + \frac{Z_1}{Z_3}$$

$$B = \frac{V_1}{I_2} \Big|_{V_2=0} = \frac{V_1}{\dfrac{V}{Z_1 + \dfrac{Z_2 Z_3}{Z_2 + Z_3}} \cdot \dfrac{Z_3}{Z_2 + Z_3}} = \frac{Z_1 Z_2 + Z_2 Z_3 + Z_3 Z_1}{Z_3}$$

$$C = \frac{I_1}{V_2} \Big|_{I_2=0} = \frac{I_1}{Z_3 I_1} = \frac{1}{Z_3}$$

$$D = \frac{I_1}{I_2} \Big|_{V_2=0} = \frac{I_1}{\dfrac{Z_3}{Z_2 + Z_3}} = \frac{Z_2 + Z_3}{Z_3} = 1 + \frac{Z_2}{Z_3}$$

Q 실전문제 _ 01　　　　　　　　　　　　　　　　　　　　서울교통공사

송전선로의 4단자 정수가 $A = 0.2$, $B = j10$, $D = 0.7$이라고 하면 C의 값은?

① 0.014　　　　　　　　　　　② 0.086

③ j0.014　　　　　　　　　　　④ j0.086

　✔ $AD - BC = 1$이므로

　　$C = \dfrac{AD - 1}{B} = \dfrac{0.2 \times 0.7 - 1}{j10} = j0.086$

답 ④

---

(4) 영상 파라미터

① 4단자망의 입·출력단자에 임피던스를 접속하는 경우 좌우에서 본 임피던스의 값이 거울을 보듯이 대칭적인 관계를 가지는 임피던스로써 최대전송전력을 얻기 위해서 구한다.

② 4단자의 각 쌍의 단자에서의 영상 임피던스는 그 단자에서의 개방 및 단락입력 임피던스의 기하학적 평균치와 같다. 차원은 $[\Omega]$이다.

$$Z_{01} = \sqrt{\frac{AB}{CD}} \, [\Omega]$$

$$Z_{02} = \sqrt{\frac{BD}{AC}} \, [\Omega]$$

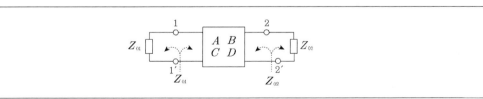

③ 대칭회로에서는 $A = D$이므로 영상 임피던스는 특성 임피던스와 같다.

$$Z_{01} = Z_{02} = \sqrt{\frac{B}{C}} \, [\Omega]$$

④ **전달정수(θ)** … 전력비의 제곱근에 자연대수를 취한 값으로 입력과 출력의 전력전달 효율을 나타내는 상수이다.

$$e^{\theta} = \sqrt{AD} + \sqrt{BC}$$
$$\theta = \log_e (\sqrt{AD} + \sqrt{BC}) = \cos h^{-1}\sqrt{AD} = \sin h^{-1}\sqrt{BC}$$

⑤ **4단자 정수와 영상 파라미터와의 관계**

$$A = \sqrt{\frac{Z_{01}}{Z_{02}}} \cos h\theta$$

$$B = \sqrt{Z_{01}Z_{02}} \sinh\theta$$

$$C = \frac{1}{\sqrt{Z_{01}Z_{02}}} \sinh\theta$$

$$D = \sqrt{\frac{Z_{02}}{Z_{01}}} \cos h\theta$$

좌우 대칭인 경우 $A = D$이므로 $Z_{01} = Z_{02} = Z_0 = \sqrt{\frac{B}{C}}$

Q 실전문제 _ 02 인천교통공사

다음과 같은 4단자망에서 영상 임피던스는 몇 [Ω]인가?

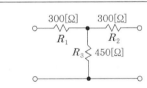

① 600   ② 500
③ 450   ④ 300
⑤ 200

✔ 좌우 대칭이므로 A=D, $Z_{01} = Z_{02} = \sqrt{\dfrac{B}{C}}$

$B = \dfrac{300 \times 300 + 300 \times 450 + 300 \times 450}{450} = 800$

$C = \dfrac{1}{450}$

$Z_o = \sqrt{\dfrac{B}{C}} = \sqrt{800 \times 450} = 600 [\Omega]$

답 ①

기출예상문제

1 다음 회로에 대한 전송 파라미터 행렬이 아래 식으로 주어질 때, 파라미터 A와 D는?

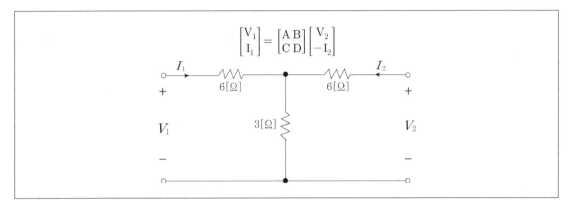

	A	D		A	D
①	3	2	②	3	3
③	4	3	④	4	4

1   T형 4단자망의 파라미터 A 와 D를 구하면 $A = 1 + \dfrac{Z_1}{Z_2} = 1 + \dfrac{6}{3} = 3 [\Omega]$,

$D = 1 + \dfrac{Z_3}{Z_2} = 1 + \dfrac{6}{3} = 3 [\Omega]$

2 임피던스 $Z(s)$가 $\dfrac{s+20}{s^2+2RLs+2}$ [Ω]으로 주어지는 2단자 회로에 직류전원 20[A]를 가할 때 회로의 단자전압 [V]은?

① 100

② 200

③ 300

④ 400

3 다음과 같은 회로가 정저항 회로가 되기 위해서는 C를 몇 [μF]로 하면 좋은가? (단, R= 100[Ω], L = 10[mH])

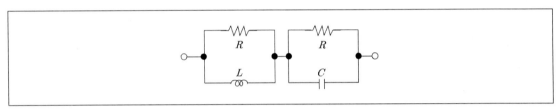

① 1

② 10

③ 100

④ 1,000

2 직류이므로 $s = 0$이므로

$$Z(s) = \frac{20}{2} = 10$$

$$V = Z(s) \cdot I = 10 \times 20 = 200\,[\text{V}]$$

3 $R^2 = \dfrac{L}{C}$ 이므로, $C = \dfrac{L}{R^2} = \dfrac{10 \times 10^{-3}}{100^2} = 1\,[\mu\text{F}]$

4 다음과 같은 회로의 임피던스를 표시하는 식은?

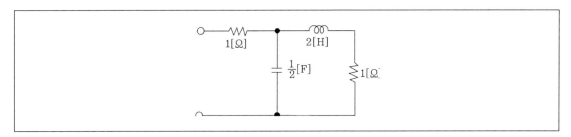

① $\dfrac{2S^2+S+2}{2S^2+5S+4}$

② $\dfrac{2S^2+5S+4}{2S^2+S+2}$

③ $\dfrac{S^2+S+1}{S^2+5S+1}$

④ $\dfrac{2S^2+5S+1}{S^2+S+1}$

5 다음과 같은 2단자망의 구동점 임피던스는 얼마인가? (단, $s = j\omega$)

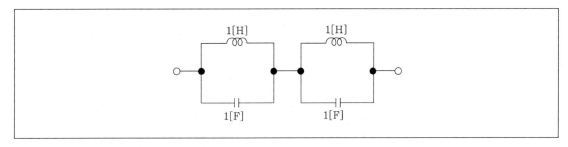

① $\dfrac{S}{S^2+1}$

② $\dfrac{1}{S^2+1}$

③ $\dfrac{2S}{S^2+1}$

④ $\dfrac{3S}{S^2+1}$

ANSWER | 4.② 5.③

4
$$Z(s) = 1 + \frac{\frac{2(2S+1)}{S}}{(2S+1)+\frac{2}{S}} = 1 + \frac{4S+2}{2S^2+S+2} = \frac{2S^2+5S+4}{2S^2+S+2} \, [\Omega]$$

5
$$Z(s) = \frac{\frac{S}{S}}{S+\frac{1}{S}} \times 2 = \frac{2S}{S^2+1} \, [\Omega]$$

6 다음과 같은 회로가 정저항 회로가 되기 위한 L [H]의 값은? (단, $R=10[\Omega]$, $C=100[\mu F]$)

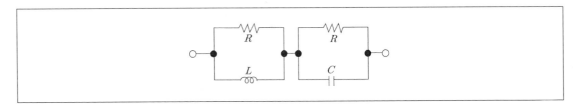

① 10

② 2

③ 0.1

④ 0.01

7 다음과 같은 회로가 정저항 회로가 되려면 ωL의 값은 몇 $[\Omega]$인가?

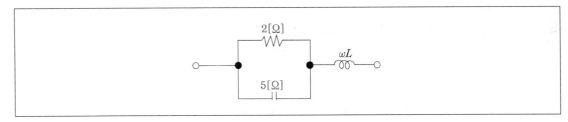

① 1.2

② 1.6

③ 0.8

④ 0.4

---

6 $R^2 = Z_1 \cdot Z_2 = \dfrac{L}{C}$가 되어야 하므로

$L = CR^2 = 100 \times 10^{-6} \times 10^2 = 0.01\,[\text{H}]$

7

$$Z = \frac{\dfrac{R}{j\omega C}}{R + \dfrac{1}{j\omega C}} + j\omega L = \frac{R}{1 + j\omega CR} + j\omega L$$

$$= \frac{R}{1 + \omega^2 C^2 R^2} + j\left(\omega L - \frac{\omega CR^2}{1 + \omega^2 C^2 R^2}\right)$$

$1 \gg \omega^2 C^2 R^2$이라 하면 $\omega L = \omega CR^2$인 경우 주파수와 무관하게 된다.

$\omega L = \omega CR^2 = \dfrac{2^2}{5} = \dfrac{4}{5} = 0.8\,[\Omega]$

8 다음과 같은 회로가 정저항 회로가 되려면 L의 값 [H]은?

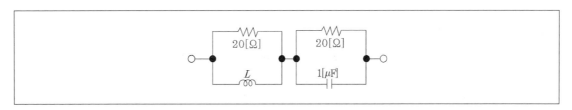

① 3×10^{-4}

③ 3×10^{-3}

② 4×10^{-3}

④ 4×10^{-4}

9 다음과 같은 회로가 정저항 회로로 되기 의해서는 C를 몇 [μF]로 하면 좋은가? (단, $R = 10[\Omega]$, $L = 100[mH]$)

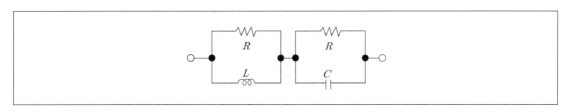

① 1

③ 100

② 10

④ 1,000

---

8 $R = \sqrt{\dfrac{L}{C}}$ 에서 $L = CR^2 = 1 \times 10^{-6} \times 20^2 = 4 \times 10^{-4} [\mathrm{H}]$

9 $R = \sqrt{\dfrac{L}{C}}$ 에서 $C = \dfrac{L}{R^2} = \dfrac{100 \times 10^{-3}}{10^2} = 1,000 [\mu \mathrm{F}]$

10 다음 회로가 주파수에 관계없이 일정한 임피던스를 가질 수 있는 C의 값은?

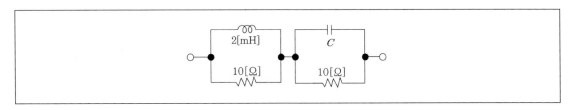

① $20[\mu\text{F}]$

② $10[\mu\text{F}]$

③ $2.454[\mu\text{F}]$

④ $0.24[\mu\text{F}]$

11 다음과 같은 회로에서 $L=4[\text{mH}]$, $C=0.1[\mu\text{F}]$일 때 이 회로가 정저항 회로가 되려면 $R[\Omega]$의 값은?

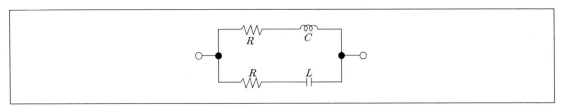

① 100

② 400

③ 300

④ 200

ⓢ ANSWER | 10.① 11.④

10 $R=\sqrt{\dfrac{L}{C}}$ 에서 C에 대해 정리하면

$C=\dfrac{L}{R^2}=\dfrac{2\times10^{-3}}{10^2}=20\,[\mu\text{F}]$

11 $R=\sqrt{\dfrac{L}{C}}=\sqrt{\dfrac{4\times10^{-3}}{0.1\times10^{-6}}}=200\,[\Omega]$

12 다음 회로가 주파수에 무관한 정저항 회로가 되기 위한 R의 값은?

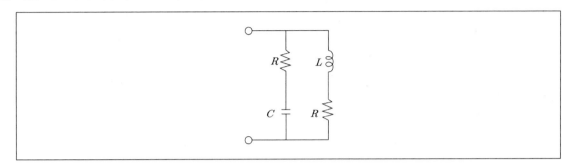

① $\dfrac{1}{\sqrt{LC}}$

② $\sqrt{LC}$

③ $\sqrt{\dfrac{L}{C}}$

④ $\sqrt{\dfrac{C}{L}}$

13 다음과 같은 (a), (b) 회로가 서로 역회로의 관계가 있으려면 L의 값 [mH]은?

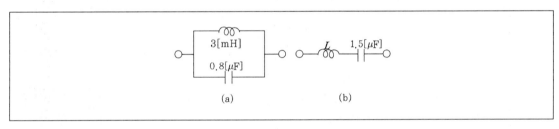

① 0.4

② 0.8

③ 1.2

④ 1.6

12 $R^2 = \dfrac{L}{C}$ 이므로 $R = \sqrt{\dfrac{L}{C}}$

13 $K^2 = \dfrac{L}{C} = \dfrac{3 \times 10^{-3}}{1.5 \times 10^{-6}} = 2{,}000$ (b)회로의 $1.5[\mu\text{F}]$는 (a)회로의 $3[\text{mH}]$의 역회로이므로,

$L = K^2 C = 2{,}000 \times 0.8 \times 10^{-6} = 1.6[\text{mH}]$

14 다음과 같은 회로의 반복 파라미터 중 전파정수 r을 $\cosh^{-1}$로 표시한 것으로 옳은 것은?

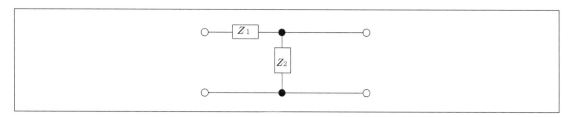

① $\cosh^{-1}\left(1 + \dfrac{Z_1}{2Z_2}\right)$

② $\cosh^{-1}\left(1 + \dfrac{Z_1}{Z_2}\right)$

③ $\cosh^{-1}\left(1 + \dfrac{2Z_1}{Z_2}\right)$

④ $\cosh^{-1}\left(1 + \dfrac{Z_2}{Z_1}\right)$

15 다음과 같은 4단자망의 영상 임피던스는 얼마인가?

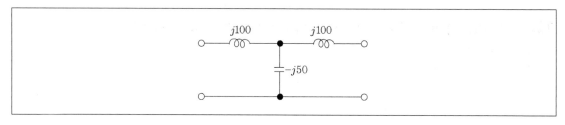

① $j\dfrac{1}{50}$

② -1

③ 1

④ 0

ANSWER | 14.① 15.④

14
$$\begin{bmatrix} A & B \\ C & D \end{bmatrix} = \begin{bmatrix} 1 + \dfrac{Z_1}{Z_2} & Z_1 \\ \dfrac{1}{Z_2} & 1 \end{bmatrix}$$

$$\therefore r = \cosh^{-1}\frac{A+D}{2} = \cosh^{-1}\frac{1 + \dfrac{Z_1}{Z_2} + 1}{2} = \cosh^{-1}\left(1 + \frac{Z_1}{2Z_2}\right)$$

15
$$\begin{bmatrix} A & B \\ C & D \end{bmatrix} = \begin{bmatrix} 1 & j100 \\ 0 & 1 \end{bmatrix} \begin{bmatrix} 1 & 0 \\ \dfrac{1}{-j50} & 1 \end{bmatrix} \begin{bmatrix} 1 & j100 \\ 0 & 1 \end{bmatrix} = \begin{bmatrix} -1 & 0 \\ j\dfrac{1}{50} & -1 \end{bmatrix}$$

$$\therefore Z_0 = \sqrt{\frac{B}{C}} = \sqrt{\frac{0}{j\dfrac{1}{50}}} = 0$$

16 다음과 같은 L형 4단자 회로망에 R_1, R_2를 정합하기 위한 Z_1의 값은? (단, $R_2 > R_1$)

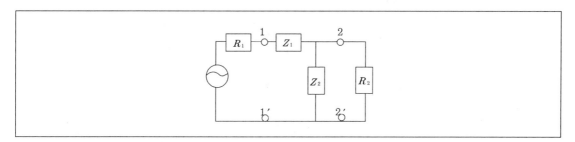

① $\pm jR_2 \sqrt{\dfrac{R_1}{R_2 - R_1}}$

② $\pm jR_1 \sqrt{\dfrac{R_1}{R_2 - R_1}}$

③ $\pm j \sqrt{R_2(R_2 - R_1)}$

④ $\pm j \sqrt{R_1(R_2 - R_1)}$

16 역 L형 여파기의 4단자 정수는 $A = 1 + \dfrac{Z_1}{Z_2}$, $B = Z_1$, $C = \dfrac{1}{Z_2}$, $D = 1$

$\therefore R_1 = Z_{01} = \sqrt{\dfrac{AB}{CD}} = \sqrt{\dfrac{Z_1 \left(1 + \dfrac{Z_1}{Z_2}\right)}{\dfrac{1}{Z_2}}} = \sqrt{Z_1(Z_1 + Z_2)} \quad \cdots \text{㉠}$

$R_2 = Z_{02} = \sqrt{\dfrac{BD}{AC}} = \sqrt{\dfrac{Z_1}{\dfrac{1}{Z_2}\left(1 + \dfrac{Z_1}{Z_2}\right)}} = \sqrt{\dfrac{Z_1 Z_2}{Z_1 + Z_2}} \quad \cdots \text{㉡}$

식 ㉠, ㉡에서

$Z_1 = \pm j \sqrt{R_1(R_2 - R_1)}$

$Z_2 = \mp Z_1 = \mp jR_2 \sqrt{\dfrac{R_1}{R_2 - R_1}}$

17 다음과 같은 회로망에서 Z_1을 4단자 정수에 의해 표시하면 어떻게 되는가?

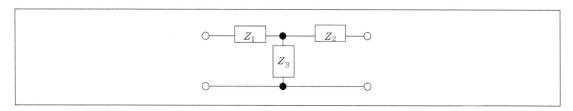

① $\dfrac{1}{C}$

② $\dfrac{D-1}{C}$

③ $\dfrac{B-1}{C}$

④ $\dfrac{A-1}{C}$

18 어떤 회로망의 4단자 정수가 $A=8$, $B=j2$, $D=3+j2$이면 이 회로망의 C는 얼마인가?

① $24+j14$

② $3-j4$

③ $8-j11.5$

④ $4+j6$

17 그림과 같은 4단자망의 4단자 정수 중 A와 C는, $A=1+\dfrac{Z_1}{Z_3}$, $C=\dfrac{1}{Z_3}$

$\therefore Z_1 = (A-1)Z_3 = \dfrac{A-1}{C}$

18

$AD-BC=1$ 이므로,

$C = \dfrac{AD-1}{B} = \dfrac{8(3+j2)-1}{j2} = 8-j11.5$

19 다음과 같은 회로망 N이 Z-Parameter로 나타내어져 있다고 한다면 Port 2가 개방되어 있을 때 G_{21}을 구하면?

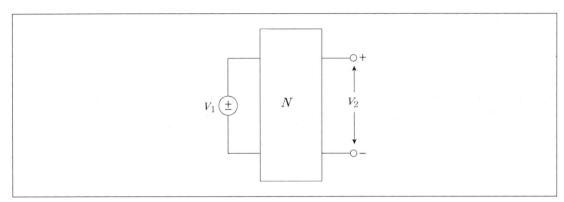

① $\dfrac{Z_{21}}{Z_{11}}$　　　　　　　　　　② $\dfrac{Z_{22}}{Z_{12}}$

③ $\dfrac{Z_{12}}{Z_{22}}$　　　　　　　　　　④ $\dfrac{Z_{11}}{Z_{21}}$

20 다음과 같은 T형 회로에서 4단자 정수 중 A의 값은?

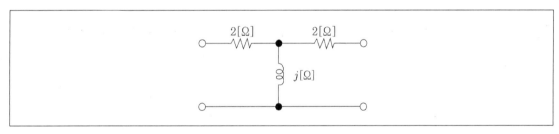

① $j5$　　　　　　　　　　② $1-j2$

③ $-j\dfrac{1}{5}$　　　　　　　　　④ $1+j2$

✅ **ANSWER** | 19.① 20.②

19 $\begin{bmatrix} I_2 \\ V_2 \end{bmatrix} = \begin{bmatrix} G_{11} & G_{12} \\ G_{21} & G_{22} \end{bmatrix} \begin{bmatrix} V_1 \\ I_2 \end{bmatrix}$ 이므로,

$$G_{21} = \frac{V_2}{V_1}\bigg|_{I_2=0} = \frac{Z_{21}\,I_1}{Z_{11}\,I_1}\bigg|_{I_2=0} = \frac{Z_{21}}{Z_{11}}$$

20 $\begin{bmatrix} 1 & 2 \\ 0 & 1 \end{bmatrix} \begin{bmatrix} 1 & 0 \\ -j & 1 \end{bmatrix} \begin{bmatrix} 1 & 2 \\ 0 & 1 \end{bmatrix} = \begin{bmatrix} 1-2j & 4-4j \\ -j & 1-2j \end{bmatrix}$

21 $ABCD$ 4단자 정수의 관계를 바르게 표시한 것은?

① $AB - CD = 1$

② $AD - BC = 1$

③ $AB + CD = 1$

④ $AD + BD = 1$

22 어떤 2단자 쌍회로망의 Y-파라미터가 다음과 같다. aa′ 단자 간에 $V_1 = 36[V]$, bb′ 단자 간에 $V_2 = 24[V]$의 정전압원을 연결하였을 때 I_1, I_2의 값은 각각 몇 [A]인가? (단, Y-파라미터는 [℧]단위이다)

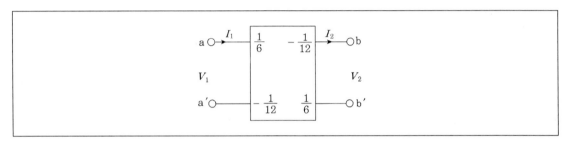

① $I_1 = 4$, $I_2 = 5$

② $I_1 = 5$, $I_2 = 4$

③ $I_1 = 1$, $I_2 = 4$

④ $I_1 = 4$, $I_2 = 1$

23 정 K형 필터(여파기)에 있어서 임피던스 Z_1, Z_2는 공칭 임피던스 K와 어떤 관계가 있는가?

① $Z_1 Z_2 = K$

② $\dfrac{Z_1}{Z_2} = K$

③ $\sqrt{\dfrac{Z_2}{Z_1}} = K$

④ $Z_1 Z_2 = K^2$

ⓒ ANSWER | 21.② 22.④ 23.④

21 4단자 정수의 관계 $AD - BC = 1$

22 $\begin{bmatrix} I_1 \\ I_2 \end{bmatrix} = \begin{bmatrix} Y_{11} & Y_{12} \\ Y_{21} & Y_{22} \end{bmatrix} \begin{bmatrix} V_1 \\ V_2 \end{bmatrix}$

$= \begin{bmatrix} \dfrac{1}{6} & -\dfrac{1}{12} \\ -\dfrac{1}{12} & \dfrac{1}{6} \end{bmatrix} \begin{bmatrix} 36 \\ 24 \end{bmatrix} = \begin{bmatrix} 4 \\ 1 \end{bmatrix}$

23 정 K형 여파기가 되려면 임피던스 Z_1과 Z_2가 역회로의 관계가 되어야 한다. 즉, $Z_1 Z_2 = K^2$의 관계가 되어야 한다.

24 다음과 같은 고역필터의 공칭 임피던스를 R, 차단 주파수를 f_c로 해서 소자 C_1과 L_2를 표시한 식은?

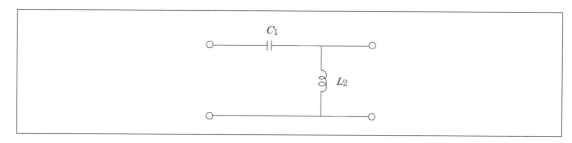

① $L_2 = \dfrac{R}{\pi f_c}$, $C_1 = \dfrac{1}{\pi f_c R}$

② $L_2 = \dfrac{1}{\pi f_c R}$, $C_1 = \dfrac{R}{\pi f_c}$

③ $L_2 = \dfrac{R}{4\pi f_c}$, $C_1 = \dfrac{1}{4\pi f_c R}$

④ $L_2 = \dfrac{1}{4\pi f_c R}$, $C_1 = \dfrac{1}{4\pi f_c}$

25 다음과 같은 정 K형 고역필터에서 공칭 임피던스가 600[Ω]이고, 차단 주파수가 40[kHz]일 때 L [mH], C [μF]는?

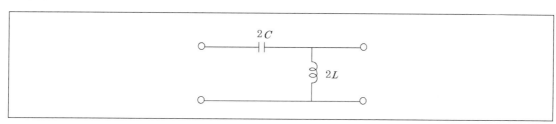

① $L = 1.119$, $C = 0.0033$

② $L = 1.19$, $C = 0.0033$

③ $L = 11.9$, $C = 0.0033$

④ $L = 11.19$, $C = 0.0033$

✅ **ANSWER** | 24.③ 25.②

24 직렬요소는 커패시턴스로 $C_1 = \dfrac{1}{4\pi f_c K} = \dfrac{1}{4\pi f_c R}$

병렬요소는 인덕턴스 $L_2 = \dfrac{K}{4\pi f_c} = \dfrac{R}{4\pi f_c}$

25 $C = \dfrac{1}{4\pi f_c K} = \dfrac{1}{4 \times 3.14 \times 40 \times 10^3 \times 600} ≒ 0.0033 [\mu F]$

$L = \dfrac{K}{4\pi f_c} = K^2 C = 600 \times 600 \times 0.0033 \times 10^{-6} ≒ 1.19 [mH]$

26 다음과 같은 정 K형 필터가 있다고 할 때 이 필터의 명칭으로 옳은 것은?

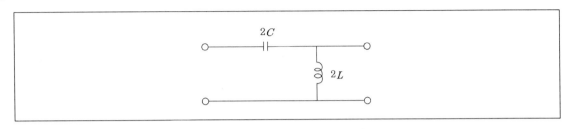

① 중역필터　　　　　　　　　　② 대역필터

③ 저역필터　　　　　　　　　　④ 고역필터

27 영상 임피던스 및 전달정수 Z_{01}, Z_{02}, θ 와 4단자 회로망의 정수 A, B, C, D와의 관계식 중 옳지 않은 것은?

① $A = \sqrt{\dfrac{Z_{01}}{Z_{02}}} \cosh\theta$　　　　　　② $B = \sqrt{Z_{01}Z_{02}} \sinh\theta$

③ $C = \dfrac{1}{\sqrt{Z_{01}Z_{02}}} \cosh\theta$　　　　　④ $D = \sqrt{\dfrac{Z_{02}}{Z_{01}}} \cosh\theta$

26 여파기의 종류

　ⓗ 저역여파기

　ⓒ 고역여파기

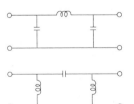

　ⓒ 대역여파기

27 $C = \dfrac{1}{\sqrt{Z_{01}Z_{02}}} \sinh\theta$ 이다.

28 다음과 같은 T형 회로에 대한 설명으로 옳지 않은 것은?

① 영상 임피던스 $Z_{01} = 60[\Omega]$이다.

② 개방 구동점 임피던스 $Z_{11} = 45[\Omega]$이다.

③ 단락 전달 어드미턴스 $Y_{12} = \dfrac{1}{80[\Omega]}$이다.

④ 전달정수 $\theta = \cosh^{-1} \dfrac{5}{3}$이다.

29 T형 4단자 회로망에서 영상 임피던스 $Z_{01} = 50[\Omega]$, $Z_{02} = 2[\Omega]$이고 전달정수가 0일 때 이 회로의 4단자 정수 D의 값은?

① 10

② 5

③ $\dfrac{1}{5}$

④ 0

28 $Z_{11} = R_1 + R_3 = 30 + 45 = 75[\Omega]$

29 $\dfrac{Z_{01}}{Z_{02}} = \dfrac{A}{D}$ 에서 $\dfrac{50}{2} = 25$

$\theta = \cosh^{-1} \sqrt{AD}$ 에서

$\cosh^{-1} \sqrt{AD} = 0$

$\therefore AD = 1$

$A = \dfrac{1}{D}$ 을 대입하면

$\dfrac{\frac{1}{D}}{D} = \dfrac{1}{D^2} = 25$, $D = \dfrac{1}{5}$, $A = 5$

30 T형 4단자 회로망에서 영상 임피던스 $Z_{01}=75[\Omega]$, $Z_{02}=3[\Omega]$이고 전달정수가 0일 때 이 회로의 4단자 정수 A의 값은?

① 2
② 3
③ 4
④ 5

31 다음과 같은 회로의 영상 전달정수 θ를 $\cosh^{-1}$로 표시하면?

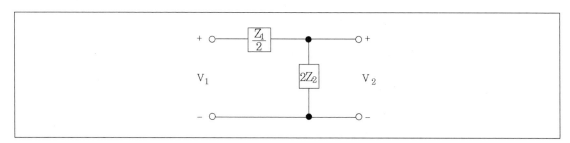

① $\cosh^{-1}\sqrt{1-\dfrac{Z_1}{4Z_2}}\dfrac{Z_1}{2}$

② $\cosh^{-1}\sqrt{1+\dfrac{Z_1}{4Z_2}}$

③ $\cosh^{-1}\sqrt{\dfrac{Z_1}{4Z_2}-1}$

④ $\cosh^{-1}\sqrt{\dfrac{Z_1}{Z_2}+1}$

Ⓒ **ANSWER** | 30.④ 31.②

30 $\dfrac{Z_{01}}{Z_{02}}=\dfrac{A}{D}$에서 $\dfrac{A}{D}=\dfrac{75}{3}=25$ ······ ㉠

$\theta=\cosh^{-1}\sqrt{AD}$에서 $\cosh^{-1}\sqrt{AD}=0$

$\therefore AD=1$ ······ ㉡

식 ㉠, ㉡에서

$A=5$, $D=\dfrac{1}{5}$

31 Z_1, Z_2는 역관계에 있으므로 $Z_1 Z_2 = K^2$이며 K는 공칭 임피던스이다.

$\theta=\cosh^{-1}\sqrt{AD}$, $A=1+\dfrac{Z_1}{Z_2}$, $D=1$이므로

$AD=1+\dfrac{\dfrac{Z_1}{2}}{2Z_2}=\left(1+\dfrac{Z_1}{4Z_2}\right)\times 1=1+\dfrac{Z_1}{4Z_2}$

$\therefore \cosh^{-1}\sqrt{1+\dfrac{Z_1}{4Z_2}}$

32 4단자 정수 $A = \dfrac{5}{3}$, $B = 800[\Omega]$, $C = \dfrac{1}{450}[\Omega]$, $D = \dfrac{5}{3}$일 때 전달정수 θ는 얼마인가?

① $\log 5$ ② $\log 4$

③ $\log 3$ ④ $\log 2$

33 다음과 같은 회로에서 영상 임피던스 Z_{01} [Ω]은?

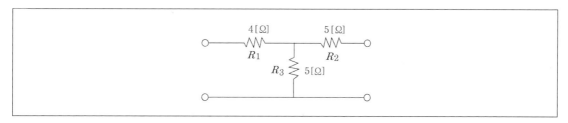

① 6.50   ② 10.50

③ 9.08   ④ 7.65

⊘ **A N S W E R** | 32.③ 33.④

31
$$\theta = \log\left(\sqrt{AD} + \sqrt{BC}\right) = \log\left(\sqrt{\dfrac{5}{3} \times \dfrac{5}{3}} + \sqrt{800 \times \dfrac{1}{450}}\right) = \log 3$$

33
$$A = 1 + \dfrac{4}{5} = \dfrac{9}{5}, \quad B = \dfrac{4 \times 5 + 4 \times 5 + 5 \times 5}{5} = 13, \quad C = \dfrac{1}{5}, \quad D = 1 + \dfrac{5}{5} = 2$$

영상임피던스 $Z_{01} = \sqrt{\dfrac{AB}{CD}} = \sqrt{\dfrac{\dfrac{9}{5} \times 13}{\dfrac{1}{5} \times 2}} = 7.65\,[\Omega]$

34 다음과 같은 T형 4단자망의 전달정수는?

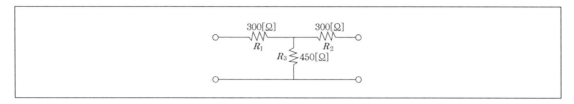

① $\log_e 2$

② $\log_e \dfrac{1}{2}$

③ $\log_e \dfrac{1}{3}$

④ $\log_e 3$

35 다음과 같은 4단자 회로의 파라미터 중 Y_{21}은?

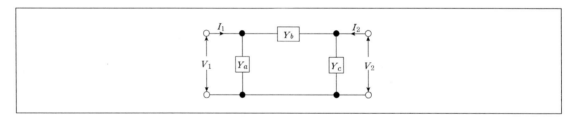

① $Y_a + Y_b$

② $- Y_b$

③ Y_a

④ $Y_b + Y_c$

34 4단자 정수를 구하면 회로가 대칭이므로

$$A = D = 1 + \frac{R_1}{R_3} = 1 + \frac{300}{450} = \frac{5}{3}$$

$$B = R_1 + R_2 + \frac{R_1 R_2}{R_3} = 300 + 300 + \frac{300 \times 300}{450} = 800$$

$$C = \frac{1}{R_3} = \frac{1}{450}$$

$$\therefore \ \theta = \log_e \left(\sqrt{AD} + \sqrt{BC} \right) = \log_e \left(\sqrt{\frac{5}{3} \times \frac{5}{3}} + \sqrt{\frac{800}{450}} \right) = \log_e 3$$

35

$$Y_{11} = \frac{I_1}{V_1} \bigg|_{V_2 = 0} = Y_a + Y_b$$

$$Y_{12} = \frac{I_1}{V_2} \bigg|_{V_1 = 0} = \frac{-Y_b V_2}{V_2} = -Y_b$$

$$Y_{21} = \frac{I_2}{V_1} \bigg|_{V_2 = 0} = \frac{-Y_b V_1}{V_1} = -Y_b$$

$$Y_{22} = \frac{I_2}{V_2} \bigg|_{V_1 = 0} = Y_b + Y_c$$

36 다음과 같은 T형 회로의 영상 파라미터는?

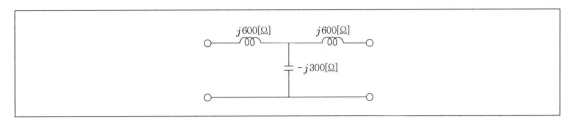

① 0

② +1

③ −3

④ −1

37 다음 회로의 전달 어드미턴스는?

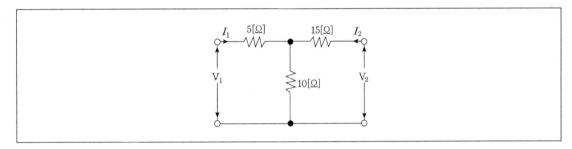

① $\dfrac{1}{11}[\Omega]$

② $-\dfrac{1}{11}[\Omega]$

③ $-\dfrac{2}{55}[\Omega]$

④ $\dfrac{3}{55}[\Omega]$

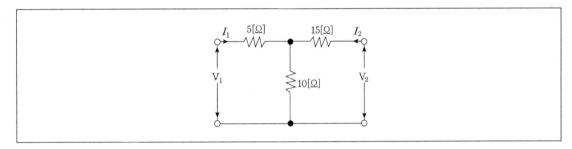 ANSWER | 36.① 37.③

36
$$\begin{bmatrix} A & B \\ C & D \end{bmatrix} = \begin{bmatrix} 1 & j600 \\ 0 & 1 \end{bmatrix} \begin{bmatrix} 1 & 0 \\ j\dfrac{1}{300} & 1 \end{bmatrix} \begin{bmatrix} 1 & j600 \\ 0 & 1 \end{bmatrix} = \begin{bmatrix} -1 & 0 \\ j\dfrac{1}{300} & -1 \end{bmatrix}$$

$$\therefore \ \theta = \cosh^{-1}\sqrt{AD} = \cosh^{-1}1 = 0$$

37
$$Y_{11} = \frac{I_1}{V_1} \Bigg|_{V_2=0} = \frac{1}{V_1} \times \frac{V_1}{5 + \dfrac{15 \times 10}{15 + 10}} = \frac{1}{11}[\mho]$$

$$Y_{12} = \frac{I_1}{V_2} \Bigg|_{V_1=0} = \frac{-\dfrac{10}{5+10}I_2}{V_2} = -\frac{\dfrac{10}{5+10}}{V_2} \times \frac{V_2}{15 + \dfrac{5 \times 10}{5 + 10}} = -\frac{2}{55}[\mho] = Y_{21}$$

$$Y_{22} = \frac{I_2}{V_2} \Bigg|_{V_1=0} = \frac{1}{V_2} \times \frac{V_2}{15 + \dfrac{5 \times 10}{5 + 10}} = \frac{3}{55}[\mho]$$

38 다음 4단자망의 AD의 값은?

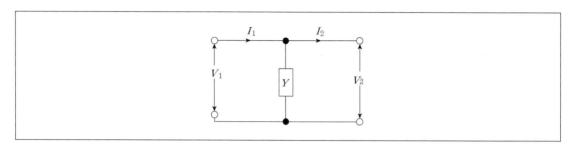

① Y

② 0

③ 1

④ -1

39 다음 대칭 T형 회로의 4단자 정수가 $A=D=2$, $B=4[\Omega]$, $C=0.02[\Omega]$일 때 임피던스 Z의 값은 얼마인가?

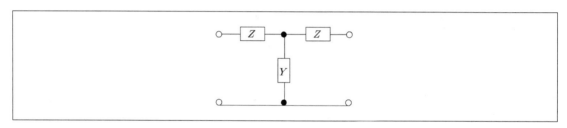

① $0.02[\Omega]$

② $2[\Omega]$

③ $4[\Omega]$

④ $50[\Omega]$

38
$$A = \frac{V_1}{V_2}\bigg|_{I_2=0} = \frac{V_1}{V_1} = 1$$

$$B = \frac{V_1}{I_2}\bigg|_{V_2=0} = \frac{0}{I_2} = 0$$

$$C = \frac{I_1}{V_2}\bigg|_{I_2=0} = \frac{I_1}{\frac{I_1}{Y}} = Y$$

$$D = \frac{I_1}{I_2}\bigg|_{V_2=0} = \frac{I_2}{I_1} = 1$$

$$AD = 1 \times 1 = 1$$

39 $A = 1 + ZY$, $C = Y$가 성립하므로
$$Z = \frac{A-1}{Y} = \frac{A-1}{C} = \frac{2-1}{0.02} = 50[\Omega]$$

40 다음 회로에서 어드미턴스 파라미터 Y_{21}의 값은?

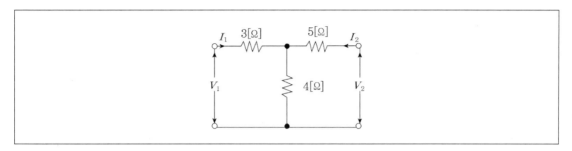

① $\dfrac{9}{47}[\mho]$

② $\dfrac{7}{47}[\mho]$

③ $\dfrac{4}{47}[\mho]$

④ $-\dfrac{4}{47}[\mho]$

41 H 파라미터 중 출력단락 전류이득을 나타내는 것은?

① H_{11}

② H_{12}

③ H_{21}

④ H_{22}

40 Y결선을 델타결선으로 전환했을 때 직렬 임피던스는

$$\frac{3\times4+3\times5+4\times5}{4} = \frac{47}{4}[\Omega]$$

따라서 어드미턴스로 하면 $\dfrac{4}{47}[s]$

$$Y_{12} = Y_{21} = -\frac{4}{47}$$

41 $\begin{bmatrix} V_1 \\ I_2 \end{bmatrix} = \begin{bmatrix} H_{11} & H_{12} \\ H_{21} & H_{22} \end{bmatrix} \begin{bmatrix} I_1 \\ V_2 \end{bmatrix}$

$H_{11} = \dfrac{V_1}{I_1}\Big|_{V_2=0}$ — 출력단락 시 입력측 임피던스

$H_{12} = \dfrac{V_1}{V_2}\Big|_{I_1=0}$ — 입력개방 시 전압이득

$H_{21} = \dfrac{I_2}{I_1}\Big|_{V_2=0}$ — 출력단락 시 전류이득

$H_{22} = \dfrac{I_2}{V_2}\Big|_{I_1=0}$ — 입력개방 시 출력측 어드미턴스

42 다음 T형 회로에서 4단자 정수 B의 값은?

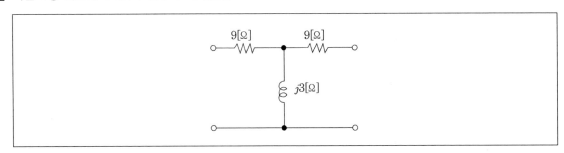

① $1 - j3$

② $1 + j3$

③ $-\dfrac{1}{j3}$

④ $18 - j27$

42 $\begin{bmatrix} A & B \\ C & D \end{bmatrix} = \begin{bmatrix} 1 & 9 \\ 0 & 1 \end{bmatrix} \begin{bmatrix} 1 & 0 \\ \dfrac{1}{j3} & 1 \end{bmatrix} \begin{bmatrix} 1 & 9 \\ 0 & 1 \end{bmatrix} = \begin{bmatrix} 1 - j3 & 18 - j27 \\ \dfrac{1}{j3} & 1 - j3 \end{bmatrix}$

06 비정현파

1 비정현파의 푸리에 급수에 의한 분석

비정현 주기적인 반복을 하는 파를 여러 개의 정현파의 합으로 표시하는 방법으로 직류성분+기본파+고조파로 구성된다.

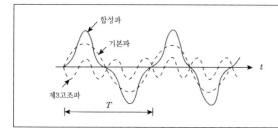

$$f(t) = a_0 + \sum_{n=1}^{\infty} a_n \cos n\omega t + \sum_{n=1}^{\infty} b_n \sin n\omega t$$

① **직류성분**(평균값) ··· 주파수가 0일 때 값이며 평균값으로 구한다.

$$a_0 = \frac{2}{T} \int_0^T f(t)\,dt$$

② **cos항** ··· $a_n = \frac{2}{T} \int_0^T f(t) \cos n\omega t\,dt$

③ **sin항** ··· $b_n = \frac{2}{T} \int_0^T f(t) \sin n\omega t\,dt$

Q 실전문제 _01   고양도시관리공사

다음 빈 칸에 들어갈 내용을 순서대로 옳게 나열한 것은?

> 푸리에 변환은 비주기함수의 (   )을 (   )으로 변환하는 것을 말한다.

① 시간 영역, 주파수 영역   ② 시간 영역, 공간 영역
③ 공간 영역, 주파수 영역   ④ 공간 영역, 시간 영역
⑤ 주파수 영역, 시간 영역

✔ 푸리에 변환은 시간이나 공간에서 샘플링된 신호를 주파수에서 샘플링된 동일한 신호와 연결시키는 수학적 방법이다.

답 ①

❷ 비정현파의 종류

(1) 여현대칭파(우함수파 : Y축 대칭)

① **함수식** $\cdots f(t) = f(-t)$

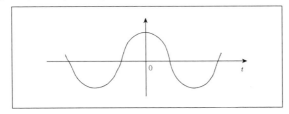

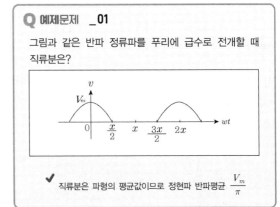

Q 예제문제 _ 01

그림과 같은 반파 정류파를 푸리에 급수로 전개할 때 직류분은?

✔ 직류분은 파형의 평균값이므로 정현파 반파평균 $\dfrac{V_m}{\pi}$

② $b_n = 0(\sin$항)이므로 직류성분 a_0와 $\cos$항 계수 a_n 만 존재한다.

$$f(t) = a_0 + \sum_{n=1}^{\infty} a_n \cos n\omega t$$

(2) 정현대칭파(기함수파 : 원점대칭)

① **함수식** $\cdots f(t) = -f(-t)$

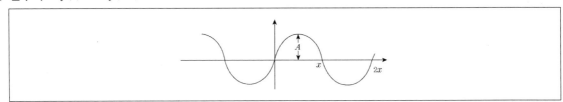

② a_0(직류성분)=0이므로 $\sin$항의 계수 b_n만 존재한다.

$$f(t) = \sum_{n=1}^{\infty} b_n \sin n\omega t$$

(3) 반파대칭파(우수파는 상쇄되고 기수파만 남는다.)

① **함수식** $\cdots f(t) = -f(t+\pi) \Rightarrow$ 반주기마다 반대부호의 파형이 반복된다.

② a_0(직류성분) = 0이고 $\cos$항과 $\sin$항의 계수 a_n과 b_n이 존재한다.

$$f(t) = \sum_{n=1}^{\infty} a_n \cos n\omega t + \sum_{n=1}^{\infty} b_n \sin n\omega t (단, \ n은 \ 기수)$$

(4) 여현대칭파 및 반파대칭파

① **함수식** ··· $f(t) = f(-t)$ and $f(t) = -f(t+\pi)$

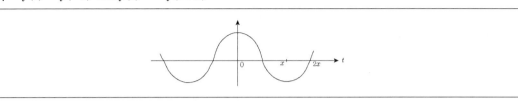

② 여현대칭파와 반파대칭파의 특성을 모두 가지고 있으므로 a_0, a_n와 a_n, b_n의 공통부분인 a_n만 존재한다.

$$f(t) = \sum_{n=1}^{\infty} a_n \cos n\omega t \, (\text{단, } n \text{은 기수})$$

(5) 정현대칭파 및 반파대칭파

① **함수식** ··· $f(t) = -f(-t)$ and $f(t) = -f(t+\pi)$

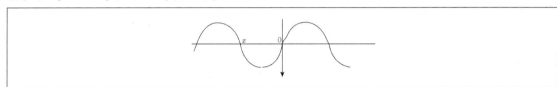

② 정현대칭파와 반파대칭파의 특성을 모두 가지고 있으므로 b_n와 a_n, b_n의 공통부분($\because$ And : 논리 곱)인 b_n만 존재한다.

$$f(t) = \sum_{n=1}^{\infty} b_n \sin n\omega t \ (\text{단, } n \text{은 홀수})$$

③ 비정현파의 실횻값

각 고조파의 실횻값의 제곱의 합의 제곱근으로 구한다.

$$i(t) = I_0 + \sum_{n=1}^{\infty} I_{mn} \sin(n\omega t + \theta)$$
$$= I_0 + I_{m1}\sin(\omega t + \theta_1) + I_{m2}\sin(2\omega t + \theta_2)$$
$$+ \cdots + I_{mn}\sin(n\omega t + \theta_n)$$

$$|i(t)| = \sqrt{I_0^2 + (\frac{I_{m1}}{\sqrt{2}})^2 + (\frac{I_{m2}}{\sqrt{2}})^2 + \ldots + (\frac{I_{mn}}{\sqrt{2}})^2}$$
$$= \sqrt{I_0^2 + I_1^2 + I_2^2 + \cdots + I_n^2}$$

Q 예제문제 _02

$v(t) = 10 + 10\sqrt{2}\sin\omega t$
$+ 10\sqrt{2}\sin 3\omega t + 10\sqrt{2}\sin 5\omega t\,[\text{V}]$일 때 실횻값은?

✔ 직류분 및 각 고조파의 실횻값의 합의 제곱근
$V = \sqrt{10^2 + 10^2 + 10^2 + 10^2} = \sqrt{400} = 20[\text{v}]$

④ 비정현파 교류의 전력계산

(1) 유효전력

같은 고조파 전압전류의 곱에 cos값으로 얻는다.

$$P = V_0 I_0 + \sum_{n=1}^{\infty} V_n I_n \cos\theta_n\,[\text{W}]$$

(2) 무효전력

$$P_r = \sum_{n=1}^{\infty} V_n I_n \sin\theta_n\,[\text{VAR}]$$

(3) 피상전력

전압전류의 각각의 실효값의 곱으로 얻는다.

$$P_a = \sqrt{V_0^2 + V_1^2 + \cdots + V_n^2}\ \sqrt{I_0^2 + I_1^2 + \cdots + I_n^2}$$
$$[\text{VA}] \qquad\qquad = VI$$

(4) 역률

$$\cos\theta = \frac{P}{P_a} = \frac{P}{VI}$$

Q 예제문제 _03

$R = 3[\Omega]$, $\omega L = 4[\Omega]$인 직렬 회로에
$e(t) = 200\sin(\omega t + 10°) + 50\sin(3\omega t + 30°) + 30\sin$
$(5\omega t + 50°)$를 인가할 대 회로에서 소비되는 전력 및
역률을 구하여라.

✔ $z_1 = R + j\omega L = 3 + j4 \to |z_1| = Z_1 = 5[\Omega]$
$z_3 = R + j3\omega L = 3 + j12 \to |z_3| = Z_3 = 12.37[\Omega]$
$z_5 = R + j5\omega L = 3 + j20$
$\to |z_5| = Z_5 = 20.22[\Omega]$

$I_1 = \dfrac{V_1}{Z_1} = \dfrac{\frac{200}{\sqrt{2}}}{5} = 28.28[\text{A}]$

$I_3 = \dfrac{V_3}{Z_3} = \dfrac{\frac{50}{\sqrt{2}}}{12.37} = 2.86[\text{A}]$

$I_5 = \dfrac{V_5}{Z_5} = \dfrac{\frac{30}{\sqrt{2}}}{20.22} = 1.05[\text{A}]$

따라서
유효전력
$P = I_1^2 R + I_3^2 R + I_5^2 R = 28.28^2 \times 3 + 2.86^2 \times 3$
$+ 1.05^2 \times 3 = 2427.12[\text{W}]$

피상전력
$P_a = I_1^2|Z_1| + I_3^2|Z_3| + I_5^2|Z_5|$
$= 28.28^2 \times 5 + 2.86^2 \times 12.37 + 1.05^2 \times 20.22[\text{VA}]$
$= 4122.27[\text{VA}]$

역률 $\cos\theta = \dfrac{P}{P_a} = \dfrac{2427.12}{4122.27} = 0.59$

⑤ 왜형률

$$D = \frac{\text{전 고조파의 실횻값}}{\text{기본파의 실횻값}} = \frac{\sqrt{I_2^2 + I_3^2 + \cdots + I_n^2}}{I_1}$$

Q 예제문제 _ 04

왜형파 전압
$$v(t) = 100\sqrt{2}\sin\omega t + 50\sqrt{2}\sin 2\omega t + 30\sqrt{2}\sin 3\omega t$$
의 왜형률을 구하면?

✔ 왜형율 = 일그러짐율
$$D = \frac{\text{고조파들의 실효치}}{\text{기본파 실효치}} = \frac{\sqrt{50^2 + 30^2}}{100}$$

Q 실전문제 _ 02   대전시설관리공단

다음 중 왜형률을 옳게 나타낸 것은?

① $\dfrac{\text{우수 고조파의 평균값}}{\text{기본파의 평균값}}$ 　　② $\dfrac{\text{기수 고조파의 평균값}}{\text{기본파의 평균값}}$

③ $\dfrac{\text{전 고조파의 평균값}}{\text{기본파의 평균값}}$ 　　④ $\dfrac{\text{전수 고조파의 실횻값}}{\text{기본파의 실횻값}}$

✔ $D = \dfrac{\text{전 고조파의 실횻값}}{\text{기본파의 실횻값}} = \dfrac{\sqrt{I_2^2 + I_3^2 + \cdots + I_n^2}}{I_1}$

답 ④

Q 실전문제 _ 03   인천국제공항공사

기본파의 40[%]인 제3고조파와 30[%]인 제5고조파를 포함하는 전압파의 왜형률은 다음 중 어느 것인가?

① 0.3 　　② 0.4

③ 0.5 　　④ 1

⑤ 5

✔ 왜형률 $= \sqrt{0.4^2 + 0.3^2} = 0.5$

답 ③

기출예상문제

1 비선형 회로에서 생기는 일그러짐(distortion)에 대한 설명으로 옳은 것은?

① 입력신호의 성분 중에 잡음이 섞여 생긴다.
② 출력측에 입력신호의 고조파가 발생함으로써 생긴다.
③ 입력측에 출력신호의 고조파가 발생함으로써 생긴다.
④ 출력신호의 성분 중에 잡음이 섞여 생긴다.

2 다음 설명 중 옳은 것은?

① 비사인파 = 교류분 + 기본파 + 고조파
② 비사인파 = 직류분 + 교류분 + 고조파
③ 비사인파 = 직류분 + 기본파 + 고조파
④ 비사인파 = 기본파 + 직류분 + 교류분

✅ ANSWER | 1.② 2.③

1 비선형 회로에서 발생하는 일그러짐은 출력측에 입력신호의 고조파가 발생함으로써 생긴다. 이와 같은 일그러짐을 고조파 일그러짐 또는 비직선 일그러짐이라고 한다.

2 비사인파 = 직류분 + 기본파 + 고조파

3 비사인파 교류의 일그러짐률은?

① $\dfrac{\text{기본파의 실횻값}}{\text{고조파의 실횻값}}$ ② $\dfrac{\text{고조파의 실횻값}}{\text{기본파의 실횻값}}$

③ $\dfrac{\text{기본파의 실횻값}}{\text{기본파의 최댓값}}$ ④ $\dfrac{\text{고조파의 최댓값}}{\text{기본파의 실횻값}}$

4 다음과 같이 일그러진 파형에 포함된 고조파는 어느 파에 속하는가?

① 제2고조파   ② 제3고조파

③ 제4고조파   ④ 제6고조파

5 비사인파 교류의 크기를 표시하는 데 있어 사인파에 가까운 파형의 비사인파 교류에서 사용하는 값은?

① 최댓값   ② 평균값

③ 실횻값   ④ 첨둣값

⊘ A N S W E R ┃ 3.② 4.② 5.③

3 전송회로의 비사인파 파형의 일그러짐률은 다음과 같이 정의한다.

$$K = \frac{\text{고조파의 실횻값}}{\text{기본파의 실횻값}} = \frac{\sqrt{V_2^2 + V_3^2 + V_4^2}}{V_1}$$

4 정파(+)와 부파(−)가 동일하면 홀수파로서 제3고조파에 속한다.

5 비사인파 교류의 크기를 표시하는 데 있어 펄스와 같은 경우에는 최대값을 사용하나, 사인파에 가까운 파형의 비사 인파 교류에서는 사인파 교류와 마찬가지로 실효값을 사용한다.

6 $10\sqrt{2}\sin 3\pi t$[V]를 기본파로 하는 비정현주기파의 제5고조파 주파수 [Hz]를 구하면?

① 5.5

② 6.5

③ 7.5

④ 8.5

7 신호를 여러 개의 정현파의 합으로 표시하는 방법은?

① 노튼의 정리

② 중첩의 원리

③ 테일러 급수

④ 푸리에 급수

8 다음 중 푸리에 급수의 전개를 할 수 없는 것은?

① $s(t) = 2\cos \pi t + 3\cos 2\pi t$

② $s(t) = 2\cos \pi t + 3\cos 2t$

③ $s(t) = 2\cos \dfrac{1}{2}t + 3\cos 3.5t$

④ $s(t) = 2\cos t + \cos 3t$

6 $f = \dfrac{\omega}{2\pi} = \dfrac{3\pi}{2\pi} = 1.5$

$f_5 = 5 \times f = 5 \times 1.5 = 7.5$

7 푸리에 급수는 주기적으로 반복되는 파형에 대해서만 사용할 수 있다.

8 기본 주파수의 배수가 아닌 비주기 함수이다.

9 다음 중 푸리에 급수의 성질에 대한 설명으로 옳은 것은?

① 신호함수 $s(t)$가 고조파 성분만을 포함하고 있는 경우 시간의 원점을 변경시켜도 푸리에 급수의 전개에 어떤 우수 고조파 성분도 부가되지 않는다.

② 신호함수 $s(t)$가 우함수이면 푸리에 급수는 직류항만으로 표시된다.

③ 신호함수 $s(t)$가 우함수이면 푸리에 급수는 sine항만으로 표시된다.

④ 신호함수 $s(t)$가 기함수이면 푸리에 급수는 cosine항만으로 표시된다.

10 주기 $T = 4[\text{sec}]$인 주기적인 단위 구형파 함수의 푸리에 계수 Fn은?

① $Fn = \dfrac{1}{4} Sa\left(\dfrac{n\pi}{4}\right)$

② $Fn = \dfrac{1}{4} Sa\left(\dfrac{n\pi}{2}\right)$

③ $Fn = \dfrac{1}{2} Sa\left(\dfrac{n\pi}{4}\right)$

④ $Fn = \dfrac{1}{2} Sa\left(\dfrac{n\pi}{2}\right)$

ANSWER | 9.① 10.②

9 푸리에 급수의 개념

$$s(t) = a_0 + \sum_{n=1}^{\infty} (a_n \cos n\omega t + b_n \sin n\omega t)$$

㉠ $s(t)$가 우함수 $s(-x) = s(x)$이면 계수 $b_1,\ b_2 \cdots\cdots\ b_n$는 모두 0이므로 푸리에 급수는 cosine항만으로 표시된다.

㉡ $s(t)$가 기함수 $s(-x) = -s(x)$이면 계수 $a_0,\ a_1,\ a_2 \cdots\cdots\ a_n$는 모두 0이므로 푸리에 급수는 sine항만으로 표시된다.

10 $Fn = \dfrac{1}{T} F(\omega)\big|_{\omega = n\omega_0},\ \ \omega_0 = \dfrac{2\pi}{T}$

11 주기가 T인 충격파열(unit impluse train)을 푸리에 변환한 것으로 옳은 것은?

① 일련의 게이트 함수가 반복적으로 나타난다.
② 일련의 표본 함수가 반복적으로 나타난다.
③ 주기가 $T\left(\omega_0 = \dfrac{2\pi}{T}\right)$이고 크기가 $2\omega_0$인 충격파열이 된다.
④ 주기가 $T\left(\omega_0 = \dfrac{2\pi}{T}\right)$이고 크기가 ω_0인 충격파열이 된다.

12 푸리에 변환에 관한 설명 중 옳지 않은 것은?

① 시간 지연된 함수를 푸리에 변환하며 위상이 변화한 함수가 된다.
② 푸리에 변환은 선형성을 갖는다.
③ 푸리에 변환은 신호의 주파수 특성을 나타낸다.
④ 비주기 함수는 푸리에 급수를 이용하여 나타낼 수 있다.

13 우함수의 주기 구형파를 푸리에 변환한 결과로 옳은 것은?

① 직류성분만 존재한다.
② 직류와 사인성분이 존재한다.
③ 직류와 코사인성분이 존재한다.
④ 코사인 성분만 존재한다.

⊗ A N S W E R | 11.④ 12.④ 13.③

11 일련의 주기 충격파 함수는 콤함수라고 한다. $\delta_T(t) = \displaystyle\sum_{n=-\infty}^{\infty} \frac{1}{T}e^{jn\omega_0 t}$이 식의 푸리에 변환 $F[\delta_T(t)]$를 구하면

$$F[\delta_T(t)] = 2\pi \sum_{n=-\infty}^{\infty} \frac{1}{T}\delta(\omega - n\omega_0) = \omega_0 \sum_{n=-\infty}^{\infty} (\omega - n\omega_0) = \omega_0 \delta\omega_0(\omega), \ \omega_0 = \frac{2\pi}{T}$$

시간영역에서 주기 충격파열을 푸리에 변환하면 주파수 영역에서도 주기적인 충격파열이 되면 크기는 ω_0이다.

12 푸리에 변환
ⓐ 비주기적인 임의의 파형의 주파수 스펙트럼은 푸리에 변환으로 나타낸다.
ⓑ 비주기적 파형은 푸리에 변환을 적용할 수 있다.
ⓒ 주기적 파형은 푸리에 급수를 적용할 수 있다.

13 우함수는 여현 대칭이므로 직류와 코사인성분이 존재한다.

14 비정현파 전압 $v = 200\sqrt{2}\,sin\omega t + 100\sqrt{2}\,sin2\omega t + 50\sqrt{2}\,sin3\omega t$ 의 왜형률로 옳은 것은?

① 1
② 0.56
③ 0.5
④ 0.28

15 다음 비정현파 교류 전압과 전류간의 역률은?

$$v = 30\sin\omega t + 40\sin3\omega t\;[\text{V}]$$
$$i = 40\sin\omega t + 30\sin3\omega t\;[\text{A}]$$

① 0.96
② 0.72
③ 0.48
④ 0.24

16 3상 교류 대칭 전압에 포함되는 고조파에서 상순이 기본파와 동일한 것은?

① 제5고주파
② 제7고주파
③ 제9고주파
④ 제11고주파

ANSWER | 14.② 15.① 16.②

14 왜형률 $D = \dfrac{\sqrt{100^2 + 50^2}}{200} \fallingdotseq 0.56$

15 $P = \dfrac{30 \times 40}{2} + \dfrac{40 \times 30}{2} = 600 + 600 = 1,200\,[\text{W}]$

$P_a = VI = \sqrt{\dfrac{30^2 + 40^2}{2}} \times \sqrt{\dfrac{40^2 + 30^2}{2}} \fallingdotseq 1,250$

역률 $\cos\theta = \dfrac{P}{P_a} = \dfrac{1,200}{1,250} \fallingdotseq 0.96$

16 상순이 기본파와 동일한 것은 3상이므로 $(3n+1)$고조파로 제7고주파, 제13고주파, …… 등이다.

필수
암기노트

07 라플라스

1 라플라스 변환

시간함수 $f(t)$를 복소함수 $F(s)$로 치환하는 것으로서 시간함수 $f(t)$에 e^{-st}를 곱하고 시간 t에 대하여 0~∞까지 적분하면 된다.

$$\mathcal{L}\left[f(t)\right]=F(s)=\int_0^\infty f(t)\cdot e^{-st}dt$$

2 기본함수의 라플라스 변환

① **단위계단함수**(인디셜 함수) … 단위계단함수(unit step)는 시작시점부터 1로된 상수함수를 말한다.

$$u(t)=1$$
$$\mathcal{L}\left[u(t)\right]=\int_0^\infty u(t)e^{-st}dt=\int_0^\infty 1\cdot e^{-st}dt=-\frac{1}{s}e^{-st}=0-\left(-\frac{1}{s}\right)=\frac{1}{s}$$
$$[참고]\ \frac{d}{dt}e^{-st}=-se^{-st}\quad \int e^{-st}dt=\frac{1}{s}e^{-st}$$

② **단위임펄스함수** … $\delta(t)$ 충격파함수 또는 하중(무게)함수라고도 한다. 면적은 1이다.

$$\delta(t)=\lim_{\epsilon\to 0}\frac{1}{\epsilon}[u(t)-u(t-\epsilon)]$$
$$\mathcal{L}\left[\delta(t)\right]=\int_0^\infty \delta(t)e^{-st}dt=\lim_{\epsilon\to 0}\frac{1}{\epsilon}\int_0^\infty [u(t)-u(t-\epsilon)]e^{-st}dt$$
$$=\lim_{\epsilon\to 0}\frac{1}{\epsilon}\cdot\frac{1-e^{-\epsilon s}}{s}=\lim_{\epsilon\to 0}\frac{\frac{d}{d\epsilon}(1-e^{-\epsilon s})}{\frac{d}{d\epsilon}\epsilon s}=\frac{s}{s}=1$$

③ **단위경사함수** ··· Ramp함수라고도 하고 속도함수라고도 한다. 기울기가 1인 함수라면 다음처럼 표현된다. $f(t) = t\,u(t)$ 시간이 0에서부터 t함수이다.

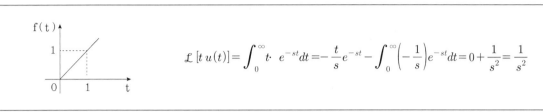

$$\mathcal{L}\left[t\,u(t)\right] = \int_0^\infty t\cdot e^{-st}dt = -\frac{t}{s}e^{-st} - \int_0^\infty \left(-\frac{1}{s}\right)e^{-st}dt = 0 + \frac{1}{s^2} = \frac{1}{s^2}$$

④ **상수함수**(계단 함수) ··· $f(t) = K$ 계단함수가 출발시점이 생기면 단위계단함수가 된다.

$$\mathcal{L}\left[K\right] = \int_0^\infty Ke^{-st}dt = K\int_0^\infty e^{-st}dt = \frac{K}{s}$$

⑤ **램프함수** ··· t^n

$$\mathcal{L}\left[t^n\right] = \int_0^\infty = t^n e^{-st}dt = \frac{n!}{s^{n+1}}$$

$$\mathcal{L}\left[t^2\right] = \frac{2!}{s^3} = \frac{2\times 1}{s^3} = \frac{2}{s^3}, \quad \mathcal{L}\left[t^3\right] = \frac{3!}{s^4} = \frac{3\times 2\times 1}{s^4} = \frac{6}{s^4}$$

Q 실전문제 _01   한국가스기술공사

함수 $f(t) = 4t^3 + 3t^2$ 의 라플라스 변환은?

① $4s^4 + 3s^3$ ② $24s^4 + 6s^3$

③ $\dfrac{12}{s^2} + \dfrac{6}{s}$ ④ $\dfrac{12}{s^4} + \dfrac{6}{s^3}$

⑤ $\dfrac{24}{s^4} + \dfrac{6}{s^3}$

✔ $\mathcal{L}\left[4t^3\right] = \dfrac{4\times 3!}{s^4} = \dfrac{4\times 3\times 2\times 1}{s^4} = \dfrac{24}{s^4},\ \mathcal{L}\left[3t^2\right] = \dfrac{3\times 2!}{s^3} = \dfrac{3\times 2\times 1}{s^3} = \dfrac{6}{s^3}$

답 ⑤

---

⑥ **지수감쇠함수** ··· e^{-at}

$$\mathcal{L}\left[e^{-at}\right] = \int_0^\infty e^{-at}e^{-st}dt = \int_0^\infty e^{-(s+a)t}dt = \frac{1}{s+a}$$

⑦ **삼각함수**

$$e^{j\theta} = \cos\theta + j\sin\theta \qquad \sin\theta = \frac{1}{2j}(e^{j\theta} - e^{-j\theta})$$

$$e^{-j\theta} = \cos\theta - j\sin\theta \qquad \cos\theta = \frac{1}{2}(e^{j\theta} + e^{-j\theta})$$

㉠ $\sin\omega t = \dfrac{1}{2j}(e^{j\omega t} - e^{-j\omega t})$

$$\mathcal{L}[\sin\omega t] = \int_0^\infty \frac{1}{2j}(e^{j\omega t} - e^{j\omega t})e^{-st}dt = \frac{1}{2j}\int_0^\infty [e^{-(s-j\omega)t} - e^{-(s+j\omega)t}]dt$$

$$= \frac{1}{2j}\left[\frac{1}{s-j\omega} - \frac{1}{s+j\omega}\right] = \frac{\omega}{s^2+\omega^2}$$

㉡ $\cos\omega t = \dfrac{1}{2}(e^{j\omega t} + e^{-j\omega t})$

$$\mathcal{L}[\cos\omega t] = \int_0^\infty \frac{1}{2}(e^{j\omega t} + e^{-j\omega t})e^{-st}dt = \frac{1}{2}\int_0^\infty [e^{-(s-j\omega)t} + e^{-(s+j\omega)t}]dt$$

$$= \frac{1}{2}\left[\frac{1}{s-j\omega} + \frac{1}{s+j\omega}\right] = \frac{s}{s^2+\omega^2}$$

⑧ **쌍곡선 함수**

$$\sinh\omega t = \frac{1}{2}(e^{\omega t} - e^{-\omega t})$$

$$\cosh\omega t = \frac{1}{2}(e^{\omega t} + e^{-\omega t})$$

㉠ $\sinh\omega t = \dfrac{1}{2}(e^{\omega t} - e^{-\omega t})$

$$\mathcal{L}[\sinh\omega t] = \int_0^\infty \frac{1}{2}(e^{\omega t} - e^{-\omega t})e^{-st}dt$$

$$= \frac{1}{2}\int_0^\infty [e^{-(s-\omega)t} - e^{-(s+\omega)t}dt$$

$$= \frac{1}{2}\left[\frac{1}{s-\omega} - \frac{1}{s+\omega}\right] = \frac{\omega}{s^2-\omega^2}$$

㉡ $\cosh\omega t = \dfrac{1}{2}(e^{\omega t} + e^{-\omega t})$

$$\mathcal{L}[\cosh\omega t] = \int_0^\infty \frac{1}{2}(e^{\omega t} + e^{-\omega t})e^{-st}dt$$

$$= \frac{1}{2}\int_0^\infty [e^{-(s-\omega)t} + e^{-(s+\omega)t}]dt$$

$$= \frac{1}{2}\left[\frac{1}{s-\omega} + \frac{1}{s+\omega}\right] = \frac{s}{s^2-\omega^2}$$

> **Q 예제문제 _01**
>
> $f(t) = \cos^2 t$ 인 함수의 라플라스 변환을 구하라.
>
> ✔ $\cos^2 t = \dfrac{1}{2}(1 + \cos 2t)$ 이므로
>
> $\mathcal{L}[\cos^2 t] = \mathcal{L}[\frac{1}{2}(1 + \cos 2t)]$
>
> $= \dfrac{1}{2}(\mathcal{L}[1] + \mathcal{L}[\cos 2t]) = \dfrac{1}{2}(\dfrac{1}{s} + \dfrac{s}{s^2+4})$

> **Q 예제문제 _02**
>
> e^{jwt} 의 라플라스 변환은?
>
> ✔ $\mathcal{L}\,e^{iwt} = \displaystyle\int_0^\infty e^{iwt}e^{st}at = \int_0^\infty e^{-(s-jw)t}at$
>
> $= \left[-\dfrac{1}{s-jw}e^{-(s-jw)t}\right]_0^\infty = \dfrac{1}{s-jw}$

$Ae^{-at}\sin\omega t$ 의 라플라스 변환은?

①　$\dfrac{A\omega}{(s+a)^2+\omega^2}$

②　$\dfrac{A(s+a)}{(s+a)^2+\omega^2}$

③　$\dfrac{As}{(s+a)^2+\omega^2}$

④　$\dfrac{As}{s^2-a^2}$

✔ $A\sin\omega t$ 를 라플라스변환을 하면 $\dfrac{A\omega}{s^2+\omega^2}$, e^{-at}의 복소추이를 하면 s 대신 s+a를 대입하면 되므로

$$\mathcal{L}\,[Ae^{-at}\sin\omega t]=\dfrac{A\omega}{(s+a)^2+\omega^2}$$

답 ①

---

3 라플라스변환의 제정리

(1) 선형 정리

$$\mathcal{L}\,[af_1(t)+bf_2(t)]=aF_1(s)+bF_2(s)$$

(2) 상사 정리

$$\mathcal{L}\,[f(\tfrac{t}{a})]=aF(as)$$

(3) 시간 추이 정리

$$\mathcal{L}\,[f(t-a)]=e^{-as}F(s)$$

$$\mathcal{L}\,[f(t-a)]=\int_{0}^{\infty}f(\tau)e^{-s(\tau+a)}d\tau=\int_{0}^{\infty}f(\tau)e^{-s\tau}\cdot e^{-as}d\tau=F(s)e^{-as}$$

① 구형파

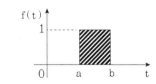

$f(t)=u(t-a)-u(t-b)$

$\mathcal{L}\,[u(t-a)-u(t-b)]=\dfrac{1}{s}e^{-as}-\dfrac{1}{s}e^{-bs}=\dfrac{1}{s}(e^{-as}-e^{-bs})$

② 삼각파

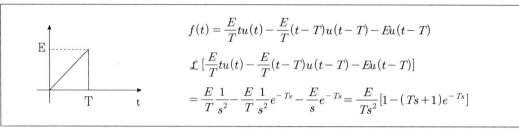

$$f(t) = \frac{E}{T}tu(t) - \frac{E}{T}(t-T)u(t-T) - Eu(t-T)$$

$$\mathcal{L}\left[\frac{E}{T}tu(t) - \frac{E}{T}(t-T)u(t-T) - Eu(t-T)\right]$$

$$= \frac{E}{T}\frac{1}{s^2} - \frac{E}{T}\frac{1}{s^2}e^{-Ts} - \frac{E}{s}e^{-Ts} = \frac{E}{Ts^2}[1-(Ts+1)e^{-Ts}]$$

③ sin파

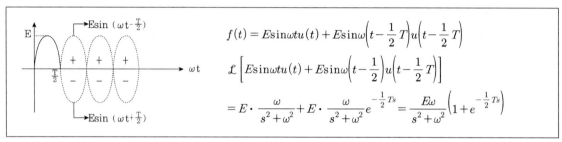

$$f(t) = E\sin\omega t\,u(t) + E\sin\omega\left(t - \frac{1}{2}T\right)u\left(t - \frac{1}{2}T\right)$$

$$\mathcal{L}\left[E\sin\omega t\,u(t) + E\sin\omega\left(t - \frac{1}{2}\right)u\left(t - \frac{1}{2}T\right)\right]$$

$$= E\cdot\frac{\omega}{s^2+\omega^2} + E\cdot\frac{\omega}{s^2+\omega^2}e^{-\frac{1}{2}Ts} = \frac{E\omega}{s^2+\omega^2}\left(1 + e^{-\frac{1}{2}Ts}\right)$$

(4) 복소 추이 정리

$$\mathcal{L}\left[e^{-at}f(t)\right] = F(s+a)$$

$$\mathcal{L}\left[f(t)\cdot e^{-at}\right] = \int_0^\infty f(t)e^{-at}\cdot e^{-st}dt = \int_0^\infty f(t)e^{-(s+a)t}dt = F(s+a)$$

예 $\mathcal{L}\left[t\cdot e^{-at}\right] = \frac{1}{s^2}\Big|_{s=s+a} = \frac{1}{(s+a)^2}$

예 $\mathcal{L}\left[\sin\omega t\cdot e^{-at}\right] = \frac{\omega}{s^2+\omega^2}\Big|_{s=s+a} = \frac{\omega}{(s+a)^2+\omega^2}$

예 $\mathcal{L}\left[\cos\omega t\cdot e^{at}\right] = \frac{s}{s^2+\omega^2}\Big|_{s=s-a} = \frac{s-a}{(s+a)^2+\omega^2}$

(5) 실미분 정리

$$\mathcal{L}\left[\frac{d^n}{dt^n}f(t)\right] = s^nF(s) - s^{n-1}f(0_+)\ (\text{단},\ f(0_+) = \lim_{t\to 0}f(t)\,\text{로서 상수인 경우})$$

$$\mathcal{L}\left[\frac{d^n}{dt^n}f(t)\right] = s^nF(s)\ (\text{단},\ f(0_+) = \lim_{t\to 0}f(t) = 0\,\text{인 경우})$$

예 $\mathcal{L}\left[\frac{d}{dt}x(t) + x(t) = 2\right]$, 단 $x(0) = 0$

$$sX(s) + X(s) = \frac{2}{s}\quad \therefore X(s) = \frac{2}{s(s+1)}$$

예 $\mathcal{L}\left[\dfrac{d^2}{dt^2}y(t)+3\dfrac{d}{dt}y(t)+2y(t)=4u(t)\right]$, 단 $y(0)=1$

$$s^2\,Y(s)-s'y(0)+3[s\,Y(s)-y(0)]+2\,Y(s)=\frac{4}{s}$$

$$s^2\,Y(s)-s+3s\,Y(s)-3+2\,Y(s)=\frac{4}{s}$$

$$Y(s)=\frac{\dfrac{4}{s}+s+3}{S^2+3s+2}=\frac{s^2+3s+4}{s(s^2+3s+2)}$$

(6) 실적분 정리

$$\mathcal{L}\left[\int_{\infty}^{t}f(t)dt\right]=\frac{1}{2}F(s)+\frac{1}{s}f^{-1}(0)$$

$$\mathcal{L}\left[\int\int\cdots\int f(t)dt^n\right]=\frac{1}{s}F(s)\quad(\text{단},\ f(0_+)=\lim_{t\to0}f(t)=0\,\text{인 경우})$$

$$\mathcal{L}\left[\int f(t)dt\right]=\frac{1}{s}F(s)+\frac{1}{s}f^{(-1)}(0_+)$$

(7) 초기값 정리

$$\lim_{t\to0}f(t)=\lim_{s\to\infty}SF(s)$$

$$\mathcal{L}\left[\frac{d}{dt}f(t)\right]=sF(s)-f(0_+)$$

$$\lim_{s\to\infty}\left[\int_{0}^{\infty}\frac{d}{dt}f(t)e^{-st}dt\right]=\lim_{s\to\infty}[sF(s)-f(0_+)]=\lim_{s\to\infty}[sF(s)-f(0_+)]$$

$$f(0+)=\lim_{t\to0}f(t)=\lim_{s\to\infty}sF(s)$$

예 $I(s)=\dfrac{2(s+1)}{s^2+2s+5}$ 일 때 $i(t)$의 초기값은?

$$\lim_{t\to0}i(t)=\lim_{s\to\infty}sI(s)=\lim_{s\to\infty}s\cdot\frac{2(s+1)}{s^2+2s+5}\quad\text{분모분자를 }s^2\text{으로 나누면}\quad\lim_{s\to\infty}\frac{2+\dfrac{2}{s}}{1+\dfrac{2}{s}+\dfrac{s}{s^2}}=2$$

(8) 최종값 정리

$$\lim_{t\to\infty}f(t)=\lim_{s\to0}SF(s)$$

$$\mathcal{L}\left[\frac{d}{dt}f(t)\right]=\int_{0}^{\infty}\frac{d}{dt}f(t)e^{-st}dt=sF(s)-f(0_+)$$

$$\lim_{s \to 0}\left[\frac{d}{dt}f(t)e^{-st}dt\right] = \int_0^\infty \frac{d}{dt}f(t)dt = \lim_{t \to \infty}\int_0^t f(t)dt = \lim_{t \to \infty}[f(t) - f(0_+)]$$

$$\lim_{t \to \infty}[f(t) - f(0_+)] = \lim_{s \to 0}[sF(s) - f(0_+)]$$

$$f(\infty) = \lim_{t \to \infty}f(t) = \lim_{s \to 0}sF(s)$$

예 $C(s) = \dfrac{5}{s(s^2 + s + 2)}$ 일 때 $c(t)$의 최종값은?

$$\lim_{t \to \infty}c(t) = \lim_{s \to 0}s\frac{5}{s(s^2 + s + 2)} = \frac{5}{2}$$

Q 실전문제 _ 03   인천공항공사

어떤 제어계의 출력이 $C(s) = \dfrac{3}{s(s^2 + s + 4)}$ 로 주어질 때 출력의 시간함수 C(t)의 정상값은?

① 1   ② 3

③ 4   ④ 3/4

⑤ 3/2

✔ $\lim_{t \to \infty}c(t) = \lim_{s \to 0}s\dfrac{3}{s(s^2 + s + 4)} = \dfrac{3}{4}$

답 ④

---

(9) 복소 미분 정리

$$\mathcal{L}[t^n f(t)] = (-1)^n \frac{d^n}{ds^n}F(s)$$

$$\frac{d}{ds}F(s) = \int_0^\infty \frac{d}{ds}f(t)e^{-st}dt = \int_0^\infty f(t)(-te^{st})dt$$

$$= -\mathcal{L}[tf(t)]$$

$$\mathcal{L}[t \cdot f(t)] = -\frac{d}{ds}F(s) = (-1)^n \frac{d}{ds}F(s)$$

예 $\mathcal{L}[t \cdot e^{-at}] = (-1)^1 \dfrac{d}{ds}\dfrac{1}{s+a} = \dfrac{0\times(s+a) - 1\times 1}{(s+a)^2} = \dfrac{1}{(s+a)^2}$

예 $\mathcal{L}[t \cdot \sin\omega t] = (-1)^1 \dfrac{d}{ds}\dfrac{\omega}{s^2+\omega^2} = -\dfrac{0\times(s^2+\omega^2) - \omega\times 2s}{(s^2+\omega^2)^2} = \dfrac{2\omega s}{(s^2+\omega^2)^2}$

예 $\mathcal{L}[t \cdot \cos\omega t] = (-1)^1 \dfrac{d}{ds}\dfrac{s}{s^2+\omega^2} = -\dfrac{0\times(s^2+\omega^2) - s\times 2s}{(s^2+\omega^2)^2} = \dfrac{s^2-\omega^2}{(s^2+\omega^2)^2}$

Q 예제문제 _ 03

시간 함수 $e_i(t) = Ri(t) + L\dfrac{di(t)}{dt} + \dfrac{1}{C}\int i(t)dt$ 에서 모든 초기값을 0으로 하고 라플라스 변환하라.

✔ $E_i(s) = RI(s) + LsI(s) + \dfrac{1}{Cs}I(s)$

$\therefore I(s) = \dfrac{E_i(s)}{R + Ls + \dfrac{1}{Cs}} = \dfrac{Cs}{LCs^2 + RCs + 1}E_i(s)$

---

⑩ 복소적분정리

$$\mathcal{L}\left[\frac{f(t)}{t}\right] = \int_s^\infty F(s)\,ds$$

예 $\mathcal{L}\left[\dfrac{e^{-at}}{t}\right] = \displaystyle\int_s^\infty \frac{1}{s+a}\,ds = [\ln(s+a)]_s^\infty = -\ln(s+a)$

Q 예제문제 _04

다음 식 중 옳지 않은 것은?

① $\mathcal{L}[f_1(t) \pm f_2(t)] = F_1(s) \pm F_2(s)$

② $\displaystyle\lim_{t\to\infty} f(t) = \lim_{s\to\infty} F(s)$

③ $\mathcal{L}\left[\dfrac{d}{dt}f(t)\right] = sF(s) - f(0)$

④ $\displaystyle\int_0^\infty f(t)e^{-st}\,dt = F(s)$

✔ 최종값 정리 초기 값 정리

$$\lim_{s\to\infty} f(t) = \lim_{s\to 0} sf(s) \qquad \lim_{t\to 0} f(t) = \lim_{s\to\infty} sf(s)$$

---

❹ 라플라스 역변환

$$\mathcal{L}^{-1}[F(s)] = f(t)$$

(1) 라플라스 변환 공식을 이용하는 방법

예 $\mathcal{L}^{-1}\left[\dfrac{s}{s+b}\right] = \mathcal{L}^{-1}\left[1 - \dfrac{b}{s+b}\right] = \delta(t) - be^{-bt}$

예 $\mathcal{L}^{-1}\left[\dfrac{1}{(s+a)^2}\right] = \mathcal{L}^{-1}\left[\dfrac{1}{s^2}\;\Big|_{\,s=s+a}\right] = t \cdot e^{-at}$

예 $\mathcal{L}^{-1}\left[\dfrac{s}{(s+a)^2+b^2}\right] = \mathcal{L}^{-1}\left[\dfrac{s+a-a}{(s+a)^2+b^2}\right] = \mathcal{L}^{-1}\left[\dfrac{s+a}{(s+a)^2+b^2} - \dfrac{a}{(s+a)^2+b^2}\right]$

$= \mathcal{L}^{-1}\left[\dfrac{s}{s^2+b^2} - \dfrac{a}{b}\dfrac{b}{s^2+b^2}\;\Big|_{\,s=s+a}\right] = \cos bt\, e^{-at} - \dfrac{a}{b}\sin bt\, e^{-at}$

(2) 부분분수 전개법

$$F(s) = \frac{A(s)}{(s-b_1)(s-b_2)\cdots(s-b_n)}$$

$$= \frac{K_1}{s-b_1} + \frac{K_2}{s-b_2} + \cdots + \frac{K_n}{s-b_n}$$

여기에서 $K_i = \displaystyle\lim_{s\to b}(s-b_i)F(s)$ 이다.

$$K_1 = \lim_{s\to P_1}(s-P_1)F(s)$$

$$K_2 = \lim_{s\to P_2}(s-P_2)F(s)$$

$$K_n = \lim_{s\to P_n}(s-P_n)F(s)$$

$$F(s) = \frac{K}{(s+\alpha)(s+\beta)} = \frac{K_1}{s+\alpha} + \frac{K_2}{s+\beta}$$

$$K_1 = \frac{K}{s+\beta}\;\Big|_{\,s=-\alpha}$$

Q 예제문제 _05

$F(t) = \mathcal{L}^{-t}\left[\dfrac{2s+3}{(s+1)(s+2)}\right]$ 를 구하면?

✔ $\dfrac{2s+3}{(s+1)(s+2)}$ 역변환이면

$$\frac{2s+3}{(s+1)(s+2)} = \frac{A}{s+1} + \frac{B}{s+2}$$

$$A = \frac{2s+3}{s+2}/s = -1,\ A = 1$$

$$B = \frac{2s+3}{s+1}/s = -2,\ B = 1$$

$$\therefore \frac{2s+3}{(s+1)(s+2)} = \frac{1}{s+1} + \frac{1}{s+2}$$

$$L^{-1}[F(s)] = l^{-1}\left(\frac{1}{s+1} + \frac{1}{s+2}\right) = e^{-t} + e^{-2t}$$

$$K_2 = \frac{K}{s+\alpha} \bigg|_{s=-\beta}$$

예 $F(s) = \dfrac{2s+3}{s^2+3s+2} = \dfrac{K_1}{s+1} + \dfrac{K_2}{s+2}$

$$K_1 = \frac{2s+3}{s+2} \bigg|_{s=-1} = 1$$

$$K_2 = \frac{2s+3}{s+1} \bigg|_{s=-2} = 1$$

$$F(s) = \frac{1}{s+1} + \frac{1}{s+2} \quad \mathcal{L}^{-1}[F(s)] = e^{-t} + e^{-2t}$$

Q 실전문제 _ 04

라플라스 변환함수 $F(s) = \dfrac{3}{s^2+2s+10}$ 에 대한 역변환 함수 f(t)는?

① $e^{-t}\sin 3t$　　　　　　　　　　② $e^{-3t}\sin t$

③ $e^t \sin t$　　　　　　　　　　　④ $e^t \cos 3t$

　✔　$F(s) = \dfrac{3}{s^2+2s+10} = \dfrac{3}{(s+1)^2+3^2}$ 이므로 역변환하면 $\sin 3t$ 에 복소추이 e^{-t}를 곱한 값이 된다.

답 ①

CHAPTER

07

기출예상문제

1 단위 계단 함수 $u(t)$의 라플라스 변환은?

① $\dfrac{1}{s}$

② $\dfrac{1}{e^{-st}}$

③ $\dfrac{1}{s}e^{-st}$

④ e^{-st}

2 함수 $f(t)$의 라플라스 변환은 어떤 식으로 정의되는가?

① $\displaystyle\int_0^\infty f(t)e^{st}dt$

② $\displaystyle\int_0^\infty f(t)e^{-st}dt$

③ $\displaystyle\int_{-\infty}^\infty f(t)e^{st}dt$

④ $\displaystyle\int_{-\infty}^\infty f(t)e^{-st}dt$

3 $f(t)=3t^2$의 라플라스 변환은?

① $\dfrac{6}{s^3}$

② $\dfrac{6}{s^2}$

③ $\dfrac{3}{s^3}$

④ $\dfrac{3}{s^2}$

⊘ ANSWER | 1.① 2.② 3.①

1 $\mathcal{L}[u(t)]=\displaystyle\int_0^\infty e^{-st}dt=\left[\dfrac{e^{-st}}{-s}\right]_0^\infty=\dfrac{1}{s}$

2 라플라스 변환 $f(t)=\mathcal{L}[f(t)]=\displaystyle\int_0^\infty f(t)e^{-st}dt$

3 $\mathcal{L}[at^n]=\dfrac{an!}{s^{n+1}}$ 에서 $\mathcal{L}[3t^2]=\dfrac{3\times2!}{s^{2+1}}=\dfrac{6}{s^3}$

4 그림과 같은 램프(Ramp) 함수의 라플라스 변환으로 옳은 것은?

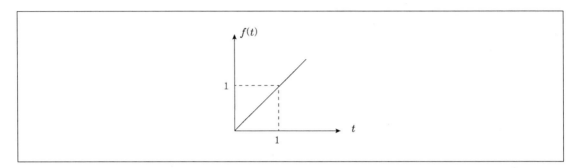

① $\dfrac{1}{s^2}$ ② $\dfrac{e^t}{s}$

③ $\dfrac{k}{s}$ ④ $\dfrac{1}{s}$

5 단위 램프 함수 $p(t)=tu(t)$의 라플라스 변환은?

① $\dfrac{1}{s^4}$ ② $\dfrac{1}{s^3}$

③ $\dfrac{1}{s}$ ④ $\dfrac{1}{s^2}$

$\checkmark$ **ANSWER** | 4.① 5.④

4 $f(t)=tu(t)$

$\mathcal{L}[f(t)]=\mathcal{L}[tu(t)]=\displaystyle\int_0^\infty te^{-st}dt$

부분적분 $\displaystyle\int f'(t)g(t)dt=f(t)g(t)-\int f(t)g'(t)dt$ 에서

$(f'(t)=e^{-st},\ g(t)=1,\ f(t)=-\dfrac{1}{s}e^{-st},\ g'(t)=1)$을 대입한다.

$\displaystyle\int_0^\infty te^{-st}dt=\left[t\left(-\dfrac{1}{s}e^{-st}\right)\right]_0^\infty-\int_0^\infty\left(-\dfrac{1}{s}e^{-st}\right)dt=\dfrac{1}{s^2}$

5 $p(t)=tu(t)=\mathcal{L}[tu(t)]=\displaystyle\int_0^\infty te^{-st}dt\left[-\dfrac{1}{s}te^{-st}\right]_0^\infty-\dfrac{1}{s^2}\left[e^{-st}\right]_0^\infty=\dfrac{1}{s^2}$

6 다음 파형의 라플라스 변환은?

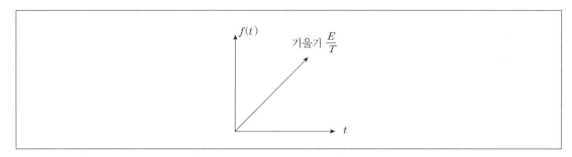

① $\dfrac{E}{Ts}$　　　　　　② $\dfrac{E}{s}$

③ $\dfrac{E}{Ts^2}$　　　　　　④ $\dfrac{E}{s^2}$

7 $f(t) = t^2$의 라플라스 변환은?

① $\dfrac{2}{s^4}$　　　　　　② $\dfrac{2}{s^3}$

③ $\dfrac{2}{s^2}$　　　　　　④ $\dfrac{2}{s}$

ⓒ ANSWER | 6.③ 7.②

6 $f(t) = \dfrac{E}{T}tu(t)$

$F(s) = \mathcal{L}[f(t)] = \mathcal{L}\left[\dfrac{E}{T}tu(t)\right] = \dfrac{E}{T}\mathcal{L}[tu(t)] = \dfrac{E}{T} \cdot \dfrac{1}{s^2} = \dfrac{E}{Ts^2}$

7 $F(s) = \mathcal{L}[t^2] = t^2 \rightarrow \dfrac{2 \times 1}{s^{2+1}} = \dfrac{2}{s^3}$

8 $f(t) = At^2$의 라플라스 변환으로 옳은 것은?

① $\dfrac{2A}{s^3}$ ② $\dfrac{A}{s^3}$

③ $\dfrac{2A}{s^2}$ ④ $\dfrac{A}{s^2}$

9 주어진 시간함수 $f(t) = 3u(t) + 2e^{-t}$ 일 때 라플라스 변환 $F(s)$는?

① $\dfrac{5s+1}{(s+1)s^2}$ ② $\dfrac{3s}{s^2+1}$

③ $\dfrac{5s+3}{s(s+1)}$ ④ $\dfrac{s+3}{s(s+1)}$

10 기전력 $E_m \sin\omega t$ 의 라플라스 변환은?

① $\dfrac{\omega}{s^2-\omega^2}E_m$ ② $\dfrac{s}{s^2-\omega^2}E_m$

③ $\dfrac{\omega}{s^2+\omega^2}E_m$ ④ $\dfrac{2}{s^2+\omega^2}E_m$

ⓒ ANSWER | 8.① 9.③ 10.③

8 $F(s) = \mathcal{L}\left[At^2\right] = A \cdot \dfrac{2}{s^3} = \dfrac{2A}{s^3}$

9 $F(s) = \mathcal{L}\left[f(t)\right] = \mathcal{L}\left[3u(t) + 2e^{-t}\right] = \dfrac{3}{s} + \dfrac{2}{s+1} = \dfrac{5s+3}{s(s+1)}$

10 $E_m \sin\omega t = E_m \mathcal{L}\left[\sin\omega t\right] = \dfrac{\omega}{s^2+\omega^2} \cdot E_m$

11 $f(t) = 1 - e^{-at}$ 의 라플라스 변환은? (단, a는 상수이다)

① $\dfrac{a}{s(s-a)}$ 　　　　　② $\dfrac{a}{s(s+a)}$

③ $\dfrac{2s+a}{s(s+a)}$ 　　　　④ $u(s) - e^{-as}$

12 $10t^3$ 의 라플라스 변환은?

① $\dfrac{80}{s^4}$ 　　　　　　② $\dfrac{10}{s^4}$

③ $\dfrac{30}{s^4}$ 　　　　　　④ $\dfrac{60}{s^4}$

13 $f(t) = \sin t + 2\cos t$ 를 라플라스 변환하면?

① $\dfrac{2s}{(s+1)^2}$ 　　　　② $\dfrac{2s+1}{s^2+1}$

③ $\dfrac{2s+1}{(s+1)^2}$ 　　　④ $\dfrac{2s}{s^2+1}$

✅ **ANSWER** | 11.② 12.④ 13.②

11　$F(s) = \mathcal{L}[f(t)] = \mathcal{L}[1 - e^{-at}] = \dfrac{1}{s} - \dfrac{1}{s+a} = \dfrac{a}{s(s+a)}$

12　$F(s) = \mathcal{L}[f(t)] = \mathcal{L}[10t^3] = \dfrac{10 \times 3!}{s^{3+1}} = \dfrac{60}{s^4}$

13　$F(s) = \mathcal{L}[f(t)] = \mathcal{L}[\sin t] + \mathcal{L}[2\cos t] = \dfrac{1}{s^2+1} + 2 \cdot \dfrac{2}{s^2+1} = \dfrac{2s+1}{s^2+1}$

14 $e^{j\omega t}$ 의 라플라스 변환은?

① $\dfrac{\omega}{s^2+\omega^2}$ ② $\dfrac{1}{s^2+\omega^2}$

③ $\dfrac{1}{s+j\omega}$ ④ $\dfrac{1}{s-j\omega}$

15 $\cos t \; - \cos 2t$의 라플라스 변환은?

① $\dfrac{1}{(s^2-1)(s^2+4)}$ ② $\dfrac{-3s}{(s^2-1)(s^2-4)}$

③ $\dfrac{3s}{(s^2+1)(s^2+4)}$ ④ $\dfrac{3}{(s^2-1)(s^2-4)}$

✔ ANSWER | 14.④   15.③

14 $f(t)=e^{j\omega t}$

$F(s)=\mathcal{L}\,[f(t)]=\mathcal{L}\,[e^{j\omega t}]=\displaystyle\int_0^\infty e^{j\omega t}\,e^{-st}dt=\int_0^\infty e^{-(s-j\omega)t}dt=\dfrac{1}{s-j\omega}\,e^{-(s-j\omega)t}\Big|_0^\infty=\dfrac{1}{s-j\omega}$

15 $f(t)=\cos t-\cos 2t$

$\mathcal{L}\,[\cos t-\cos 2t]=\dfrac{s}{s^2+1}-\dfrac{s}{s^2+4}=\dfrac{3s}{(s^2+1)(s^2+4)}$

08 과도현상

❶ R-L 직렬회로

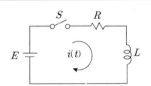

(1) 전류 방정식 : $i(t)$

회로의 전압방정식(KVL)에 의하여 (초기값 t=0에서 $i(0) = 0$, 스위치 S를 닫아서 직류전압 E를 인가할 때 회로에 흐르는 전류는 KVL을 적용. 즉 스위칭 순간 전류는 흐르지 않는다.)

$$E = Ri(t) + L\frac{di(t)}{dt}$$

$$\frac{E}{s} = RI(s) + LsI(s)$$

$$(R + Ls)\,I(s) = \frac{E}{s}$$

$$I(s) = \frac{\dfrac{E}{L}}{s\left(s + \dfrac{R}{L}\right)} = \frac{\dfrac{E}{R}}{s} + \frac{-\dfrac{E}{R}}{s + \dfrac{R}{L}} = \frac{E}{R}\left(\frac{1}{s} - \frac{1}{s + \dfrac{R}{L}}\right)$$

　　[A]

$$i(t) = \frac{E}{R}(1 - e^{-\frac{R}{L}t})\,[A]$$

> **Q 예제문제 _01**
>
> 그림에서 스위치 S를 닫을 때의 전류 $i(t)$[A]는 얼마인가?
>
>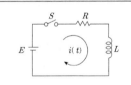
>
> ✔ $E = Ri(t) + L \cdot \dfrac{di(t)}{dt}$ 라플라스 변환을 하면
>
> $$\frac{E}{S} = RI(s) + LSI(s)$$
>
> $$\frac{E}{S} = (LS + R)I(s)$$
>
> $$I(s) = \frac{\dfrac{E}{L}}{S\left(S + \dfrac{R}{L}\right)} = \frac{E}{L}\frac{L}{R}\left(\frac{A}{S} + \frac{B}{S + \dfrac{R}{L}}\right)$$
>
> $$\Rightarrow \frac{E}{R}(1 - e^{-\frac{E}{L}t})$$

$\lim\limits_{t \to 0} i(t) = 0 \; \to \; L$은 t=0인 순간 개방(open) 상태로서 전류가 흐르지 않는다.

$\lim\limits_{t = \infty} i(t) = \dfrac{E}{R} \; \to \; L$은 $t = \infty$일 때 단락(shorts) : 정상전류가 흐른다.

L, C는 역회로 관계를 가지므로 C는 $t = 0$에서 단락, $t = \infty$에서 개방된다.

$R-L$ 직렬회로에 $v(t) = E_m\sin(wt+\theta)$의 교류전압을 인가하는 경우의 전류방정식은

$$i(t) = \frac{E_m}{Z}sin(wt+\theta-\phi) - e^{-\frac{R}{L}t}sin(\theta-\phi)[\text{A}]$$

(2) 시정수 (τ)

전류 $i(t)$가 증가할 때는 정상값의 63.2[%]까지 도달하는 데 걸리는 시간으로 단위는 [sec]이다. 따라서 위의 전류방정식에 정상값의 63.2[%]를 대입하면 시정수 τ를 구할 수 있다.

$$\therefore \frac{E}{R}(1-e^{-\frac{R}{L}t}) = 0.632\frac{E}{R} \;\; [\text{s}]$$

$$\therefore t = \frac{L}{R} = \tau[\text{sec}]$$

전류 $i(t)$가 감소할 때는 정상값의 36.8[%]까지 도달하는 데 걸리는 시간으로 단위는 [sec]이다.
시정수의 정의에 의하여 시정수가 길면 길수록 정상값의 63.2[%]까지 도달하는 데 걸리는 시간이 오래 걸리므로 과도현상은 오래 지속된다.

(3) 특성근(S)

시정수(τ)의 음$(-)$의 역수$(-\dfrac{1}{\tau})$이다.

$$S = -\frac{1}{\tau} = -\frac{R}{L}$$

> **Q 예제문제 _02**
>
> $R = 400[\Omega]$, $L = 5[\text{H}]$의 직렬 회로에 직류 전압 200[V]를 가할 때 급히 단자 사이의 스위치를 단락시킬 경우 이로부터 $\dfrac{1}{800}[\text{s}]$ 후 $R-L$중의 전류는 몇 [mA]인가?
>
> ✔ $i(t) = \dfrac{E}{R}\left(1 - e^{-\frac{R}{L}t}\right)$에 주어진 조건을 대입할 수 있다.
>
> 하지만, 주어진 시간은 시정수일 가능성이 높기 때문에 시정수를 먼저 확인
>
> $\tilde{l} = \dfrac{L}{R} = \dfrac{5}{4000} = \dfrac{1}{800}[\text{초}]$
>
> $\therefore$ 문제의 조건은 시정수 일 때 즉, 정상전류의 63.2[%]의 전류를 적용한다.
>
> 정상전류 $i = \dfrac{E}{R} = \dfrac{200}{4000} = \dfrac{1}{20}[\text{A}]$
>
> $\therefore i_T = \dfrac{1}{20} \times 0.632 = 0.0316[\text{A}]$

② R–C 직렬회로

(단, 초기 충전전하는 없다.)

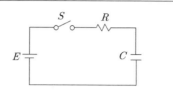

(1) 전류 방정식

회로의 전압방정식(KVL)에 의하여 $E = Ri(t) + \dfrac{1}{C}\displaystyle\int i(t)\,dt$

Laplace 변환을 하면 다음과 같다.

$$\frac{E}{s} = RI(s) + \frac{1}{Cs}I(s) = \left(R + \frac{1}{Cs}\right)I(s)$$

$$I(s) = \frac{E}{s\left(R + \dfrac{1}{Cs}\right)} = \frac{\dfrac{E}{R}}{s + \dfrac{1}{RC}}\,[\text{A}]$$

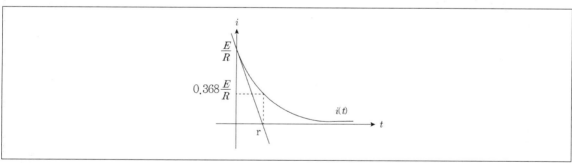

따라서 전류방정식은 다음과 같다.

$$i(t) = \frac{E}{R}e^{-\frac{1}{RC}t}\,[\text{A}]$$

$\displaystyle\lim_{t \to 0} i(t) = \dfrac{E}{R} \;\to\; C$는 $t = 0$인 순간에는 단락(shorts) : 정상전류

$\displaystyle\lim_{t \to \infty} i(t) = 0 \;\to\; C$는 $t = \infty$에서 개방(open) : 전류가 흐르지 않는다.

L, C는 역회로 관계를 가지므로 L은 $t = 0$에서 개방, $t = \infty$에서 단락된다.

(2) 시정수 (τ)

$$\frac{E}{R}e^{-\frac{1}{RC}t} = 0.368\frac{E}{R}$$

$$\therefore t = RC = \tau[\text{sec}]$$

(3) 특성근 (s)

시정수(τ)의 음$(-)$의 역수 $(-\frac{1}{\tau})$이다.

$$S = -\frac{1}{\tau} = -\frac{1}{RC}$$

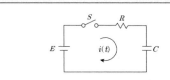

❸ R-L-C 직렬회로

단, 초기 충전전하는 없다.

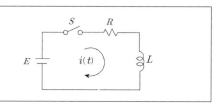

(1) 전류 방정식

회로의 전압방정식(KVL)에 의하여

$$E = Ri(t) + L\frac{di(t)}{dt} + \frac{1}{C}\int i(t)\,dt$$

Laplace 변환을 하면 다음과 같다.

$$\frac{E}{s} = RI(s) + LsI(s) + \frac{1}{Cs}I(s) = (R + Ls + \frac{1}{Cs})I(s)$$

$$I(s) = \frac{E}{Ls^2 + Rs + \frac{1}{C}} = \frac{\frac{E}{L}}{s^2 + \frac{R}{L}s + \frac{1}{LC}}$$

$$= \frac{\frac{E}{L}}{(s + \frac{R}{2L})^2 - \sqrt{(\frac{R}{2L})^2 - \frac{1}{LC}}^2}\,[A]$$

(만약 $\alpha = \frac{R}{2L}$, $\beta = \sqrt{(\frac{R}{2L})^2 - \frac{1}{LC}}$ 라고 하면)

$$= \frac{\frac{E}{L}}{(s+\alpha)^2 - \beta^2} = \frac{\frac{E}{\beta L}\beta}{(s+\alpha)^2 - \beta^2}$$

$$i(t) = \frac{E}{\beta L}e^{-\alpha t}\sinh\beta t \quad \text{전류방정식 : 이와 같이 전류}$$

는 진동하면서 점차로 감소되어진다.

여기에서 자유 진동 각 주파수 ω_n

$$\omega_n = \beta = \sqrt{(\frac{R}{2L})^2 - \frac{1}{CL}}$$

Q 예제문제 _04

$R-L-C$ 직렬회로에서 직류전압 인가 시 $R^2 = \frac{4L}{C}$ 일 때 회로전류 $i(t)$를 표시하는 것은?

✔ 시정수와 과도현상은 비례

$$E = Ri(t) + L\frac{di(t)}{dt} + \frac{1}{C}\int i\,dt$$

$$\frac{E}{S} = RI(s) + LSI(s) + \frac{1}{CS}I(s)$$

$$\frac{E}{S} = \left(LS + R + \frac{1}{CS}\right)I(s)$$

$$I(s) = \frac{E}{S\left(LS + R + \frac{1}{CS}\right)} \cdots ①$$

$$= \frac{E}{LS^2 + RS + \frac{1}{C}} \cdots ②$$

$$= \frac{E/L}{S^2 + \frac{R}{L}S + \frac{1}{LC}} \cdots ③$$

$$= \frac{E/L}{\left(S + \frac{R}{2L}\right)^2 - \left(\frac{R}{2L}\right)^2 + \frac{1}{LC}} \cdots ④$$

$$= \frac{E/L}{\left(S + \frac{R}{2L}\right)^2 - \sqrt{\left\{\left(\frac{R}{2L}\right)^2 - \frac{1}{LC}\right\}^2}} \cdots ⑤$$

$$\frac{R}{2L} = \alpha \quad \sqrt{\left\{\left(\frac{R}{2L}\right)^2 - \frac{1}{LC}\right\}^2} = \beta$$

$$I(s) = \frac{E/L}{(S+\alpha)^2 - \beta^2} = \frac{\beta \cdot \frac{E}{\beta L}}{(S+\alpha)^2 - \beta^2}$$

$$\xrightarrow{\mathcal{L}} i(t) = \frac{E}{\beta L} \cdot \sinh\beta t \cdot e^{-\alpha t}$$

$R^2 = \frac{4L}{C}$ 이면 $\left(\frac{R}{2L}\right)^2 - \frac{1}{LC} = 0$이 되므로

⑤번 식에서

$$I(s) = \frac{\frac{E}{L}}{(S+\alpha)^2}$$

$$i(t) = \frac{E}{L} \cdot t \cdot e^{-\alpha t} \,[A]$$ 전류는 진동을 하지는 않으나

임계상태로써 진동과 비진동의 경계상태에 놓이게 된다.

(2) 자유 진동 각 주파수 ω_n에 따른 회로의 진동관계 조건

① 비진동 조건

$$(\frac{R}{2L})^2 > \frac{1}{LC} \Rightarrow R^2 > 4\frac{L}{C} : \text{저항이 크면 진동을 하지 않는다.}$$

② 진동 조건

$$(\frac{R}{2L})^2 < \frac{1}{LC} \Rightarrow R^2 < 4\frac{L}{C} : \text{저항이 작으면 진동하는 회로가 된다.}$$

③ 임계 조건

$$(\frac{R}{2L})^2 = \frac{1}{LC} \Rightarrow R^2 = 4\frac{L}{C} : \text{이와 같은 조건에서 임계진동으로 진동과 비진동의 경계상태가 된다.}$$

④ L-C 직렬회로

단, 초기 충전전하는 없다.

(1) 전류 방정식

$$i(t) = \frac{E}{\sqrt{\frac{L}{C}}}\sin\frac{1}{\sqrt{LC}}t[\text{A}]$$

(2) 방전 전류는 불변의 진동전류이다. : 감소되지 않는다.

(3) C양단의 최대전압은 $v_c = 2E$이다.

처음에는 인가전압이 L에 걸렸다가 C로 전압이 이동되고 C에서 차체적으로 충전이 이루어져서 순간적으로 최대 인가전압의 2배가 걸리게 된다.

PLUS CHECK 직류전압인가 시 회로별 특성

항목	L	C
$t = 0$ 초기상태	개방상태	단락상태
$t = \infty$ 정상상태	단락상태	개방상태
전원투입 시 흐르는 전류	$i = \dfrac{E}{R}(1 - e^{-\frac{R}{L}t})$	$i = \dfrac{dq}{dt} = \dfrac{E}{R}e^{-\frac{1}{RC}t}$
전원개방 시 흐르는 전류	$i = \dfrac{E}{R}e^{-\frac{R}{L}t}$	$i = -\dfrac{E}{R}e^{-\frac{1}{RC}t}$
전원투입 시 충전되는 전하	$-$	$q = CE(1 - e^{-\frac{1}{RC}t})$
전원투입 시의 전압	$V_L = Ee^{-\frac{R}{L}t}$ $V_R = E(1 - e^{-\frac{R}{L}t})$	$V_c = E(1 - e^{-\frac{1}{RC}t})$ $V_R = Ee^{-\frac{1}{RC}t}$
시정수(특성근)	$\tau = \dfrac{L}{R}$	$\tau = RC$

RLC 과도현상	진동	$R^2 < 4\dfrac{L}{C}$
	비진동	$R^2 > 4\dfrac{L}{C}$
	임계진동	$R^2 = 4\dfrac{L}{C}$
과도상태가 나타나지 않는 위상각		$\theta = \tan^{-1}\dfrac{X}{R}$

1 다음 R-L 회로에서 t = 0인 시점에 스위치(SW)를 닫았을 때에 대한 설명으로 옳은 것은?

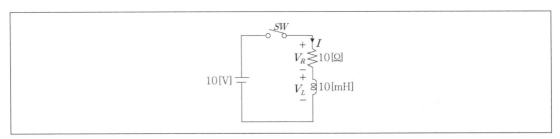

① 회로에 흐르는 초기 전류(t = 0+)는 1 A이다.
② 회로의 시정수는 10 ms이다.
③ 최종적(t = ∞)으로 V_R 양단의 전압은 10 V이다.
④ 최초(t = 0+)의 V_L 양단의 전압은 0 V이다.

2 1[MΩ]의 저항과 1[μF]콘덴서의 직렬회로에서 시상수는 얼마인가?

① 0.01[sec]   ② 0.1[sec]
③ 1[sec]   ④ 10[sec]

ANSWER | 1.③ 2.③

1 t=0인 시점에 스위치를 닫았을 때 회로에 흐르는 초기 전류는 0이며, 최종적으로 V_R양단의 전압은 10[V]가 된다.

2 시상수 $T = RC = 1 \times 10^6 \times 1 \times 10^{-6} = 1[\text{sec}]$

3 RL 직렬회로에 $t = 0$에서 직류전압 V [V]를 가한 후 $\dfrac{L}{R}$ [s] 후의 전류의 값은 몇 [A]인가?

① $\dfrac{V}{R}$

② $0.368\dfrac{V}{R}$

③ $0.5\dfrac{V}{R}$

④ $0.632\dfrac{V}{R}$

4 다음에서 스위치 S를 1로 하여 콘덴서 C를 충전시킨 후 S를 2로 하여 방전시킬 때의 방전전류 i [A] 는 어떻게 표시되는가?

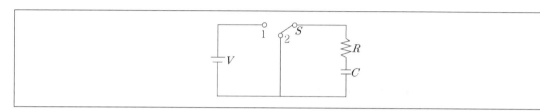

① $i = -\dfrac{V}{R}\epsilon^{-\frac{1}{CR}t}$

② $i = \dfrac{V}{R}\left(1 - \epsilon^{-\frac{1}{CR}t}\right)$

③ $i = \dfrac{V}{R}\left(1 + \epsilon^{-\frac{1}{CR}t}\right)$

④ $i = \dfrac{V}{R}\epsilon^{-\frac{1}{CR}t}$

---

3 $i = \dfrac{V}{R}\left(1 - \epsilon^{-\frac{R}{L} \times \frac{L}{R}}\right) = \dfrac{V}{R}(-1 - \epsilon^{-1}) = \dfrac{V}{R} \times 0.632\,[\text{A}]$

4 방전과정은 충전의 경우와는 반대 현상으로 방전 전류는 $i = -\dfrac{V}{R}\epsilon^{-\frac{1}{CR}t}$ 이 된다.

5 다음에서 스위치 S를 닫을 때 전류 I [A]는?

① $\dfrac{V}{R}\left(1-\epsilon^{-\frac{L}{R}t}\right)$

② $\dfrac{V}{R}\left(1-\epsilon^{-\frac{R}{L}t}\right)$

③ $\dfrac{V}{R}\epsilon^{-\frac{R}{L}t}$

④ $\dfrac{V}{R}\epsilon^{-\frac{L}{R}t}$

6 RC 직렬회로에서 콘덴서 양단의 방전전압 V_{cp}는?

① $-V\epsilon^{-\frac{1}{CR}t}$

② $-\dfrac{V}{R}\epsilon^{-\frac{1}{CR}t}$

③ $V\epsilon^{-\frac{1}{CR}t}$

④ $\dfrac{V}{R}\epsilon^{-\frac{1}{CR}t}$

5 RL 직렬회로이므로 $i=\dfrac{V}{R}\left(1-\epsilon^{-\frac{R}{L}t}\right)$[A]이다.

6 RC 직렬회로 … 콘덴서의 충전특성에 의해 과도현상이 나타나는 회로로 콘덴서 양단전압 $V_{cp}=v-v_R=V\left(1-\epsilon^{-\frac{t}{RC}}\right)$이므로 과도현상 발생시 $V\epsilon^{-\frac{t}{RC}}$가 된다.

7 RLC회로와 계기의 과도특성에 대한 설명으로 옳지 않은 것은?

① RLC의 비진동과 계기의 과제동이 비슷하다.
② RLC의 진동상태는 계기의 부족제동과 비슷하다.
③ RLC의 임계상태는 계기의 임계제동과 비슷하다.
④ RLC의 시상수는 계기의 전압과 비슷하다.

8 $R = 5[\Omega]$, $L = 1[H]$인 직렬회로의 시상수는?

① 0.1[sec]   ② 0.2[sec]
③ 0.3[sec]   ④ 0.4[sec]

9 RC 직렬회로에서 C양단의 전압 V_C는?

① $V\epsilon^{-\frac{1}{CR}t}$ [V]   ② $-\dfrac{V}{R}\epsilon^{-\frac{1}{CR}t}$ [V]

③ $V\epsilon\left(1-\epsilon^{-\frac{1}{CR}t}\right)$[V]   ④ $V\left(1-\epsilon^{-\frac{1}{CR}t}\right)$[V]

✔ ANSWER | 7.④ 8.① 9.④

7 계기의 과도특성과 RLC회로의 과도특성 비교

구분	RLC 회로	계기제동
진동상태	$R^2 < \dfrac{4L}{C}$	부족제동
비진동상태	$R^2 > \dfrac{4L}{C}$	과제동
임계상태	$R^2 = \dfrac{4L}{C}$	임계제동

8 $T = \dfrac{L}{R} = \dfrac{1}{5} = 0.2[\text{sec}]$

9 콘덴서의 양단의 전압 V_C는 전원전압 V와 저항의 양단 전압 $V_R[V]$과의 차로서 다음 식과 같이 나타낸다.

$V_C = V - V_R[V]$

$V_C = \left(V - V\epsilon^{-\frac{1}{CR}t}\right) = V\left(1 - \epsilon^{-\frac{1}{CR}t}\right)$

10 다음 회로에서 스위치 S를 닫을 때의 충전전류식으로 옳은 것은?

① $\dfrac{V}{R}\left(1-\epsilon^{-\frac{1}{CR}t}\right)$

② $\dfrac{V}{R}\epsilon^{-\frac{1}{CR}t}$

③ $\dfrac{V}{R}\left(1+\epsilon^{-\frac{1}{CR}t}\right)$

④ $\dfrac{V}{R}\epsilon^{-CRt}$

11 RC 직렬회로에서 $R=500[\text{k}\Omega]$, $C=2[\mu\text{F}]$일 때 시상수는 얼마인가?

① 0.01[sec]

② 0.1[sec]

③ 1[sec]

④ 10[sec]

ANSWER | 10.② 11.③

10 RC 직렬회로에서 스위치를 닫을 때의 전류 특성식 $i=\dfrac{V}{R}\epsilon^{-\frac{1}{RC}t}$ 이다.

11 $T=CR=2\times10^{-6}\times500\times10^{3}=1[\text{sec}]$

상식은 "용어사전"

용어사전으로 중요한 용어만 한눈에 보자

① **시사용어사전 1200**

매일 접하는 각종 기사와 정보 속에서 현대인이 놓치기 쉬운, 그러나 꼭 알아야 할 최신 시사상식을 쏙쏙 뽑아 이해하기 쉽도록 정리했다!

② **경제용어사전 1030**

주요 경제용어는 거의 다 실었다! 경제가 쉬워지는 책, 경제용어사전!

③ **부동산용어사전 1300**

부동산에 대한 이해를 높이고 부동산의 개발과 활용, 투자 및 부동산 용어 학습에도 적극적으로 이용할 수 있는 부동산용어사전!

중요한 용어만 공부하자!

- 최신 관련 기사 수록
- 다양한 용어를 수록하여 1000개 이상의 용어 한눈에 파악
- 용어별 중요도 표시 및 꼼꼼한 용어 설명
- 파트별 TEST를 통해 실력점검

자격증

한번에 따기 위한 서원각 교재

한 권에 따기 시리즈 / 기출문제 정복하기 시리즈를 통해 자격증 준비하자!